工业和信息化
精品系列教材

Python技术

黑马程序员◉编著

附教学
资源

Python
网络爬虫基础教程

人民邮电出版社
北京

图书在版编目（CIP）数据

Python网络爬虫基础教程 / 黑马程序员编著. -- 北京 : 人民邮电出版社, 2022.6
工业和信息化精品系列教材. Python技术
ISBN 978-7-115-58915-6

Ⅰ. ①P… Ⅱ. ①黑… Ⅲ. ①软件工具－程序设计－教材 Ⅳ. ①TP311.561

中国版本图书馆CIP数据核字(2022)第045826号

内容提要

网络爬虫是一种按照一定的规则，自动请求万维网网站并采集网页数据的程序或脚本。它可以代替人进行信息采集，能够自动采集并高效利用互联网中的数据，因此在市场的应用需求中占据重要位置。

本书以 Windows 为主要开发平台，系统、全面地讲解 Python 网络爬虫的相关知识。本书的主要内容包括认识网络爬虫、网页请求原理、抓取静态网页数据、解析网页数据、抓取动态网页数据、提升网络爬虫速度、存储数据、验证码识别、初识网络爬虫框架 Scrapy、Scrapy 核心组件与 CrawlSpider 类、分布式网络爬虫 Scrapy-Redis。

本书可以作为高等院校计算机相关专业程序设计课程的教材、Python 网络爬虫的相关培训教材，以及广大编程开发者的网络爬虫入门级教材。

♦ 编　　著　黑马程序员
　责任编辑　初美呈
　责任印制　王　郁　焦志炜
♦ 人民邮电出版社出版发行　　北京市丰台区成寿寺路 11 号
　邮编　100164　　电子邮件　315@ptpress.com.cn
　网址　https://www.ptpress.com.cn
　三河市君旺印务有限公司印刷
♦ 开本：787×1092　1/16
　印张：16.75　　2022 年 6 月第 1 版
　字数：409 千字　　2025 年 1 月河北第 8 次印刷

定价：59.80 元

读者服务热线：(010)81055256　印装质量热线：(010)81055316
反盗版热线：(010)81055315
广告经营许可证：京东市监广登字 20170147 号

前言
Preface

从某种意义上说，人工智能已经悄然融入我们的生活。人工智能依托大数据、机器学习、数据分析等新兴学科，而这些学科始终离不开“数据”这一话题。Python 语言应用的一个重要领域就是网络爬虫，这项技术专门用于采集互联网上的数据。Python 网络爬虫简单易学，初学者无须掌握太多基础知识就可以快速上手，并且能快速地收获成果。对于要往网络爬虫方向发展的读者而言，学习 Python 网络爬虫是一项不错的选择。

为什么要学习本书

随着大数据时代的到来，数据的价值不断突显和提升，而互联网是大量数据的主要载体，如何有效地提取并利用互联网上的大量数据成为一个亟待解决的问题。基于这种需求，网络爬虫技术应运而生，并迅速发展成为一门比较成熟的技术。本书站在初学者的角度，循序渐进地讲解学习网络爬虫必备的基础知识，以及一些网络爬虫框架的基本用法，以帮助读者掌握网络爬虫的相关技能，使读者能够独立编写 Python 网络爬虫项目，从而胜任 Python 网络爬虫工程师相关岗位的工作。

在内容编排上，本书采用“理论知识+代码示例+实践项目”的模式，既介绍了普适性内容，又提供了充足的案例，确保读者在理解核心知识的前提下可以学以致用；在知识配置上，本书涵盖网络爬虫常用库及工具。希望读者通过本书的学习，可以全面地掌握 Python 网络爬虫的核心知识，具备开发简单网络爬虫项目的能力。

本书在编写的过程中，结合党的二十大精神进教材、进课堂、进头脑的要求，在探究网络爬虫合法性时强调了网络爬虫的协议和法律风险，加强学生保护用户隐私、数据安全的意识，引导学生正确使用网络爬虫，注重社会责任和道德规范；在给每章设计项目时选择公司内部的项目库，项目稳定且贴合实际网站，注重数据的真实性和可靠性，营造良好的互联网环境。此外，编者依据书中的内容提供了线上学习的视频资源，体现现代信息技术与教育教学的深度融合，加快推进教育数字化。

如何使用本书

本书基于 Python 3.8，系统全面地讲解 Python 网络爬虫的基础知识。全书共 11 章，其中，第 1 章主要帮助读者认识什么是网络爬虫以及了解网络爬虫的实现原理；第 2 章主要介绍网页请求原理和抓包工具 Fiddler 的使用方法；第 3～5 章分别介绍抓取静态网页和动态网页的数据、解析网页数据的相关内容；第 6 章主要介绍如何通过多线程和协程提升网络爬虫速度；第 7 章主要介绍如何将抓取的数据保存到数据库中；第 8 章主要介绍网络爬虫在抓取网页数据时遇到字符验证码、滑动拼图验证码、点选验证码等问题的解决方法；第 9、10 章主要介绍网络爬虫框架 Scrapy 的基本使用方法、核心组件以及 CrawlSpider 类的相关知识；第 11 章主要介绍分布式网络爬虫 Scrapy-Redis 的相关知识，包括完整架构、运作流程、基本使用方法等。

读者若不能完全理解教材中所讲的知识，可登录在线平台，配合平台中的教学视频进行学习。此外，读者在学习过程中务必勤加练习，确保真正吸收所学知识。若读者在学习过程中遇到无法解决的困难，建议不要纠结于此，继续往后学习，或可豁然开朗。

致谢

本教材的编写和整理工作由江苏传智播客教育科技股份有限公司完成，主要参与人员有高美云、王晓娟、孙东、高炳尧等，公司全体人员在近一年的编写过程中付出了辛勤的汗水，在此一并表示衷心的感谢。

意见反馈

尽管我们付出了最大的努力，但书中难免会有不妥之处，欢迎专家和读者朋友们来信提出宝贵意见，我们将不胜感激。您在阅读本书时，若发现任何问题或有不认同之处，可以通过发送电子邮件的方式与我们联系。

请发送电子邮件至 itcast_book@vip.sina.com。

黑马程序员

2023 年 5 月于北京

目录
Contents

第 1 章

认识网络爬虫

学习目标

- ◆ 熟悉网络爬虫的概念及分类，能够归纳通用网络爬虫和聚焦网络爬虫的区别
- ◆ 了解网络爬虫的应用场景，能够列举至少 3 个网络爬虫的应用场景
- ◆ 熟悉网络爬虫的 Robots 协议，能够说明 robots.txt 文件中每个选项的含义
- ◆ 熟悉防网络爬虫的应对策略，能够列举至少 3 个应对防网络爬虫的策略
- ◆ 掌握网络爬虫的工作原理，能够定义通用网络爬虫和聚焦网络爬虫的工作原理
- ◆ 熟悉网络爬虫的工作流程，能够归纳网络爬虫抓取网页的完整流程
- ◆ 了解网络爬虫的实现技术，能够说出使用 Python 实现网络爬虫有哪些优势
- ◆ 熟悉网络爬虫的实现流程，能够归纳使用 Python 实现网络爬虫的流程

随着网络的蓬勃发展，互联网成为大量信息的载体，如何有效提取并利用这些信息成为一个巨大的挑战。网络爬虫作为一种自动采集数据的技术，凭借自身强大的自动抓取网页数据的能力，成为当下互联网高效、灵活地收集数据的解决方案之一。本章主要对网络爬虫的基础知识进行详细讲解。

拓展阅读

1.1　什么是网络爬虫

网络爬虫（Web Crawler）又称网络蜘蛛、网络机器人，它是一种按照一定规则，自动请求网站并提取网页数据的程序或脚本。通俗地讲，网络爬虫就是一个模拟真人浏览互联网行为的程序。这个程序可以代替真人自动请求互联网，并接收从互联网返回的数据。与真人浏览互联网相比，网络爬虫能够获取的信息量更大，效率也更高。

历经几十年的发展，网络爬虫的相关技术变得多样化，并结合不同的需求衍生出类型众多的网络爬虫。网络爬虫按照系统结构和实现技术大致可以分为 4 种类型，它们分别是通用网络爬虫、聚焦网络爬虫、增量式网络爬虫、深层网络爬虫。下面分别对这 4 种网络爬虫进行介绍。

1. 通用网络爬虫

通用网络爬虫（General Purpose Web Crawler）又称全网爬虫（Scalable Web Crawler），是

指访问全互联网资源的网络爬虫。通用网络爬虫是“互联网时代”早期出现的传统网络爬虫，它是搜索引擎（如百度、谷歌、雅虎等）抓取系统的重要组成部分，主要用于将互联网中的网页下载到本地，形成一个互联网网页的镜像备份。

通用网络爬虫的目标是全互联网资源，数量巨大且范围广泛。这类网络爬虫对爬行速度和存储空间的要求是非常高的，但是对抓取网页的顺序的要求相对较低。

2. 聚焦网络爬虫

聚焦网络爬虫（Focused Web Crawler）又称主题网络爬虫（Topical Web Crawler），是指有选择性地访问那些与预定主题相关的网页的网络爬虫。它根据预先定义好的目标，有选择性地访问与目标主题相关的网页，获取所需要的数据。

与通用网络爬虫相比，聚焦网络爬虫只需要访问与预定主题相关的网页，这不仅减少了访问和保存的页面数量，而且提高了网页的更新速度。可见，聚焦网络爬虫在一定程度上节省了网络资源，能满足一些特定人群采集特定领域数据的需求。

3. 增量式网络爬虫

增量式网络爬虫（Incremental Web Crawler）是指对已下载的网页采取增量式更新，只抓取新产生或者已经发生变化的网页的网络爬虫。

增量式网络爬虫只会抓取新产生的或内容变化的网页，并不会重新抓取内容未发生变化的网页，这样可以有效地减少网页的下载量，减少访问时间和存储空间的耗费，但是增加了网页抓取算法的复杂度和实现难度。

4. 深层网络爬虫

深层网络爬虫（Deep Web Crawler）是指抓取深层网页的网络爬虫。它要抓取的网页层次比较深，需要通过一定的附加策略才能够自动抓取，实现难度较大。

在实际应用中，网络爬虫系统通常是由以上 4 种网络爬虫相结合实现的。本书主要介绍的是聚焦网络爬虫。

多学一招：表层网页与深层网页

网页按存在方式可以分为表层网页（Surface Web）和深层网页（Deep Web），关于这两类网页的介绍如下。

- 表层网页是指传统搜索引擎可以索引的页面，主要是以超链接可以到达的静态网页构成的网页。
- 深层网页是指大部分内容无法通过静态链接获取，只能通过用户提交一些关键词才能获取的网页，如用户注册后内容才可见的网页。

在网站中，深层网页的数量往往比表层网页的数量多得多。

1.2 网络爬虫的应用场景

随着互联网信息的“爆炸”，网络爬虫渐渐为人们所熟知，并被应用到社会生活的众多领域。作为一种自动采集网页数据的技术，很多人其实并不清楚网络爬虫具体能应用到什么场景。事实上，大多数依赖数据支撑的应用场景都离不开网络爬虫，包括搜索引擎、舆情分析与监测、聚合平台、出行类软件等，关于这 4 个应用场景的介绍如下。

1. 搜索引擎

搜索引擎是通用网络爬虫最重要的应用场景之一，它将网络爬虫作为最基础的部分——互联网信息的采集器，让网络爬虫自动到互联网中抓取数据。例如，谷歌、百度、必应等搜索引擎都利用网络爬虫技术从互联网中采集海量的数据。

2. 舆情分析与监测

政府或企业通过网络爬虫技术自动采集论坛评论、在线博客、新闻媒体或微博等网站中的海量数据，采用数据挖掘的相关方法（如词频统计、文本情感计算、主题识别等）发掘舆情热点，跟踪目标话题，并根据一定的标准采取相应的舆情控制与引导措施。例如，百度热搜、微博热搜等。

3. 聚合平台

如今出现的很多聚合平台，如返利网、慢慢买等，也是网络爬虫技术常见的应用场景。这些平台就是运用网络爬虫技术对一些电商平台上的商品信息进行采集，将所有的商品信息放到自己的平台上展示，并提供横向数据的比较，帮助用户寻找实惠的商品价格。例如，用户在慢慢买平台搜索华为智能手表后，平台上展示了很多款华为智能手表的价格分析及价格走势等信息。

4. 出行类软件

出行类软件，如飞猪、携程、去哪儿等，也是网络爬虫应用得比较多的场景。这类应用运用网络爬虫技术，不断地访问交通出行的官方售票网站刷新余票，一旦发现有新的余票便会通知用户付款买票。不过，官方售票网站并不欢迎网络爬虫的这种行为，因为高频率地访问网页极易造成网站瘫痪。

总而言之，网络爬虫具有非常大的潜在价值，它不仅能为有高效搜索需求的用户提供有力的数据支持，还能为中小型网站的推广引流提供有效的渠道，给我们的生活带来了极大的便利。但同时，网络爬虫若不加以规范，很有可能侵害我们的利益。

1.3　网络爬虫合法性探究

网络爬虫在访问网站时需要遵循“有礼貌”的原则，这样才能与更多的网站建立友好关系。即便如此，网络爬虫的抓取行为仍会给网站增加不小的压力，严重时甚至可能影响对网站的正常访问。为了约束网络爬虫的恶意行为，网站内部加入了一些防爬虫措施来阻止网络爬虫。与此同时，网络爬虫也研究了防爬虫措施的应对策略。接下来，本节将从 Robots 协议、防爬虫应对策略两个方面对网络爬虫合法性的相关内容进行讲解。

1.3.1　Robots 协议

为了维护良好的互联网环境，保证网站与网络爬虫之间的利益平衡，1994 年 6 月 30 日，爬虫软件设计者及爱好者经过共同讨论后，正式发布了一份行业规范——Robots 协议。

Robots 协议又称爬虫协议，它是国际互联网界通行的道德规范，用于保护网站数据和敏感信息，确保网站用户的个人信息和隐私不受侵犯。为了让网络爬虫了解网站的访问范围，网站管理员通常会在网站的根目录下放置一个符合 Robots 协议的 robots.txt 文件，通过这个文件告知网络爬虫在抓取该网站数据时存在哪些限制，哪些网页是允许被抓取的，哪些网页是禁止被抓取的。

当网络爬虫访问网站时，应先检查该网站的根目录下是否存在 robots.txt 文件。若 robots.txt 文件不存在，则网络爬虫能够访问该网站上所有没被口令保护的页面；若 robots.txt 文件存在，则网络爬虫会按照该文件的内容确定访问的范围。

robots.txt 文件中的内容有着一套通用的写作规范。下面以豆瓣网站根目录下的 robots.txt 文件为例，分析 robots.txt 文件的语法规则。robots.txt 文件中的内容如下。

```
User-agent: *
Disallow: /subject_search
Disallow: /amazon_search
Disallow: /search
Disallow: /group/search
Disallow: /event/search
Disallow: /celebrities/search
Disallow: /location/drama/search
Disallow: /forum/
Disallow: /new_subject
Disallow: /service/iframe
Disallow: /j/
Disallow: /link2/
Disallow: /recommend/
Disallow: /doubanapp/card
Disallow: /update/topic/
Disallow: /share/
Allow: /ads.txt
Sitemap: https://www.douban.com/sitemap_index.xml
Sitemap: https://www.douban.com/sitemap_updated_index.xml
# Crawl-delay: 5

User-agent: Wandoujia Spider
Disallow: /

User-agent: Mediapartners-Google
Disallow: /subject_search
Disallow: /amazon_search
Disallow: /search
Disallow: /group/search
Disallow: /event/search
Disallow: /celebrities/search
Disallow: /location/drama/search
Disallow: /j/
```

从上述内容可以看出，robots.txt 文件中包含了多行以 User-agent、Disallow、Allow、Sitemap 等开头的语句，并且若干行语句之间会以一个空行进行分隔。

在 robots.txt 文件中，以空行分隔的多行语句组成一条记录，每条记录通常以一行或多行包含 User-agent 选项的语句开始，后面跟上若干行包含 Disallow 选项的语句，有时也会出现一行或多行包含 Allow、Sitemap 选项的语句，它们的含义如下。

- User-agent：用于指定网络爬虫的名称。若该选项的值为“*”，则说明 robots.txt 文件对任何网络爬虫均有效。带有“*”的 User-agent 选项只能出现一次。例如，示例的第一条语句 User-agent: *。
- Disallow：用于指定网络爬虫禁止访问的目录。若 Disallow 选项的内容为空，说明网站的任何内容都是被允许访问的。在 robots.txt 文件中，至少要有一条包含 Disallow 选项的语句。例如，Disallow: /subject_search 表示禁止网络爬虫访问目录/subject_search。
- Allow：用于指定网络爬虫允许访问的目录。例如，Allow: /ads.txt 表示允许网络爬虫访问目录/ads.txt。
- Sitemap：用于告知网络爬虫网站地图的路径。例如，Sitemap: https://www.douban.com/sitemap_index.xml 和 https://www.douban.com/sitemap_updated_index.xml 这两个路径都是网站地图，主要说明网站的更新时间、更新频率、网址重要程度等信息。

Robots 协议只是一个网站与网络爬虫之间达成的“君子”协议，它并不是计算机中的防火墙，没有实际的约束力。如果把网站比作私人花园，那么 robots.txt 文件便是私人花园门口的告示牌。这个告示牌上写有是否可以进入花园，以及进入花园后应该遵守的规则。但告示牌并不是高高的围栏，它只对遵守协议的“君子”有用，对于违背协议的人而言并没有太大的作用。

尽管 Robots 协议没有一定的强制约束力，但网络爬虫仍然要遵守协议，违背协议可能会存在一定的法律风险。

1.3.2 防爬虫应对策略

随着网络爬虫技术的普及，互联网中出现了越来越多的网络爬虫，既有为搜索引擎采集数据的网络爬虫，也有很多其他的开发者自己编写的网络爬虫。对于一个内容型驱动的网站而言，被网络爬虫访问是不可避免的。

尽管网络爬虫履行着 Robots 协议，但是很多网络爬虫的抓取行为不太合理，经常同时发送上百个请求重复访问网站。这种抓取行为会给网站的服务器增加巨大的处理开销，轻则降低网站的访问速度，重则导致网站无法被访问，给网站造成一定的压力。

因此，网站管理员会根据网络爬虫的行为特点，从来访的客户端程序中甄选出网络爬虫，并采取一些防爬虫措施来阻止网络爬虫的访问。与此同时，网络爬虫会采取一些应对策略继续访问网站，常见的应对策略包括添加 User-Agent 字段、降低访问频率、设置代理服务器、识别验证码，关于这几种应对策略的介绍如下。

1. 添加 User-Agent 字段

浏览器在访问网站时会携带固定的 User-Agent（用户代理，用于描述浏览器的类型及版本、操作系统及版本、浏览器插件、浏览器语言等信息），向网站表明自己的真实身份。

网络爬虫每次访问网站时可以模仿浏览器的上述行为，也就是在请求网页时携带 User-Agent，将自己伪装成一个浏览器，如此便可以绕过网站的检测，避免出现被网站服务器直接拒绝访问的情况。

2. 降低访问频率

如果同一账户在较短的时间内多次访问了网站，那么网站运维人员会推断此种访问行为可能是网络爬虫的行为，并将该账户加入黑名单以禁止其访问网站。为防止网站运维人员从访问量上推断出网络爬虫的身份，可以降低网络爬虫访问网站的频率。不过，这种方式会降低网络爬虫的抓取效率。为了弥补这个不足，可以适当地调整一些操作，如让网络爬虫每抓取一次页面数据就休息几秒，或者限制每天抓取的网页的数量。

3. 设置代理服务器

网络爬虫在访问网站时若反复使用同一 IP 地址，则极易被网站识别身份后屏蔽、阻止、封禁等。此时可以在网络爬虫和 Web 服务器之间设置代理服务器。有了代理服务器之后，网络爬虫会先将请求发送给代理服务器，代理服务器再转发给服务器，这时服务器记录的是代理服务器的 IP 地址（简称代理 IP），而不是网络爬虫所在设备的 IP 地址。

互联网中有一些网站提供了大量的代理 IP，可以将这些代理 IP 进行存储，以备不时之需。不过，很多代理 IP 的使用寿命非常短，需要通过一套完整的机制校验已有代理 IP 的有效性。

4. 识别验证码

有些网站在检测到某个客户端的 IP 地址访问次数过于频繁时，会要求该客户端进行登录验证，并随机提供一个验证码。为了应对这种突发情况，网络爬虫除了要输入正确的账户密码之外，还要像人类一样通过滑动或点击行为识别验证码，如此才能继续访问网站。由于验证码的种类较多，不同的验证码需要采用不同的技术进行识别，具有一定的技术难度。

对于本节介绍的这些防爬虫的应对策略，大家只需有个印象即可，具体的操作会在后文中介绍。

1.4 网络爬虫的工作原理和流程

1.4.1 网络爬虫的工作原理

互联网中有多种网络爬虫，尽管这些网络爬虫的使用场景不同，但它们的工作原理大同小异。下面以常见的通用网络爬虫和聚焦网络爬虫为例，分别介绍这两种网络爬虫的工作原理。

1. 通用网络爬虫的工作原理

通用网络爬虫的采集目标是整个互联网上的所有网页，它会先从一个或多个初始 URL 开始，获取初始 URL 对应的网页数据，并不断从该网页数据中抽取新的 URL 放到队列中，直至满足一定的条件后停止。

通用网络爬虫的工作原理如图 1-1 所示。

关于图 1-1 中各环节的介绍如下。

（1）获取初始 URL。初始 URL 是精心挑选的一个或多个 URL，也称种子 URL，它既可以由用户指定，也可以由待采集的初始网页指定。

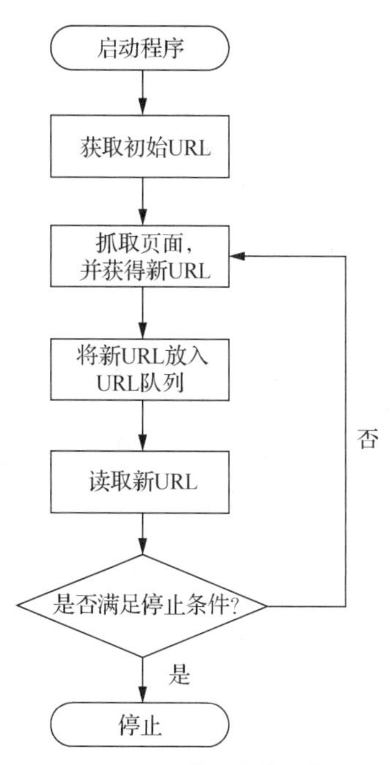

图 1-1　通用网络爬虫的工作原理

（2）有了初始 URL 之后，需要根据初始 URL 抓取对应的网页，之后将该网页存储到原始网页数据库中，并且在抓取网页的同时对网页内容进行解析，从中提取出新 URL。

（3）有了新 URL 之后，需要将新 URL 放入 URL 队列中。

（4）从 URL 队列中读取新 URL，以准备根据 URL 抓取下一个网页。

（5）若网络爬虫满足设置的停止条件，则停止采集；若网络爬虫没有满足设置的停止条件，则继续根据新 URL 抓取对应的网页，并重复步骤（2）～步骤（5）。需要注意的是，如果没有设置停止条件，网络爬虫会一直采集下去，直到没有可以采集的新 URL 为止。

2. 聚焦网络爬虫的工作原理

聚焦网络爬虫面向有特殊需求的人群，它会根据预先设定的主题顺着某个垂直领域进行抓取，而不是漫无目的地随意抓取。与通用网络爬虫相比，聚焦网络爬虫会根据一定的网页分析算法对网页进行筛选，保留与主题有关的网页链接，舍弃与主题无关的网页链接。其目的性更强。聚焦网络爬虫的工作原理如图 1-2 所示。

关于图 1-2 中各环节的介绍如下。

（1）根据需求确定聚焦网络爬虫的采集目标，以及进行相关的描述。

（2）获取初始 URL。

（3）根据初始 URL 抓取对应的网页，并获得新 URL。

（4）从新 URL 中过滤掉与采集目标无关的 URL。因为聚焦网络爬虫对网页的采集有着明确的目标，所以与目标无关的 URL 都会被过滤掉。

（5）将过滤后的 URL 放入 URL 队列。

（6）根据一定的抓取策略，从 URL 队列中确定 URL 优先级，并确定下一步要抓取的 URL。

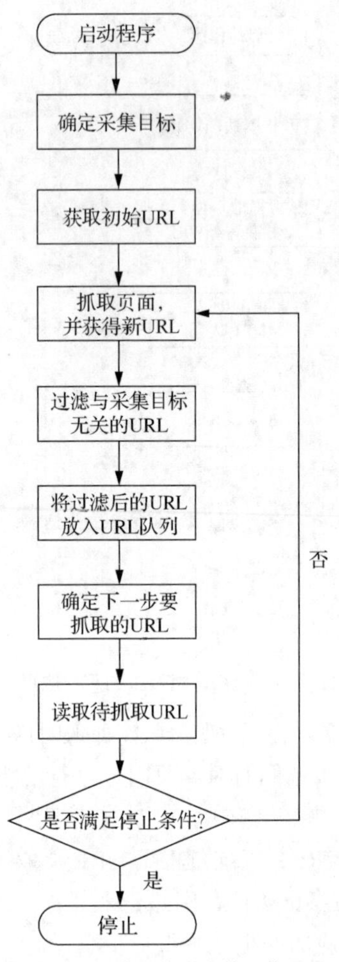

图 1-2 聚焦网络爬虫的工作原理

（7）从下一步要抓取的 URL 中读取新 URL，以准备根据新 URL 抓取下一个网页。

（8）若聚焦网络爬虫满足设置的停止条件，或没有可获取的 URL 时，停止采集；若网络爬虫没有满足设置的停止条件，则继续根据新 URL 抓取对应的网页，并重复步骤（3）～步骤（8）。

综上所述，聚焦网络爬虫的工作原理较为复杂。除了做通用网络爬虫的任务之外，聚焦网络爬虫还需要多做 3 个任务，包括确定采集目标、过滤与采集目标无关的 URL，以及确定下一步要抓取的 URL。

1.4.2 网络爬虫抓取网页的流程

通过对 1.4.1 节的学习，我们对通用网络爬虫和聚焦网络爬虫的工作原理有了大致的了解。尽管这两种网络爬虫的工作原理有一些差别，但它们抓取网页的流程是类似的。图 1-3 展示了网络爬虫抓取网页的详细流程，可以帮助大家更好地理解网络爬虫抓取网页的详细过程。

关于图 1-3 中抓取网页流程的详细介绍如下。

（1）选择一些网页，将这些网页的链接作为种子 URL 放入待抓取 URL 队列中。

（2）从待抓取 URL 队列中依次读取 URL。

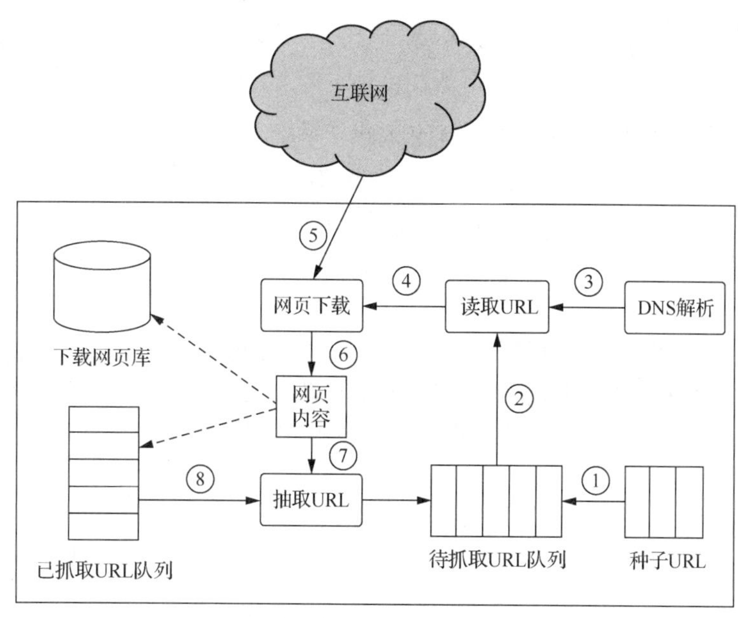

图 1-3 网络爬虫抓取网页详细流程的示意图

（3）通过 DNS 解析 URL，把 URL 地址转换为网站服务器所对应的 IP 地址。

（4）将 IP 地址和网页相对路径名称交给网页下载器，网页下载器负责网页内容的下载。

（5）网页下载器将相应网页的内容下载到本地。

（6）将下载到本地的网页存储到页面库中，等待建立索引等后续处理；与此同时，将下载过网页的 URL 放入已抓取 URL 队列中。这个队列记载了网络爬虫已经下载过的网页 URL，以避免网页重复抓取。

（7）从刚下载的网页中抽取出所包含的 URL 信息。

（8）在已抓取 URL 队列中检查抽取的 URL 是否被下载过。如果它还未被下载过，则将这个 URL 放入待抓取 URL 队列中。

如此重复步骤（2）～步骤（8），直到待抓取 URL 队列为空时停止抓取。

1.5 网络爬虫实现技术探究

1.5.1 网络爬虫的实现技术

为满足用户快速从网页采集数据的需求，市面上出现了一些具有可视化界面的网络爬虫工具，如八爪鱼采集器、火车头采集器等。除了直接使用这些现成的工具之外，我们也可以开发一个自己的网络爬虫。那么，哪些语言可以用于开发网络爬虫程序呢？目前，开发网络爬虫程序的语言主要有 PHP、Go、C++、Java、Python 这 5 种，简要介绍如下。

1. PHP

PHP 是一种应用范围比较广的语言，特别是在网络程序开发方面，常用于处理动态网页。PHP 语言的优点是具有简洁的语法，容易上手，并且拥有丰富的网络爬虫功能模块；缺点是对多线程的支持不太友好，需要借助于扩展模块实现多线程技术，并发处理的能力相对较弱，这在一定程度上会影响网络爬虫的采集效率。

2. Go

Go 语言是一门新生语言，它借鉴了 UNIX 操作系统的设计哲学，汲取了 C 语言的优势，并对多处理应用程序编程进行了优化，编译程序的速度更快。Go 语言的优点是高并发能力强、开发效率高、标准库丰富，通过 Go 语言开发的网络爬虫程序性能优越；缺点是普及性不高，会使用 Go 语言的人相对较少。

3. C++

C++语言是应用较为广泛的程序设计语言之一，它是 C 语言的继承，既适合开发面向过程的程序，也适合开发面向对象的程序。C++语言的优点是运行速度快、性能强；缺点是学习成本高、代码成型速度慢，不是开发网络爬虫程序的最佳选择。

4. Java

Java 在网络爬虫方向已经形成完善的生态圈。它提供了众多解析网页的技术，对网页解析有着良好的支持，非常适合用于开发大型网络爬虫项目。不过，使用 Java 开发的网络爬虫程序含有大量的代码，任何修改都会牵扯大部分代码的变动，使得重构成本比较高。

5. Python

Python 在网络爬虫方向也已经形成完善的生态圈，它拥有较强的多线程处理能力，但是网页解析能力不够强大。

本书选择 Python 作为开发网络爬虫程序的语言，主要有以下几点考虑因素。

- 语法简洁。对于同一个功能，使用 Python 只需要编写几十行代码，而使用 Java 可能需要编写几百行代码。
- 容易上手。互联网中有很多关于 Python 的教学资源，便于大家学习，出现问题也很容易找到相关资料进行解决。
- 开发效率高。网络爬虫的实现代码需要根据不同的网站内容进行局部修改，这非常适合用 Python 这样灵活的脚本语言完成。
- 模块丰富。Python 提供了丰富的内置模块、第三方模块，以及成熟的网络爬虫框架，能够帮助开发人员快速实现网络爬虫的基本功能。

需要说明的是，本书的程序都是基于 Python 3.8 进行开发的。

1.5.2 Python 实现网络爬虫的流程

互联网上有着成千上万的网页，并且网页内容是千变万化的。尽管如此，使用 Python 开发网络爬虫程序的基本流程是相同的，大致可以分为 3 个步骤，具体介绍如下。

1. 抓取网页数据

抓取网页数据是指按照预先设定的目标，根据目标网页的 URL 向网站发送请求，并获得整个网页的数据。抓取网页数据的过程类似于用户在浏览器中输入网址，按 Enter 键后看到完整页面的过程。

2. 解析网页数据

解析网页数据是指采用不同的解析网页的方法从整个网页的数据中提取出目标数据。例如，我们想要采集所有苹果手机的价格信息，价格便是需要提取的目标数据。

3. 存储数据

存储数据的过程也比较简单，就是将提取的目标数据以文件的形式存放到本地，也可以存储到数据库，方便后期对数据进行深入的研究。

由于网页上使用的技术各不相同，有些网页上的数据是直接显示在网页源代码中的，有些网页的数据是动态加载出来的，还有些网页的数据则是用户登录账号信息后才能访问的，因此网络爬虫在抓取网页数据时用到的技术也是各不相同的。对于这方面的内容，我们分别会在第 3、5、6、8 章进行介绍。对于解析网页数据和存储数据的内容，我们分别会在第 4、7 章进行介绍。

除此之外，Python 还提供了非常成熟的网络爬虫框架 Scrapy，这些内容会在第 9～11 章被介绍。

1.6　本章小结

本章是全书的开篇。在本章中，我们首先讲解了网络爬虫的概念和应用场景，然后讲解了 Robots 协议和防爬虫应对策略，接着讲解了网络爬虫的工作原理、抓取网页的详细流程，最后讲解了网络爬虫的实现技术和 Python 实现网络爬虫的流程。希望读者通过本章内容的学习，对网络爬虫有个大致的认识，为后续深入学习网络爬虫奠定基础。

1.7　习题

一、填空题

1. 网络爬虫又称网络蜘蛛或________。
2. Robots 协议又称________协议，用于保护网站数据和敏感信息。
3. 网络爬虫按照系统结构和实现技术可分为通用网络爬虫、________、增量式网络爬虫和深层网络爬虫。
4. 浏览器在访问网站时会携带________，向网站表明自己的真实身份。
5. 网络爬虫的基本流程包括抓取网页数据、________和存储数据。

二、判断题

1. Robots 协议可以限制爬虫程序采集某些网页的数据。(　　)
2. 网络爬虫是一个模拟真人浏览互联网行为的程序。(　　)
3. 网络爬虫可以抓取互联网上的任意数据。(　　)
4. 通用网络爬虫会访问与预定主题相关的网页。(　　)
5. 网络爬虫程序只能使用 Python 语言进行开发。(　　)

三、选择题

1. 下列选项中，不属于 Python 开发网络爬虫程序优势的是 (　　)。

　A. 语法简洁，容易上手　　　　B. 开发效率高

C. 模块丰富　　　　D. 运行速度快、性能强

2. 下列选项中，关于网络爬虫描述错误的是（　　）。

A. 聚焦网络爬虫可以抓取指定网站的数据

B. 通用网络爬虫是可以访问全互联网资源的网络爬虫

C. 增量式网络爬虫只能抓取新产生的网页或内容发生变化的网页

D. 聚焦网络爬虫通常用于实现搜索引擎

3. 下列选项中，表示 Robots 协议禁止网络爬虫访问的是（　　）。

A. User-agent　　B. Disallow　　C. Allow　　D. Sitemap

4. 下列选项中，不属于防爬虫应对策略的是（　　）。

A. 添加 User-Agent 字段　　B. 降低访问频率

C. 反复使用同一 IP 地址抓取数据　　D. 识别验证码

5. 下列选项中，关于聚焦网络爬虫工作原理描述错误的是（　　）。

A. 聚焦网络爬虫的种子 URL 只能有一个

B. 聚焦网络爬虫会将与目标无关的 URL 过滤掉

C. 聚焦网络爬虫会根据爬行策略，在 URL 队列中确定 URL 的优先级

D. 聚焦网络爬虫会循环抓取数据直到满足条件为止

四、简答题

1. 请简述什么是网络爬虫。

2. 请简述网络爬虫的工作流程。

第2章

网页请求原理

学习目标

- ◆ 了解并能够复述浏览器加载网页的过程
- ◆ 熟悉 HTTP 的基本原理，能够归纳 URL 格式、HTTP 请求格式和 HTTP 响应格式
- ◆ 熟悉网页基础知识，能够区分 HTML、JavaScript 和 CSS 三者的区别
- ◆ 掌握 HTTP 抓包工具 Fiddler 的使用，能够独立安装并使用 Fiddler 工具

网络爬虫请求网页的过程可以理解为用户使用浏览器加载网页的过程。这个过程其实是向 Web 服务器发送请求的过程，即浏览器向 Web 服务器发送请求，Web 服务器将响应内容以网页形式返回给浏览器。因此，了解浏览器与 Web 服务器之间的通信方式和交互过程，理解网页的组成、结构、分类、数据格式，能加深对网络爬虫的理解。本章将针对网页请求原理的相关知识进行讲解。

拓展阅读

2.1 浏览器加载网页的过程

当我们在浏览器的地址栏中输入百度首页的网址，按 Enter 键后可以看到浏览器中显示了百度首页。那么，我们在按 Enter 键之后究竟发生了哪些事情呢？

简单来说，在我们按 Enter 键后，浏览器经历了以下 4 个过程。

（1）浏览器通过域名系统（Domain Name System，DNS）服务器查找百度服务器对应的 IP 地址。

（2）浏览器向 IP 地址对应的 Web 服务器发送 HTTP 请求。

（3）Web 服务器接收 HTTP 请求后进行处理，向浏览器返回 HTML 页面。

（4）浏览器对 HTML 页面进行渲染并呈现给用户。

以上过程其实就是浏览器加载网页的过程，具体如图 2-1 所示。

在图 2-1 中，浏览器从 Web 服务器加载网页的过程是 HTTP 请求响应的过程。

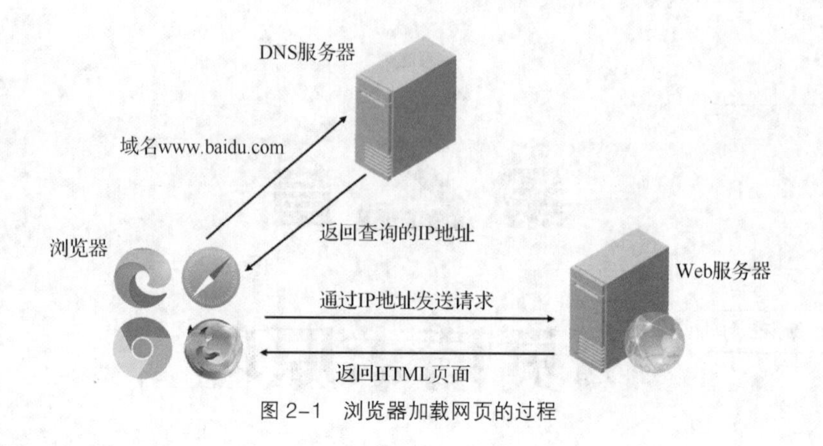

图 2-1 浏览器加载网页的过程

2.2 HTTP 基础

2.2.1 URL 简介

URL（Uniform Resource Locator）又称 URL 地址，表示统一资源定位符，用于指定因特网上某个资源的位置。URL 地址的语法格式如下。

```
scheme://[user]:[password]@host:[port]/path;[params]?[query]#[frag]
```

上述语法格式中，方括号包括的内容为可选项，关于 URL 地址的语法格式中各选项的说明如表 2-1 所示。

表 2-1 URL 地址的语法格式中各选项的说明

选项	说明
scheme	表示方案，用于标识采用哪种传输协议访问服务器资源
user	表示用户，用于标识访问服务器资源时需要的用户名
password	表示密码，用户名后面可能包含的密码，两者之间以“:”分隔
host	表示主机地址，也就是存放资源的服务器主机名或 IP 地址
port	表示端口号，也就是存放资源的服务器监听的端口号
path	用于指定本次请求资源在服务器中的位置
params	表示访问资源时使用的协议参数，参数之间以“;”分隔
query	表示查询字符串，用于指定查询的资源，一般使用“?”与 URL 的其余部分进行分隔。查询字符串没有通用格式，通常以“&”连接多个参数，每个参数的名称与值使用“=”连接，如 https://www.baidu.com/s?ie=utf-8&wd=python
frag	表示片段，用于指定访问资源时某一部分资源的名称

URL 地址中比较重要的选项为 scheme、host、port 和 path，关于这 4 个选项的介绍如下。

1. scheme

scheme 用于规定如何访问指定资源的主要标识符，它会告诉负责解析 URL 的应用程序应该使用什么传输协议。常见的传输协议如表 2-2 所示。

表 2-2　常见的传输协议

传输协议	说明	示例
File	访问本地计算机的资源	file:///Users/itcast/Desktop/basic.html
FTP	文件传输协议，访问共享主机的文件资源	ftp://ftp.baidu.com/movies
HTTP	超文本传输协议，访问远程网络资源	http://www.ptpress.com.cn/static/interface/img/logo.png
HTTPS	超文本传输安全协议，访问远程网络资源	https://image.baidu.com/channel/wallpaper
Mailto	访问电子邮件地址	mailto:null@itcast.cn

2. host

host 指存放资源的主机名或者 IP 地址。它用于标识互联网上的唯一一台计算机，保证用户可以高效地从成千上万台联网的计算机中找到这台计算机。

IP 地址分为 IPv4（互联网协议第 4 版）和 IPv6（互联网协议第 6 版）。目前较通用的 IP 地址是 IPv4，它通常以“点分十进制”表示成“a.b.c.d”的形式，如 202.108.22.5 就是一个 IP 地址。不过 IP 地址不方便被人们记忆，因此人们发明了域名，并通过 DNS 服务器将域名和 IP 地址相互映射，例如.baidu.com 就是 202.108.22.5 对应的域名。

3. port

port 用于标识在一台计算机上运行的不同程序，它与主机地址以“:”进行分隔。每个网络程序都对应一个或多个特定的端口号，例如，采用 HTTP 的程序默认使用的端口号为 80，采用 HTTPS 的程序默认使用的端口号为 443。

4. path

path 是由 0 个或多个“/”隔开的字符串，一般用于指定本次请求的资源在服务器中的位置。

一个典型的 URL 地址示例如图 2-2 所示。

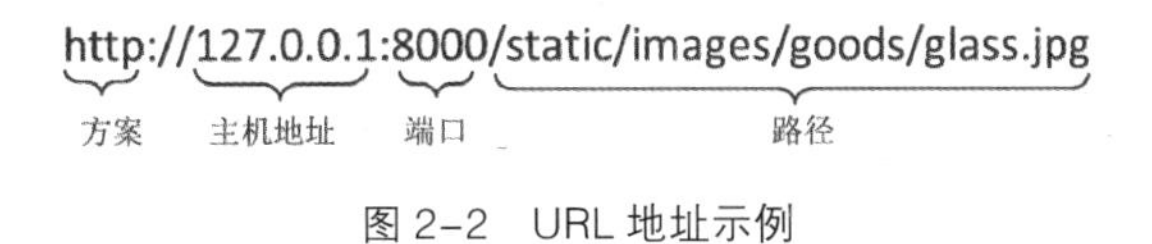

图 2-2　URL 地址示例

2.2.2　HTTP 和 HTTPS

用户使用浏览器访问某个网站时，浏览器会将请求发送到 Web 服务器，而 Web 服务器接收到请求后会进行响应，并将响应结果返回浏览器。为了保证在浏览器和 Web 服务器之间传输数据的可靠性，浏览器和 Web 服务器必须遵守一定的协议。对于网络爬虫来说，它采集的页面通常使用的是 HTTP 和 HTTPS。下面分别对这两种协议进行介绍。

1. HTTP

HTTP 全称为超文本传输协议（Hyper Text Transfer Protocol），它用于将 Web 服务器的超文本资源传送到浏览器中。

HTTP 能够高效、准确地传送超文本资源，但浏览器与 Web 服务器的连接是一种一次性连接，它限制每次连接只能处理一个请求。这意味着每个请求都是独立的，服务器返回本次请求的应答后便立即关闭连接，下次请求再重新建立连接。

2. HTTPS

HTTPS 全称为超文本传输安全协议（Hypertext Transfer Protocol Secure），该协议在 HTTP 的基础上添加了安全套接字层（Secure Socket Layer，SSL），数据在传输过程中主要通过数字证书、加密算法、非对称密钥等技术完成互联网数据传输加密，实现互联网传输安全保护。

2.2.3 HTTP 请求格式

浏览器向 Web 服务器发送的信息是一个 HTTP 请求，每个 HTTP 请求由请求行、请求头、空行以及请求数据（有的也称为请求体）这 4 个部分组成，HTTP 请求的格式如图 2-3 所示。

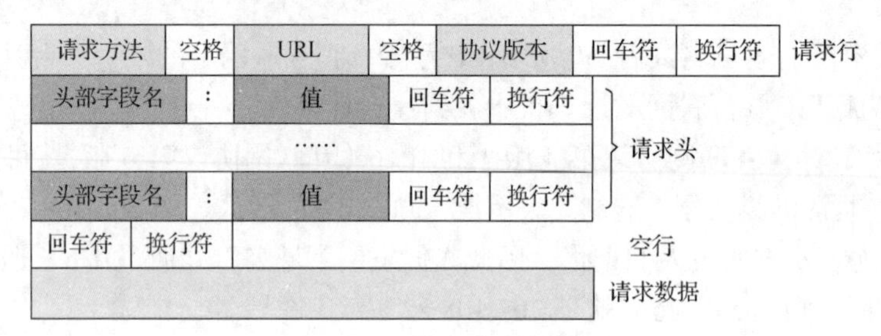

图 2-3　HTTP 请求的格式

下面是通过浏览器访问百度百科页面中的词条 python 时发送的请求信息，具体如下。

```
1  GET /item/Python/407313 HTTP/1.1
2  Host: www.baidu.com
3  Connection: keep-alive
4  Pragma: no-cache
5  Cache-Control: no-cache
6  sec-ch-ua: " Not;A Brand";v="99", "Google Chrome";v="91", "Chromium";v="91"
7  sec-ch-ua-mobile: ?0
8  Upgrade-Insecure-Requests: 1
9  User-Agent: Mozilla/5.0 (Windows NT 6.1; WOW64) AppleWebKit/537.36......
10  Accept: text/html,application/xhtml+xml,application/xml;q=0.9,......
11  Sec-Fetch-Site: same-origin
12  Sec-Fetch-Mode: navigate
13  Sec-Fetch-User: ?1
14  Sec-Fetch-Dest: document
15  Referer: https://baike.baidu.com/
16  Accept-Encoding: gzip, deflate, br
17  Accept-Language: zh-CN,zh;q=0.9,fr;q=0.8
18  Cookie: zhishiTopicRequestTime=1626326884529; ......
19
```

在上述的请求信息中，第 1 行代码是请求行，第 2～18 行代码是请求头信息。需要注意的是，即使请求信息中没有请求数据，也必须在末尾加上空行。

下面分别对请求行和请求头进行介绍。

1. 请求行

上述请求信息中，请求行的内容具体如下。

```
GET /item/Python/407313 HTTP/1.1
```

在请求行中，GET 表示向服务器请求网络资源时所使用的请求方法，/item/Python/407313 表示请求的 URL 地址，HTTP/1.1 表示使用的 HTTP 版本。

常用的请求方法包括 GET 和 POST，其中 GET 用于请求服务器发送某个资源，POST 用于向服务器提交表单或上传文件，表单数据或文件的数据会包含在请求体中。请求方法 GET 和 POST 的区别主要体现在两个方面，具体如下。

（1）传输数据大小。GET 请求方法通过请求参数传输数据，最多只能传输 2KB 的数据；POST 请求方法通过实体内容传输数据，传输的数据大小没有限制。

（2）安全性。GET 请求方法的参数信息会在 URL 中明文显示，安全性比较低；POST 请求方法传递的参数会隐藏在实体内容中，用户看不到，安全性更高。

值得一提的是，不同 HTTP 版本支持的请求方法有所不同。以目前使用较为广泛的 HTTP 1.0 和 HTTP 1.1 为例，HTTP 1.0 完善了请求/响应模型，并补充定义了 GET、POST、HEAD 等 3 种请求方法；HTTP 1.1 在 HTTP 1.0 的基础上进行了更新，新增了 OPTIONS、PUT、DELETE、TRACE、CONNECT 等 5 种请求方法。

2. 请求头

请求行紧挨的部分就是若干个请求头信息，请求头主要用于说明服务器要使用的附加信息，如客户端可以接收的数据类型、压缩方法、客户端可以接受的字符集类型。观察上述示例的请求头可知，每一个请求头均由一个头字段名称和一个值构成，头字段与值之间以冒号分隔。关于请求头中的常用字段的介绍如下。

（1）Host。

Host 用于指定被请求资源的服务器主机名和端口号。

（2）User-Agent。

User-Agent 用于标识客户端身份。通常页面会根据不同的 User-Agent 信息自动作出适配，甚至返回不同的响应内容。

（3）Accept。

Accept 用于指定浏览器或其他客户端可以接受的多用途互联网邮件扩展（Multipurpose Internet Mail Extensions，MIME）文件类型。服务器可以根据该字段判断并返回适当的文件格式。

（4）Referer。

Referer 用于标识当前请求页面的来源页面地址，即表示当前页面是通过此来源页面里的链接进入的。

（5）Accept-Charset。

Accept-Charset 用于指定浏览器可以接受的字符集类型。早期版本的 HTTP 1.1 规定了一个默认的字符集（ISO-8859-1），目前每一种内容类型都有自己的默认字符集。

（6）Cookie。

Cookie 是在浏览器中寄存的小型数据体，它可以记载和服务器相关的用户信息，也可以用来实现模拟登录。

（7）Content-Type。

Content-Type 用于指出实体内容的 MIME 文件类型，例如，text/html 代表 HTML 格式，image/gif 代表 GIF 图片，application/json 代表 JSON 类型，更多文件类型可以查看 Content-Type 对照表。

2.2.4 HTTP 响应格式

Web 服务器返回给浏览器的响应信息由 4 个部分组成，分别是状态行、响应头、空行以及响应正文。HTTP 响应的格式如图 2-4 所示。

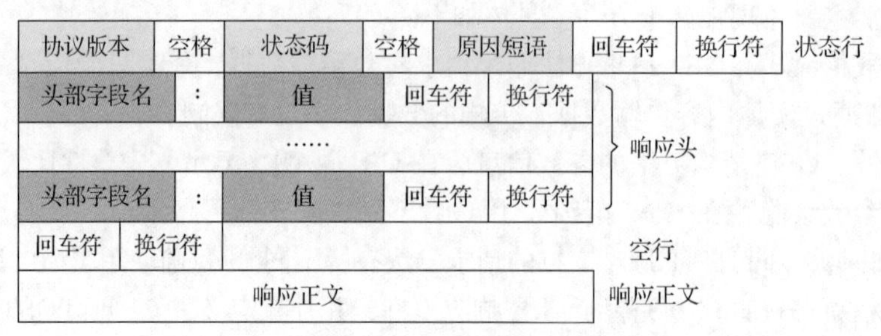

图 2-4 HTTP 响应的格式

下面是通过浏览器访问百度百科中词条 python 时，Web 服务器返回的响应信息，具体内容如下。

```
1  HTTP/1.1 200 OK
2  Connection: keep-alive
3  Content-Encoding: deflate
4  Content-Security-Policy-Report-Only: default-src https:......
5  Content-Type: text/html; charset=UTF-8
6  Date: Thu, 15 Jul 2021 06:25:42 GMT
7  Server: Apache
8  Vary: Accept-Encoding
9  Transfer-Encoding: chunked
10
11  <html>
12  <head>
13  <meta charset="UTF-8">
14  <meta http-equiv="X-UA-Compatible" content="IE=Edge" />......
```

上述响应信息中，第 1 行代码是状态行，第 2～9 行代码是响应头，第 10 行是空行，第 11～14 行代码是响应正文。需要注意的是，即使响应信息中没有响应正文，也必须在末尾加上空行。

下面分别对状态行、响应头和响应正文进行介绍。

1. 状态行

上述响应信息的状态行的具体内容如下。

```
HTTP/1.1 200 OK
```

在状态行中，HTTP/1.1 表示 HTTP 的版本号，200 表示响应状态码，OK 表示响应状态码的简短描述。

响应状态码代表服务器的响应状态，它的作用是告知浏览器请求 Web 资源的结果，如请求成功、请求异常、服务器处理错误等。响应状态码及说明如表 2-3 所示。

表 2-3 响应状态码及说明

响应状态码	说明
100～199	表示服务器成功接收部分请求，要求浏览器继续提交剩余请求才能完成整个处理过程
200～299	表示服务器成功接收请求并已完成整个处理过程。常见状态码为 200，表示 Web 服务器成功处理了请求
300～399	表示未完成请求，要求浏览器进一步细化请求。常见的状态码有 302（表示请求的页面临时转移至新地址）、307（表示请求的资源临时从其他位置响应）和 304（表示使用缓存资源）

续表

响应状态码	说明
400～499	表示浏览器发送了错误的请求，常见的状态码有 404（表示服务器无法找到被请求的页面）和 403（表示服务器拒绝访问，权限不够）
500～599	表示 Web 服务器出现错误，常见的状态码为 500，表示本次请求未完成，原因在于服务器遇到不可预知的情况

2. 响应头

上述响应信息中，状态行下面的部分便是若干个响应头信息。响应头的格式与请求头的格式相同。关于响应头中的常用字段及常用值的介绍如下。

（1）Cache-Control：must-revalidate、no-cache、private。

Cache-Control 表示服务器告知浏览器当前的 HTTP 响应是否可以缓存，取值为 must-revalidate 表示在一个缓存过期之后，不能直接使用这个过期的缓存，必须检验之后才能使用；取值为 no-cache 表示浏览器可以缓存资源，每次使用缓存资源前都必须重新验证其有效性；取值为 private 表示响应只能被单个用户缓存，不能作为共享缓存。

（2）Connection：keep-alive、closed。

Connection 表示浏览器是否使用持久 HTTP 连接，取值为 keep-alive 表示使用持久连接；取值为 closed 表示不使用持久连接。

（3）Content-Encoding：gzip、compress、identity。

Content-Encoding 表示服务器对特定媒体类型的数据进行压缩，取值为 gzip 表示采用 Lempel-Ziv 压缩算法；取值为 compress 表示采用 Lempel-Ziv-Welch 算法；取值为 identity 表示数据未经压缩或修改。

（4）Content-Type：text/html;charset=UTF-8。

Content-Type 表示服务器告知浏览器实际返回的内容的类型，取值为 text/html;charset=UTF-8 表示服务器返回资源文件的类型为 text/html，字符编码格式为 UTF-8。

3. 响应正文

响应正文是服务器返回的具体数据，常见的数据是 HTML 源代码。浏览器在接收到 HTTP 响应后，会根据响应正文的不同类型进行不同的处理。如果响应正文是 DOC 文档，那么浏览器会借助安装在本机的 Word 程序打开这份文档；如果响应正文是 RAR 压缩文件，那么浏览器会弹出一个下载窗口让用户下载解压软件；如果响应正文是 HTML 文档，那么浏览器会在自身的窗口中展示该文档。

2.3 网页基础

2.3.1 网页开发技术

网页可以看作承载各种网站应用和信息的容器，它包含文字、图像、超链接、音频、视频以及动画等内容。通过查看网页的源代码可知，网页实际上是一个 HTML 文件。该文件包含了一些特殊符号和文本，可通过特殊符号和文本对文字、图片、表格、声音等进行描述。

常用的网页开发技术包括 HTML、CSS 和 JavaScript。其中，HTML 用于描述网页中的内容，如文本、图片、声音等；CSS 用于设定网页的元素样式、页面布局；JavaScript 用于向网页添加交互行为，如验证用户登录信息。下面分别对 HTML、JavaScript 和 CSS 进行介绍。

1. HTML

HTML 的英文全称为 Hyper Text Markup Language，即超文本标记语言，是一种用于创建网页的标准标记语言。一个 HTML 文档由一系列的 HTML 元素组成，HTML 元素的组成如图 2-5 所示。

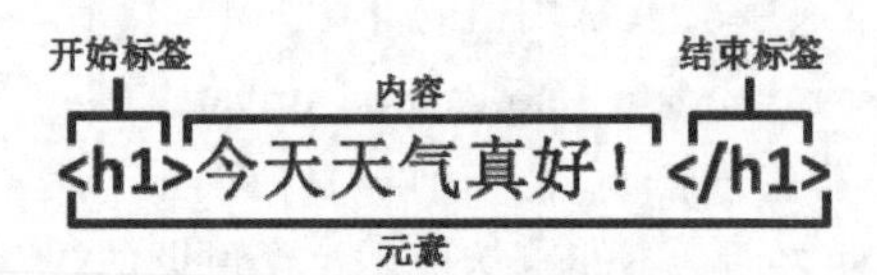

图 2-5　HTML 元素的组成

在图 2-5 中，开始标签、内容、结束标签组合在一起便构成了一个完整的 HTML 元素，关于各部分的说明如下。

- 开始标签：标识元素的起始位置，由尖角括号包裹着元素名称，如图 2-5 中的<h1>。
- 结束标签：标识元素的结束位置，与开始标签相似，只不过在元素名称之前多了一个“/”，如图 2-5 中的</h1>。
- 内容：表示元素的内容，位于开始标签和结束标签之间，如图 2-5 中的“今天天气真好！”。

HTML 中提供了许多标签，用于描述网页中的内容，HTML 的常用标签及说明如表 2-4 所示。

表 2-4　HTML 的常用标签及说明

标签	说明
<html>	表示根标签，用于定义 HTML 文档
<h1>~<h6>	表示标题标签，用于定义 HTML 标题，其中<h1>的等级最高，<h6>的等级最低
<img>	表示图像标签，用于定义图像
<p>	表示段落标签，用于定义段落
<a>	表示链接标签，用于定义链接
<title>	用于定义 HTML 文档的标题
<script>	用于定义浏览器脚本
<style>	用于定义 HTML 文档的样式信息

2. CSS

CSS（Cascading Style Sheets）通常称为 CSS 样式或层叠样式表，主要用于设置 HTML 页面中的文本内容（字体、大小、对齐方式等）、图片的外形（宽、高、边框样式等）以及版面的布局等外观显示样式。CSS 以 HTML 为基础，它不仅可以提供丰富的控制字体、颜色、背景及整体排版的功能，而且可以针对不同的浏览器设置不同的样式。例如，通过 CSS 控制登录页面中文字的大小、字体和背景颜色，如图 2-6 所示。

图 2-6　登录页面

3. JavaScript

JavaScript 是一门独立的网页脚本编程语言，它可以做很多事情，但主流的应用是在 Web 上创建网页特效或验证信息。例如，使用 JavaScript 脚本语言对用户输入的内容进行验证。如果用户在用户名文本框和密码文本框中未输入任何信息，那么单击“登录”按钮后将弹出相应的提示信息，如图 2-7 所示。

图 2-7　弹出提示信息

2.3.2　网页的结构

如果想要了解一个网页的结构，我们可以直接在浏览器打开的快捷菜单中选择“检查”命令。例如，使用 Chrome 浏览器打开百度首页，通过“检查”命令查看百度首页的网页结构如图 2-8 所示。

从图 2-8 中可以看出，百度首页的源代码包含了众多 HTML 元素。这些 HTML 元素是互相嵌套的，具有明显的层级关系，例如，<head>元素与<body>元素属于同级关系，<body>元素与<script>元素存在父子关系。

HTML 页面中使用文档对象模型（Document Object Model，DOM）来描述 HTML 页面的层次结构。DOM 出现的目的是将 JavaScript 和 HTML 文档的内容联系起来，通过使用 DOM 可以在 HTML 文档中添加、移除和操作各种元素。

```
…<!DOCTYPE html> == $0
  <!--STATUS OK-->
  <html>
  ▶<head>…</head>
  ▼<body class style>
    ▶<script>…</script>
    ▶<textarea id="s_is_result_css" style="display:none;">…</textarea>
    ▶<textarea id="s_index_off_css" style="display:none;">…</textarea>
    ▼<div id="wrapper" class="wrapper_new">
      ▶<script>…</script>
      ▼<div id="head" class="s_down">
        ▶<div id="s_top_wrap" class="s-top-wrap s-isindex-wrap" style="left: 0px;">…</div>
        ▶<div id="u">…</div>
        ▶<div id="s-top-left" class="s-top-left s-isindex-wrap">…</div>
        ▶<div id="u1" class="s-top-right s-isindex-wrap">…</div>
        ▶<div id="head_wrapper" class="head_wrapper s-isindex-wrap nologin">…</div>
        ▶<div id="s_wrap" class="s-isindex-wrap">…</div>
<!doctype>
```

图 2-8　百度首页的网页结构

根据互联网联盟（World Wide Web Consortium，W3C）的 HTML DOM 标准，HTML DOM 由节点组成，HTML 文档的所有内容都是节点，整个 HTML 文档是一个文档节点，每个 HTML 元素是元素节点，每个 HTML 属性是属性节点，每个注释是注释节点。

把一个 HTML 文档中的所有节点组织在一起，就构成一棵 HTML DOM 树。这些节点之间存在层级关系，HTML DOM 节点树如图 2-9 所示。

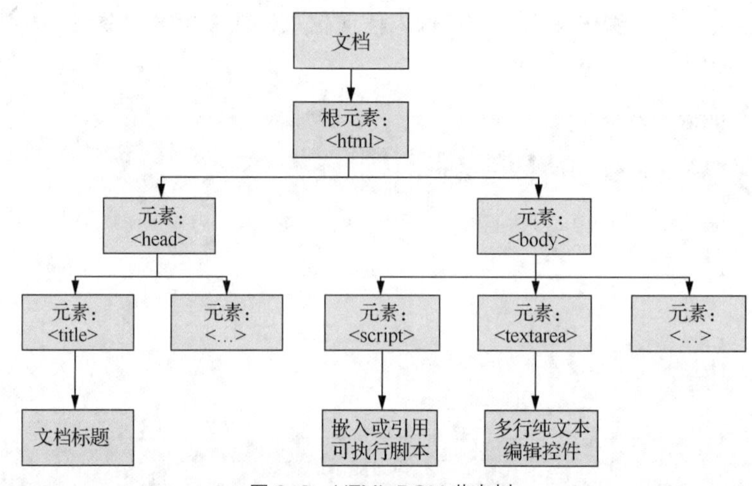

图 2-9　HTML DOM 节点树

在图 2-9 中，HTML DOM 节点树通过父、子以及兄弟等术语描述节点之间的关系。例如，<html>内部嵌套了<head>，它们属于父子关系；<head>和<body>属于相同层级的节点，它们属于兄弟关系。根据节点之间的关系，我们可以快速定位元素的位置。

2.3.3 网页的分类

网页可以分为静态网页、动态网页两种类型。关于这两种网页的介绍如下。

1. 静态网页

静态网页包含的诸如文本、图像、Flash 动画、超链接等内容，在编写网页源代码时已经确定。除非网页源代码被重新修改，否则这些内容不会发生变化。例如，某艺术设计部落网站的首页就是一个静态网页，具体如图 2-10 所示。

图 2-10　静态网页

静态网页具有以下几个特点。

- 静态网页的内容相对稳定，一旦上传至网站服务器，无论是否有用户访问，内容都会一直保存在网站服务器上。
- 静态网页被访问的速度快，访问过程中无须连接数据库。
- 静态网页没有数据库的支持，内容更新与维护比较复杂。
- 静态网页的交互性较差，在功能方面有较大的限制。

值得一提的是，静态网页上展示的内容并非完全静止的，它也可以有各种视觉上的动态效果，如 GIF 动图、Flash 动画、滚动字幕等。

2. 动态网页

相比静态网页，动态网页有数据库支撑、包含程序以及提供与用户交互的功能，如用户登录、用户注册、信息查询等功能，根据用户传入的不同参数，网页会显示不同的数据。例如，登录某网站后查询百度公司信息的页面是一个动态网页，如图 2-11 所示。

图 2-11　动态网页

动态网页具有以下一些特点。

- 动态网页一般以数据库技术为基础。
- 动态网页并不是独立存在于服务器上的网页文件，只有当用户发送请求时，服务器才会返回完整的网页。
- 采用动态网页技术的网站可以实现更多的功能，如用户注册、用户登录、在线调查、用户管理、订单管理等。

对于网络爬虫来说，静态网页的内容都写在源代码中，比较容易抓取；动态网页的内容不一定写在网页源代码中，可能需要用户登录后才能显示完整，这增加了抓取难度。

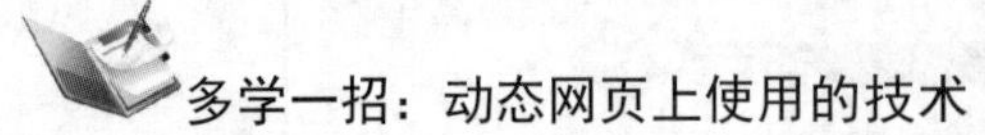
多学一招：动态网页上使用的技术

这里所说的动态网页是在网页中依赖 JavaScript 动态加载数据的网页，使用了 JavaScript 的网页能够在 URL 不变的情况下改变网页的内容。动态网页上使用的技术主要包括 jQuery、AJAX 和 DHTML，关于这几种技术的介绍如下。

1. jQuery

jQuery 是一个快速、简洁的 JavaScript 框架，于 2006 年 1 月由 John Resig（约翰·瑞森）发布。该框架的设计宗旨是“write less, do more”，即写更少的代码，做更多的事情。jQuery 框架中封装了 JavaScript 常用的代码，并对一些功能进行了优化，包括 HTML 文档操作、事件处理、动画设计等。

如果一个网站中使用了 jQuery 框架，那么我们可以在网页源代码中看到 jQuery 入口，具体代码如下。

```
<script type="text/javascript"
src="https://statics.huxiu.com/w/mini/static_2015/js/jquery-1.11.1.min.js?v=201
512181512"></script>
```

需要注意的是，jQuery 可以动态地生成 HTML 内容，但只有在 JavaScript 代码执行之后才会显示。

2. AJAX

AJAX（异步 JavaScript 和 XML）并不是一门新的编程语言，而是一种用于创建又快又好和交互性强的 Web 应用程序的技术。使用了 AJAX 技术的 Web 应用程序能够快速地将增量更新呈现在用户界面上，而不需要重载整个页面，这使得该程序能够快速地回应用户的操作。

如果用户提交表单，或者从服务器获取响应信息之后，网站的页面不需要重新刷新，那么当前访问的网站便使用了 AJAX 技术。

3. DHTML

DHTML 是 Dynamic HTML 的简称，它其实并不是一门新的语言，而是 HTML、CSS 和客户端脚本的集成。DHTML 可以通过客户端脚本改变网页元素（HTML、CSS，或者二者皆被改变），例如，按钮每次被单击后改变其背景色。

网页是否属于 DHTML，关键要看有没有用 JavaScript 控制 HTML 和 CSS 元素。

2.3.4 网页数据的格式

互联网包含了许多数据，这些数据一般分为非结构化数据、结构化数据两种类型。其中非结构化数据是指数据结构不规则或不完整，没有预定义的数据模型，不方便使用数据库二维表结构表现的数据，包括文本、图片、HTML 等；结构化数据是方便使用二维表结构表现的数据，这种数据严格遵循数据格式与长度规范，包括 XML 和 JSON 等。

对于网络爬虫而言，它经常需要解析 HTML、XML 和 JSON 类型的数据，我们在前面介绍过 HTML，所以在这里主要对 XML 和 JSON 进行介绍。

1. XML

XML 是 Extensible Markup Language 的缩写，它是一种类似于 HTML 的标记语言，称为可扩展标记语言。可扩展指的是用户可以按照 XML 规则自定义标记。XML 片段如图 2-12 所示。

```
<employees>
  <employee>
    <firstName>Bill</firstName>
    <lastName>Gates</lastName>
  </employee>
  <employee>
    <firstName>Steve</firstName>
    <lastName>Jobs</lastName>
  </employee>
  <employee>
    <firstName>Elon</firstName>
    <lastName>Musk</lastName>
  </employee>
</employees>
```

图 2-12　XML 片段

在图 2-12 中，<employees>、<employee>、<firstName>、<lastName>都属于 XML 元素，每个元素由开始标记和结束标记组成，必须是成对出现的。<employees>元素是整个 XML 片段的根元素，它包含了 3 个<employee>子元素，每个<employee>元素又包含了<firstName>和<lastName>这 2 个子元素。在 XML 文档中，通过元素的嵌套关系可以很准确地描述具有树状层次结构的复杂信息。

2. JSON

JSON（JavaScript Object Notation，JavaScript 对象表示法）是一种轻量级的数据交换格式，它采用完全独立于编程语言的文本格式存储和表示数据。JSON 具有简洁、清晰的层次结构，便于人们阅读和编写，同时便于机器解析和生成，是理想的数据交换语言。JSON 片段如图 2-13 所示。

```
{
    "employees": [
        {
            "firstName": "Bill",
            "lastName": "Gates"
        },
        {
            "firstName": "Steve",
            "lastName": "Jobs"
        },
        {
            "firstName": "Elon",
            "lastName": "Musk"
        }
    ]
}
```

图 2-13　JSON 片段

在图 2-13 中，花括号用于容纳 JSON 对象，方括号用于容纳数组。JSON 数据写为名称/值对，名称与值之间以冒号进行分隔，例如，"firstName": "Bill""lastName": "Gates"等。由图 2-13 可知，最外层的花括号中有一个 JSON 对象，对象的名称为 employees，值为一个数组。该数组包含多个对象，每个对象包含两个名称/值对。

2.4 HTTP 抓包工具——Fiddler

网络爬虫实质上是模拟浏览器向 Web 服务器发送请求。对于一些简单的网络请求，我们可以通过查看 URL 地址来构造请求，但对于一些稍复杂的网络请求，仍然通过观察 URL 地址将无法构造正确。因此我们需要对这些复杂的网络请求进行捕获分析，这个操作也称为抓包。常用的抓包工具有 Fiddler、Charles、Wireshark 等，其中 Fiddler 在 Windows 平台上应用得较多。接下来，本节将对 Fiddler 的工作原理、下载与安装、界面详解、捕获 HTTPS 页面的设置和基本使用方法进行介绍。

2.4.1 Fiddler 的工作原理

Fiddler 是一个 HTTP 调试代理工具，它能够记录浏览器和 Web 服务器之间的所有 HTTP 请求，支持对网络传输过程中发送与接收的数据包进行截获、重发、编辑、转存等操作。与浏览器自带的开发者工具（如 Chrome 浏览器的 F12 工具）相比，Fiddler 具有以下特点。

- 可以监听 HTTP 和 HTTPS 的流量，捕获浏览器发送的网络请求。
- 可以查看捕获的请求信息。
- 可以伪造浏览器请求发送给服务器，也可以伪造一个服务器的响应发送给浏览器，主要用于前后端调试。
- 可以测试网站的性能。
- 可以对基于 HTTPS 的网络会话进行解密。
- 支持第三方插件，可以极大地提高工作效率。

Fiddler 以代理服务器的形式工作，它会在浏览器和 Web 服务器之间建立代理服务器。这个代理服务器默认使用的代理地址为 127.0.0.1，端口为 8888。Fiddler 启动时会自动设置代理，退出时会自动注销代理，这样就不会影响其他程序。Fiddler 的工作原理如图 2-14 所示。

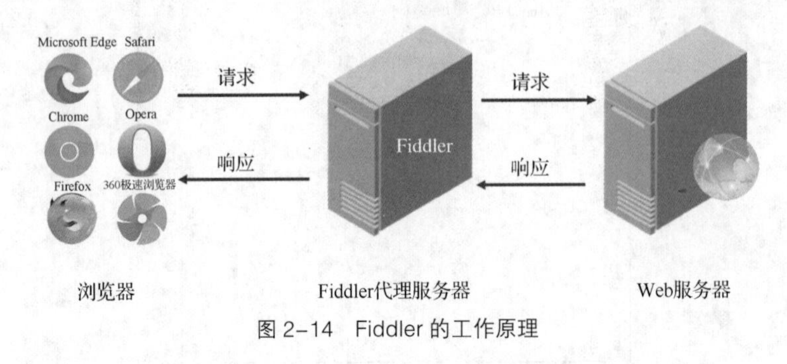

图 2-14　Fiddler 的工作原理

图 2-14 中的 Fiddler 代理服务器位于浏览器和 Web 服务器之间，它记录了浏览器和 Web

服务器之间产生的所有 HTTP 请求和 HTTP 响应。观察图 2-14 中箭头的流向可知，浏览器首先向 Web 服务器发送 HTTP 请求，这个请求会先经过 Fiddler 代理服务器；Fiddler 代理服务器捕获浏览器发送的请求信息，捕获后可以根据需求对 HTTP 请求做一些处理，处理完以后转发给 Web 服务器；Web 服务器处理完请求以后返回响应信息，这个响应也会先经过 Fiddler 代理服务器；Fiddler 代理服务器会捕获服务器返回的响应信息，捕获后也可以根据需求对 HTTP 响应做一些处理；Fiddler 代理服务器处理完响应信息后转发给浏览器。

2.4.2　Fiddler 的下载与安装

在使用 Fiddler 工具之前，需要在计算机中下载与安装 Fiddler 工具。这里以 Fiddler 4（版本为 v5.0）为例演示下载与安装的过程，具体内容如下。

（1）打开浏览器，在百度页面的搜索文本框中输入关键字“Fiddler”，进入 Fiddler 官网主页面。在该页面中单击顶部菜单栏中的“FIDDLER TOOLS”，弹出一个下拉菜单，如图 2-15 所示。

图 2-15　单击“FIDDLER TOOLS”弹出的下拉菜单

由图 2-15 可知，Fiddler 官网共提供了 Fiddler Everywhere、Fiddler Classic、Fiddler Jam、FiddlerCap 和 FiddlerCore 5 款产品。由于 Fiddler Classic 是专门为 Windows 平台订制的免费社区版本，所以我们在这里选择下载 Fiddler Classic 这款产品。

（2）单击图 2-15 中的“Fiddler Classic”进入 Fiddler Classic 产品主页，如图 2-16 所示。

图 2-16　Fiddler Classic 产品主页

（3）单击图 2-16 中的“Download Now”按钮，进入 Fiddler Classic 产品下载页面，如图 2-17 所示。

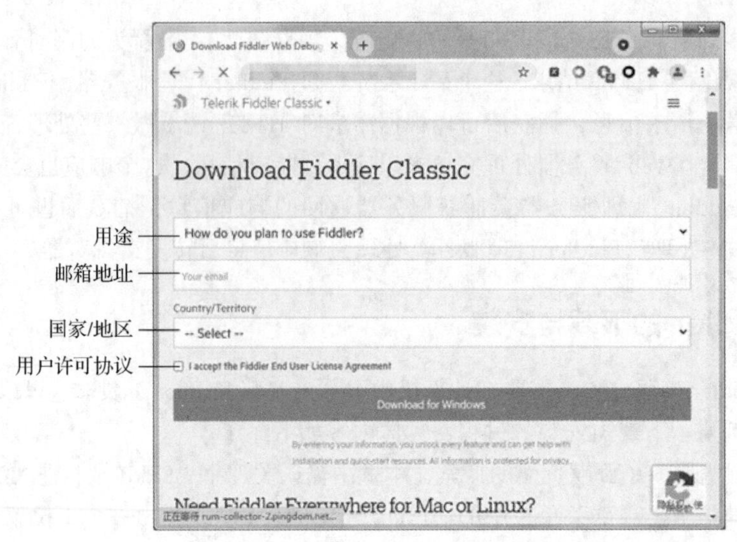

图 2-17　Fiddler Classic 产品下载页面

在图 2-17 的第 1 个下拉列表框中选择 Fiddler Classic 的用途，在第 2 个文本框中填写邮箱地址，在第 3 个下拉列表框中选择国家或地区，并且勾选“I accept the Fiddler End User License Agreement”复选框，接受用户许可协议。

（4）单击图 2-17 中的“Download for Windows”按钮，开始下载安装程序 FiddlerSetup.exe 至指定的目录。下载完成后，双击 FiddlerSetup.exe 弹出 Fiddler 用户协议界面，如图 2-18 所示。

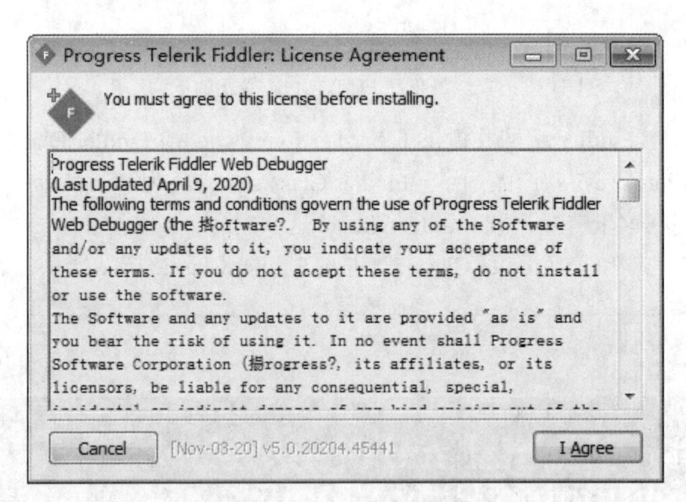

图 2-18　Fiddler 用户协议界面

（5）单击图 2-18 中的“I Agree”按钮，进入选择 Fiddler 安装路径的界面，如图 2-19 所示。

（6）保持默认配置，单击图 2-19 中“Install”按钮开始安装 Fiddler，直至弹出网页并显示“Installation was successful!”，则说明 Fiddler 安装成功。Fiddler 安装成功的页面如图 2-20 所示。

这时，在开始菜单中找到并单击 Fiddler 程序便可启动它。至此，Fiddler 工具安装完成。

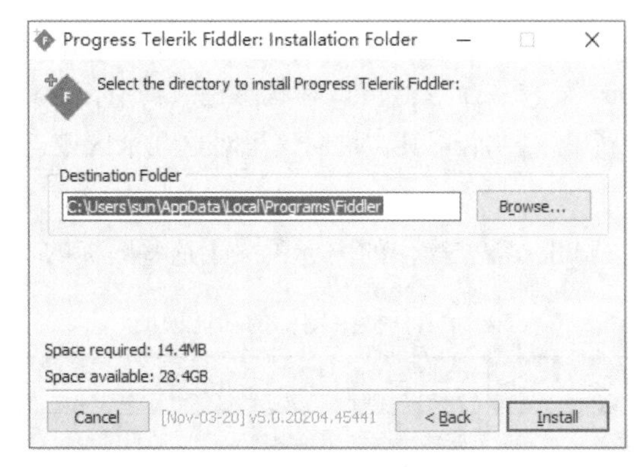

图 2-19　选择 Fiddler 安装路径的界面

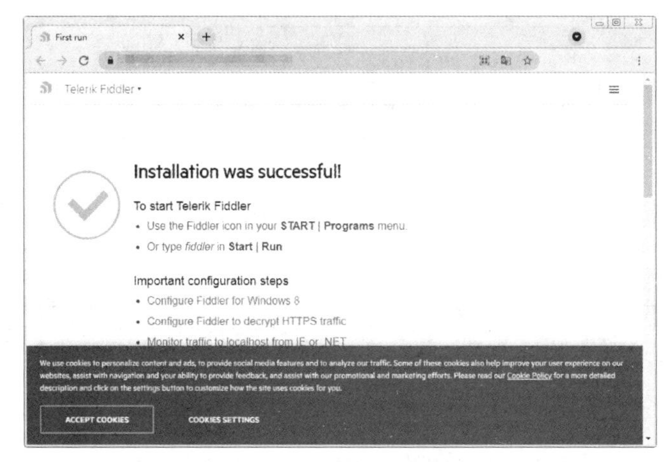

图 2-20　Fiddler 安装成功的页面

2.4.3　Fiddler 界面详解

启动 Fiddler 程序，选中 Fiddler 操作界面左侧的第一条信息。此时 Fiddler 的操作界面如图 2-21 所示。

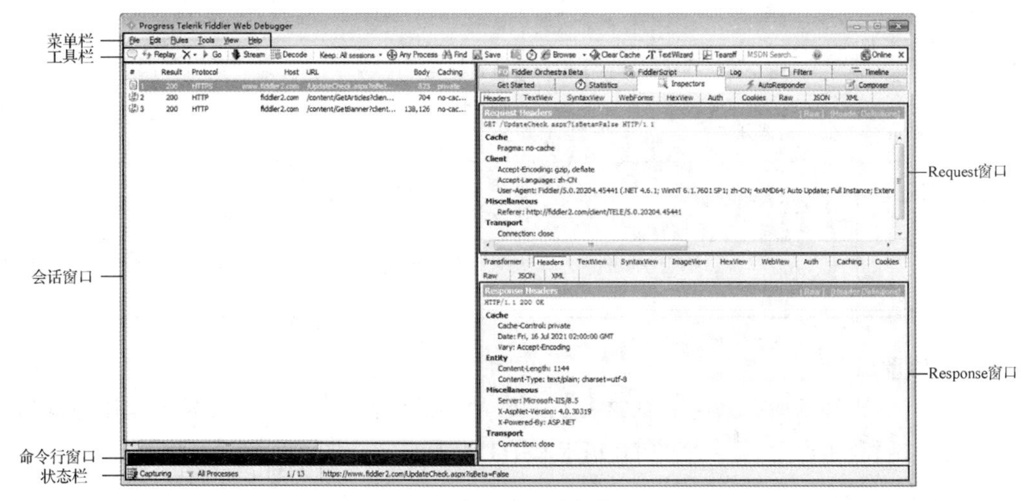

图 2-21　Fiddler 的操作界面

在图 2-21 中，Fiddler 操作界面共划分为 7 个区域，它们分别为菜单栏、工具栏、会话窗口、Request 窗口、Response 窗口、命令行窗口和状态栏。其中，工具栏、会话窗口、Request 窗口、Response 窗口包含了众多功能选项。我们这里对这几个区域进行详细介绍。

1. 工具栏

工具栏中罗列了一些 Fiddler 常见操作的图标，关于这些图标的功能说明如表 2-5 所示。

表 2-5 工具栏中图标的功能说明

图标	说明	作用
	备注	为当前会话添加备注
Replay	回放	可以再次发送某个请求
X▾	清除界面信息	清除会话窗口列表的全部或部分请求
Go	bug 调试	单击该按钮可继续执行断点后的代码
Stream	模式切换	切换 Fiddler 的工作模式（默认是缓冲模式）
Decode	解压请求	对 HTTP 请求的内容进行解压
Keep: All sessions ▾	会话保存	设置保存会话的数量（默认是保存所有）
Any Process	过滤请求	设置只捕获某一客户端发送的请求，拖曳该图标到该客户端的任意一个请求后会创建一个过滤器，右击该图标会清除之前设置的过滤器
Find	查找	查找特定内容
Save	会话保存	将所有会话保存到 SAZ 文件中
	截取屏幕	既可以立即截取屏幕，也可以计时后截取屏幕
	计时器	具备计时功能
Browse ▾	浏览器	若选中某个会话，则可以使用 IE 浏览器或 Chrome 浏览器打开该会话
Clear Cache	清除缓存	清空 WinINET 缓存。按住 Ctrl 键并单击该按钮还会清除 WinINET 中保存的永久 Cookie
TextWizard	编码和解码	对文本进行编码和解码
Tearoff	窗体分离	将一个窗体分离显示
Online	显示系统状态	显示当前系统处于在线状态还是离线状态。如果是在线状态，将鼠标指针悬停在该按钮上方时会显示本地主机名和 IP 地址
×	删除工具栏	删除工具栏（如果要恢复工具栏，则可以在菜单栏中选择“View”→“Show Bar”）

2. 会话窗口

会话窗口负责展示所有采用了 HTTP/HTTPS 的会话列表。会话代表浏览器与服务器的通信过程，这个过程中产生了多个 HTTP 请求和 HTTP 响应。在图 2-21 中，会话窗口列表各项信息的功能说明如表 2-6 所示。

表 2-6　会话窗口列表各项信息的功能说明

名称	功能说明
#	Fiddler 生成的 ID
Result	响应的状态码
Protocol	当前会话使用的协议
Host	接收请求的服务器、主机名和端口号
URL	请求的 URL 路径、文件和查询字符串
Body	响应体中包含的字节数
Caching	响应头中 Expires 和 Cache-Control
Content-Type	响应中 Content-Type 的值
Process	对应本地 Windows 的进程
Comments	通过工具栏 Comment 按钮设置的注释信息
Custom	FiddlerScript 所设置的 ui-CustomColumn 标志位的值

另外，在会话窗口中可使用不同的图标标记 Fiddler 捕获的会话信息，包括 HTTP 状态、响应类型、数据流类型等。会话窗口中常见图标的功能说明如表 2-7 所示。

表 2-7　会话窗口中常见图标的功能说明

图标	功能说明
	通用的成功响应
	请求使用 CONNECT 方法，使用该方法构建传送加密的 HTTPS 数据流通道
{js on}	响应是 JSON 文件
	响应状态是 HTTP/304，表示客户端缓存的副本已经是最新的
JS	响应是脚本格式
	使用 POST 请求向服务器发送数据
	响应是图像文件
	会话被客户端、Fiddler 或服务器中止
CSS{	响应是 CSS 文件
<x>	响应是 XML 文件
	响应是服务器错误
	响应状态码为 300、301、302、303 或 307

3. Request 窗口

在图 2-21 中，Request 窗口默认选中了“Inspectors”选项。“Inspectors”选项对应的面板中显示了当前所选会话的请求信息。“Inspectors”选项下各菜单的功能说明如表 2-8 所示。

表 2-8　Inspectors 选项下各菜单的功能说明

名称	功能说明
Headers	用分级视图显示由客户端发送到服务器的 HTTP 请求的请求头信息，包括客户端信息、Cookie、传输状态等

续表

名称	功能说明
TextView	以文本的形式显示 POST 请求的请求数据
WebForms	显示 GET 请求的 url 参数或 POST 请求的请求数据
HexView	用十六进制数据显示请求
Auth	显示响应头中的 Proxy-Authorization（代理身份验证）和 Authorization（授权）信息
Raw	将整个请求显示为纯文本
JSON	显示 JSON 格式的文件
XML	将选中的请求和响应解释成一个 XML 格式的字符串，显示 XML 文档节点的树形图

4. Response 窗口

在图 2-21 中，Response 窗口显示了当前所选会话的响应信息，该窗口中各菜单的功能说明如表 2-9 所示。

表 2-9　Response 窗口中各菜单的功能说明

名称	功能说明
Transformer	显示响应的编码信息
Headers	用分级视图显示响应头信息
TextView	以文本的形式显示响应数据
SyntaxView	根据多个指定规则高亮显示多种类型的请求文本和响应文本
ImageView	如果请求的是图片资源，则显示响应的图片
HexView	用十六进制数据显示响应
WebView	显示响应在 Web 浏览器中的预览效果
Auth	显示响应头部中的 Proxy-Authorization 和 Authorization 信息
Caching	显示本次请求的缓存信息
Cookies	显示任何发送出去的请求的 Cookie 中的内容
Raw	将整个响应显示为纯文本
JSON	显示 JSON 格式的文件
XML	如果响应体是 XML 格式，就用分级的 XML 树形图来显示它

值得一提的是，Fiddler 工具的功能非常强大。不过我们在编写网络爬虫项目时，并不会用到 Fiddler 工具的高级功能，而只会使用 Fiddler 工具捕获和查看请求和响应的详细信息，这样就可以满足开发需求了。

2.4.4 Fiddler 捕获 HTTPS 页面的设置

前面使用 Fiddler 捕获的会话都是基于 HTTP 的，之所以出现这种情况，是因为 Fiddler 默认不支持基于 HTTPS 的会话。如果希望 Fiddler 工具能够对 HTTPS 的会话进行解密，我们还需要对 Fiddler 工具做一些设置，具体设置如下。

（1）单击图 2-21 中菜单栏的“Tools”菜单，在下拉菜单中选择“Options”选项弹出 Options 对话框，如图 2-22 所示。

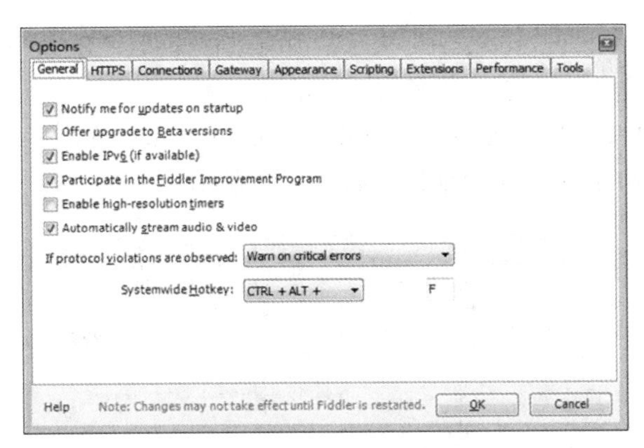

图 2-22　Options 对话框

（2）单击图 2-22 中的“HTTPS”选项卡，如图 2-23 所示。

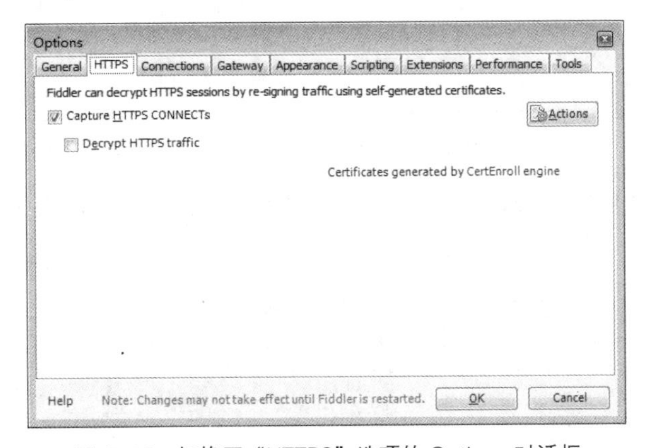

图 2-23　切换至“HTTPS”选项的 Options 对话框

图 2-23 的窗口中有两个复选框，分别是“Capture HTTPS CONNECTs”和“Decrypt HTTPS traffic”。其中，“Capture HTTPS CONNECTs”复选框用于设置 Fiddler 工具是否捕获 HTTPS 连接，默认为勾选状态；“Decrypt HTTPS traffic”复选框用于对 HTTPS 通信进行解密，默认为未勾选状态。

（3）勾选图 2-23 中的“Decrypt HTTPS traffic”复选框，这时在该复选框的下方增加若干选项，结果如图 2-24 所示。

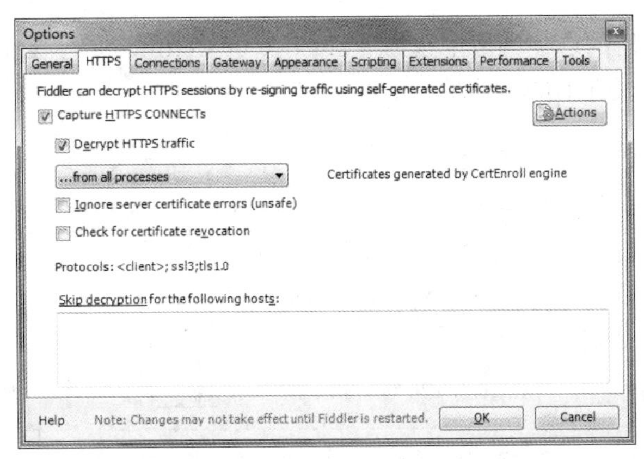

图 2-24　勾选“Decrypt HTTPS traffic”复选框后的 Options 对话框

在图 2-24 中，“...from all processes”表示从所有进程捕获，“Ignore server certificate errors（unsafe）”复选框用于设置是否忽略服务器证书错误。

（4）勾选图 2-24 中的“Ignore server certificate errors（unsafe）”，忽略服务器证书错误，设置好“HTTPS”选项的 Options 对话框，如图 2-25 所示。

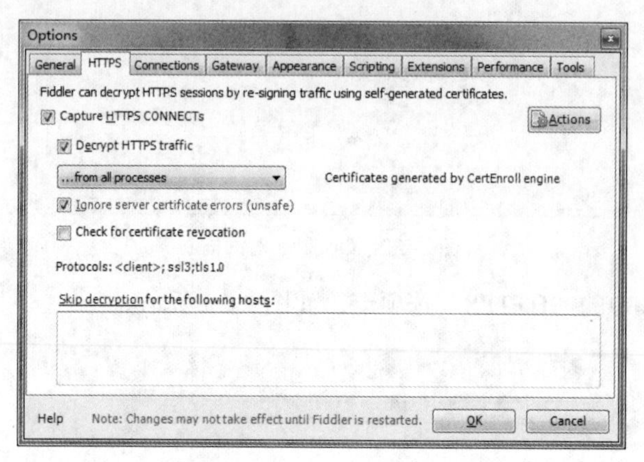

图 2-25　设置好“HTTPS”选项的 Options 对话框

（5）为 Fiddler 配置 Windows 信任根证书以解决安全警告，在图 2-25 中单击“Actions”按钮，弹出选项列表，结果如图 2-26 所示。

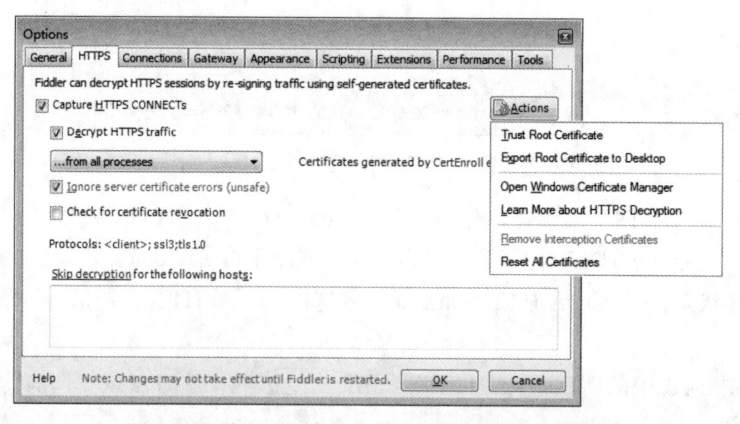

图 2-26　单击“Actions”按钮后的 Options 对话框

（6）在图 2-26 弹出的选项列表中选择“Trust Root Certificate”（受信任的根证书），弹出确认是否信任 Fiddler 根证书的对话框，如图 2-27 所示。

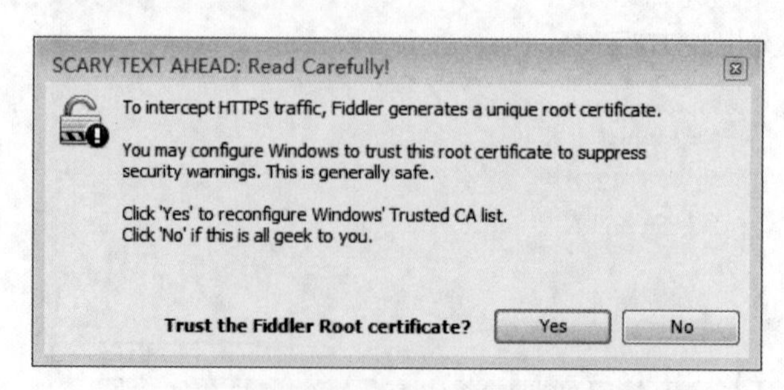

图 2-27　确认是否信任 Fiddler 根证书的对话框

（7）在图 2-27 中单击“Yes”按钮，确认信任根证书，跳转回设置好“HTTPS”选项卡的 Options 对话框。在 Options 对话框中单击“Connections”，切换至“Connections”选项的 Options 对话框，如图 2-28 所示。

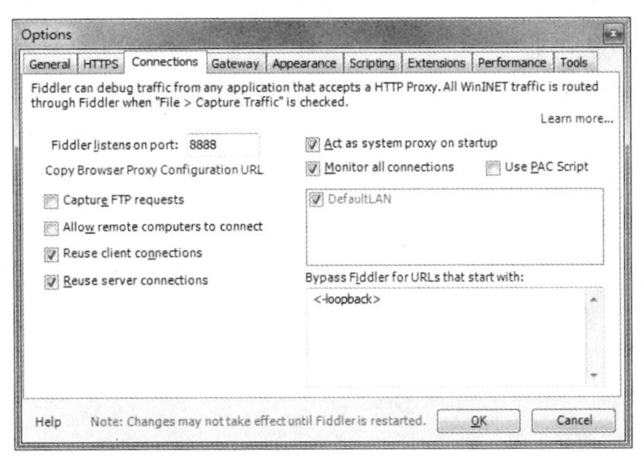

图 2-28　切换至“Connections”选项的 Options 窗口

（8）勾选图 2-28 中的“Allow remote computers to connect”复选框，设置允许远程连接，弹出 Enabling Remote Access 对话框，如图 2-29 所示。

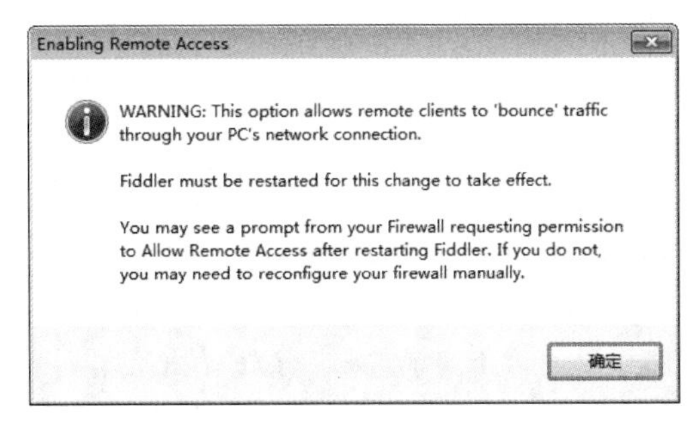

图 2-29　Enabling Remote Access 对话框

（9）单击图 2-29 中的“确定”按钮跳转回“Connections”选项的 Options 对话框，此时该对话框中的“Allow remote computers to connect”复选框已经被勾选，如图 2-30 所示。

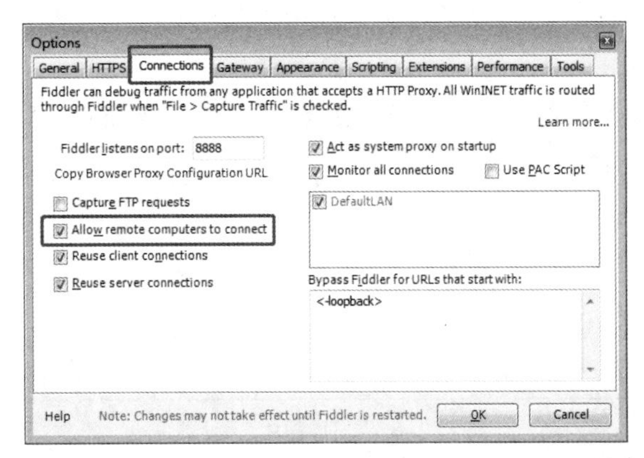

图 2-30　跳转回“Connections”选项的 Options 对话框

单击图 2-30 中的“OK”按钮完成配置。为了使配置生效，还需要重启 Fiddler。

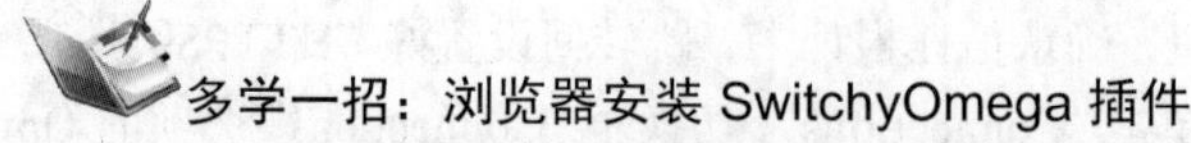

多学一招：浏览器安装 SwitchyOmega 插件

使用 Fiddler 捕获 Chrome 浏览器发送的会话后，浏览器会自动将 Fiddler 设为代理服务器。但如果 Fiddler 非正常退出，则可能会导致 Chrome 浏览器的代理服务器无法恢复正常。这时就需要手动更改 Chrome 浏览器的代理服务器，相对比较烦琐。为了解决这个问题，我们可以为 Chrome 浏览器安装 SwitchyOmega 插件，通过该插件方便管理 Chrome 浏览器的代理服务器。

在安装 SwitchyOmega 插件之前，需要先到 GitHub 官网上下载 SwitchyOmega 插件。SwitchyOmega 插件的下载页面如图 2-31 所示。

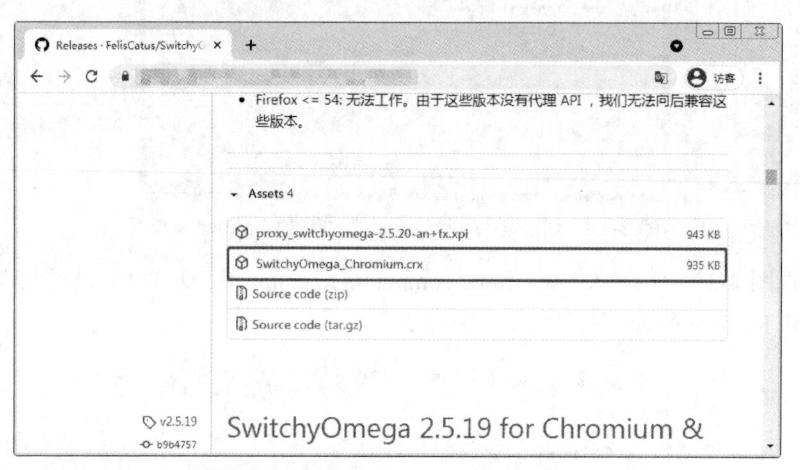

图 2-31　SwitchyOmega 插件的下载页面

单击图 2-31 中的“SwitchyOmega_Chromium.crx”开始下载，完成下载之后便可以在 Chrome 浏览器中进行安装，具体安装步骤如下。

（1）打开 Chrome 浏览器，单击右上角的“⋮”按钮弹出菜单列表，在菜单列表中选择“更多工具”→“扩展程序”选项，进入扩展程序页面，如图 2-32 所示。

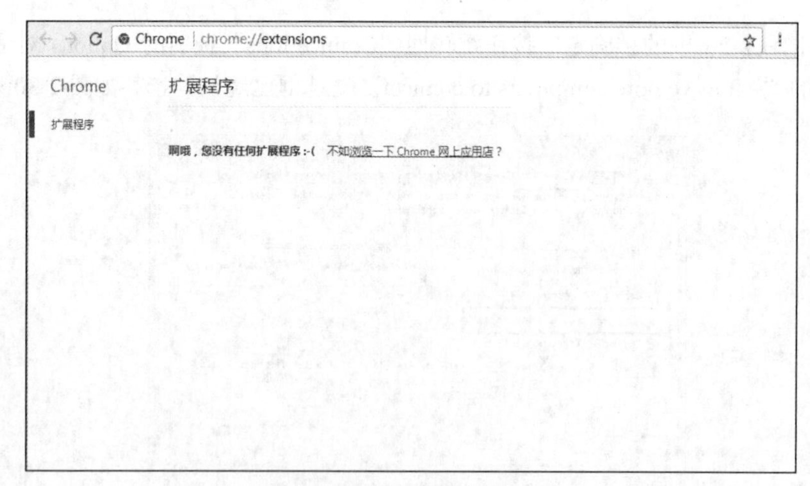

图 2-32　扩展程序页面

（2）将下载好的 SwitchyOmega.crx 文件拖入如图 2-32 所示的扩展程序页面，并打开该扩展程序的开启按钮。此时扩展程序页面的右上角显示了该扩展程序的图标，如图 2-33 所示。

图 2-33　显示了 SwitchyOmega 图标的扩展程序页面

（3）右击图 2-33 中的“O”按钮，在打开的菜单列表中选择“选项”，进入 SwitchyOmega 选项页面，如图 2-34 所示。

图 2-34　SwitchyOmega 选项页面

（4）单击图 2-34 的“新建情景模式...”链接，弹出新建情景模式对话框。在该对话框中填写情景模式名称 Fiddler，选择情景模式的类型为代理服务器。设置好的新建情景模式对话框如图 2-35 所示。

（5）单击图 2-35 中的“创建”按钮新建情景模式，跳转回添加了 Fiddler 情景模式的页面。此时还需要为该情景模式设置代理协议和代理服务器。这里的代理协议设置为 HTTP，代理服务器设置为 127.0.0.1，代理端口设置为 8888。单击页面左侧的“应用选项”进行保存，此时可以在页面顶部看到“保存选项成功”的字样，表明保存成功。设置好的 Fiddler 情景模式如图 2-36 所示。

（6）单击图 2-36 所示页面的右上角“O”按钮，弹出选项列表，在该列表中选择“Fiddler”，如图 2-37 所示。

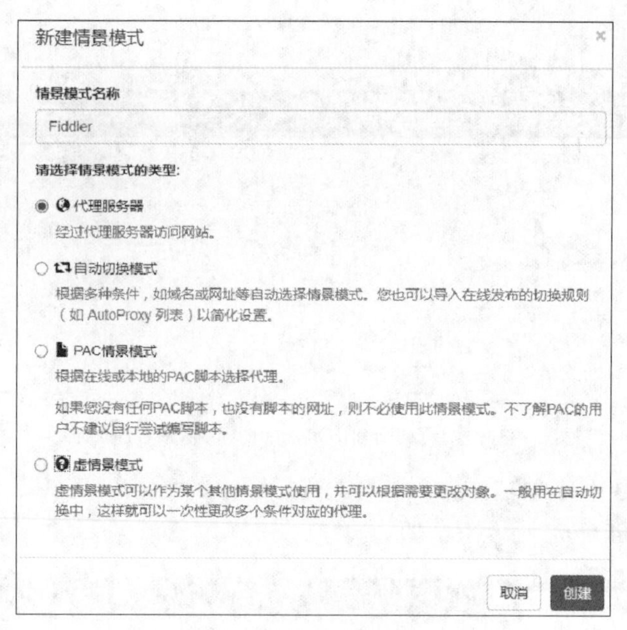

图 2-35　设置好的新建情景模式对话框

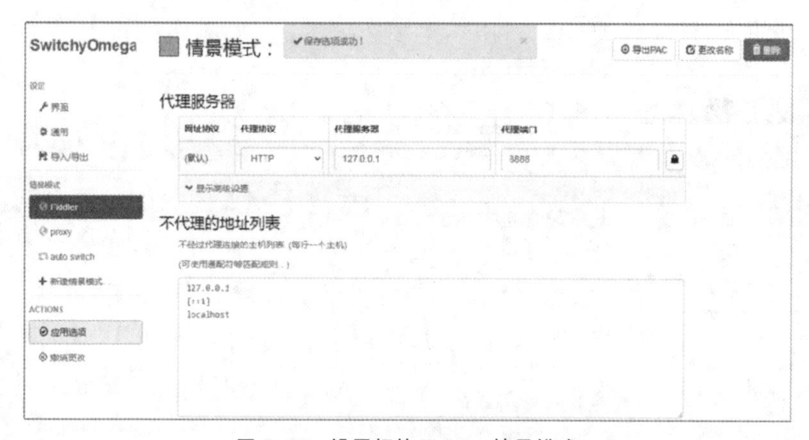

图 2-36　设置好的 Fiddler 情景模式

图 2-37　选择 Fiddler 代理

（7）再次使用 Chrome 浏览器访问百度首页，此时可以在 Fiddler 中看到捕获的访问百度首页时发送的网络请求，如图 2-38 所示。

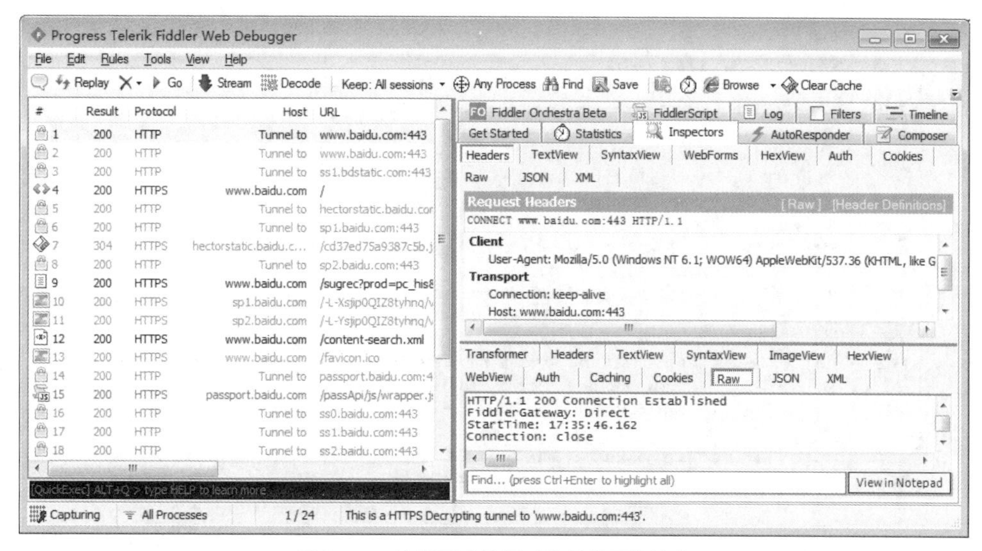

图 2-38　访问百度首页时发送的网络请求

2.4.5　Fiddler 的基本使用

了解了 Fiddler 的工作原理、界面、捕获 HTTPS 页面的设置之后，我们以有道翻译网站为例，为大家演示如何使用 Fiddler 工具捕获翻译单词时发送的请求，具体步骤如下。

（1）在浏览器中打开有道翻译网站。该页面中有两个灰色的区域，左侧区域用于输入要翻译的文本，右侧区域用于展示翻译后的结果。在左侧区域中输入 python，单击“翻译”按钮后，右侧区域展示了 python 的翻译结果，如图 2-39 所示。

图 2-39　python 的翻译结果

（2）启动 Fiddler 工具，清空会话窗口中的会话列表。在浏览器中再次单击“翻译”按钮，切换到 Fiddler 后可以看到捕获的所有网络请求，如图 2-40 所示。

在图 2-40 中，方框标注的请求是单击“翻译”按钮后发送的请求。

（3）双击图 2-40 中标注的请求，可以看到 Fiddler 右侧的 Request 窗口和 Response 窗口中分别显示了该网络请求的请求信息与响应信息，如图 2-41 所示。

#	Result	Protocol	Host	URL	Body	Caching	Content-Type
13	200	HTTPS	gorgon.youdao.com	/gorgon/eadd/request.s?c...	0		application/json
14	200	HTTP	Tunnel to	gorgon.youdao.com:443	0		
15	200	HTTPS	gorgon.youdao.com	/gorgon/eadd/request.s?c...	0		application/json
16	304	HTTPS	shared.ydstatic.com	/fanyi/fanyi-ad-place/oni...	0	max-ag...	
17	304	HTTPS	shared.ydstatic.com	/fanyi/fanyi-ad-place/oni...	0	max-ag...	
18	304	HTTPS	shared.ydstatic.com	/fanyi/fanyi-ad-place/oni...	0	max-ag...	
19	200	HTTPS	shared.ydstatic.com	/api/fanyi-web-v1.3/asset...	1,295	max-ag...	text/css
20	304	HTTPS	shared.ydstatic.com	/fanyi/fanyi-ad-place/oni...	0	max-ag...	
21	304	HTTPS	shared.ydstatic.com	/fanyi/fanyi-ad-place/oni...	0	max-ag...	
22	304	HTTPS	shared.ydstatic.com	/fanyi/fanyi-ad-place/oni...	0	max-ag...	
23	304	HTTPS	shared.ydstatic.com	/fanyi/fanyi-ad-place/oni...	0	max-ag...	
24	200	HTTPS	shared.ydstatic.com	/plugins/search-provider.f...	502	max-ag...	text/xml
25	200	HTTPS	shared.ydstatic.com	/images/favicon.ico	1,150	max-ag...	image/x-icon
26	200	HTTPS	fanyi.youdao.com	/translate_o?smartresult=...	188		application/json
27	200	HTTPS	rlogs.youdao.com	/rlog.php?_npid=fanyiwe...	0		
28	200	HTTPS	fanyi.youdao.com	/ctlog?pos=undefined&ac...	218		text/html; chars
29	200	HTTP	Tunnel to	fanyi.youdao.com:443	0		
30	200	HTTPS	fanyi.youdao.com	/ctlog?pos=undefined&ac...	218		text/html; chars
31	200	HTTPS	fanyi.youdao.com	/translate_o?smartresult=...	188		application/json
32	200	HTTPS	rlogs.youdao.com	/rlog.php?_npid=fanyiwe...	0		
33	200	HTTPS	fanyi.youdao.com	/ctlog?pos=&action=MT_...	218		text/html; chars
34	200	HTTPS	fanyi.youdao.com	/ctlog?pos=undefined&ac...	218		text/html; chars

图 2-40 捕获的所有网络请求

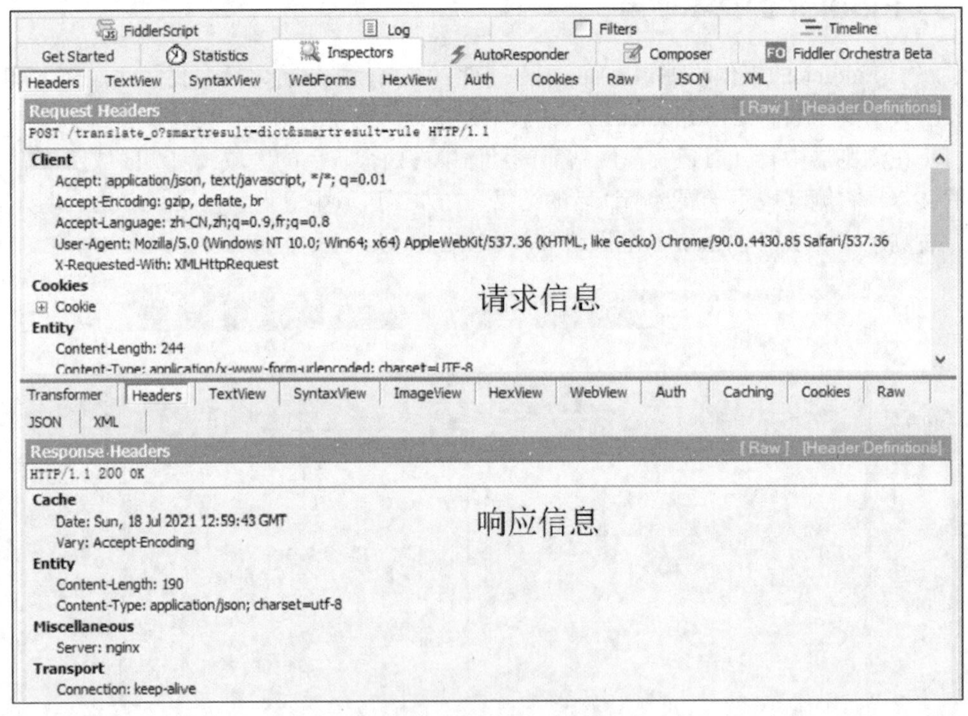

图 2-41 请求信息与响应信息

在图 2-41 中，Request 窗口默认展示了 Inspectors 面板，该面板用于查看请求头的相关内容；Response 窗口中默认展示了 Headers 面板，该面板用于查看响应头的相关内容。由图 2-41 可知，此时捕获请求采用的方法是 POST。

（4）在图 2-41 的 Request 窗口中单击“WebForms”选项卡打开 WebForms 面板，该面板展示了请求数据的具体内容；在 Response 窗口中单击“JSON”选项卡打开 JSON 面板，该面板展示了翻译 python 后的结果，如图 2-42 所示。

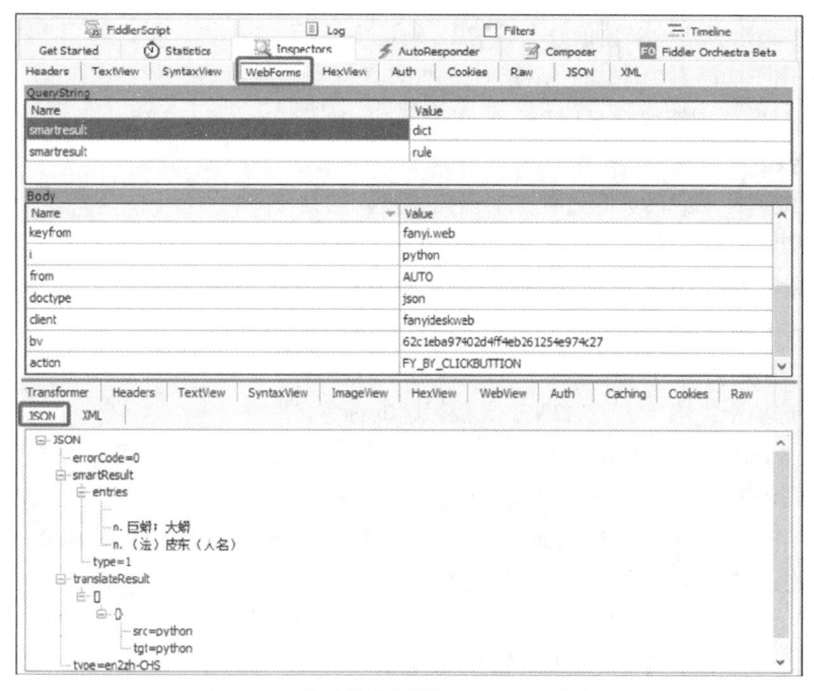

图 2-42　请求数据和翻译 python 后的结果

2.5　本章小结

在本章中，我们首先介绍了浏览器加载网页的过程，然后介绍了 HTTP 相关的基础知识，如 URL、HTTP、HTTPS，HTTP 请求格式及 HTTP 响应格式，接着介绍了网页相关的基础知识，最后介绍了使用 Fiddler 捕获浏览器的的会话，从而分析出浏览器需要准备怎样的请求，以及如何处理 Web 服务器的响应。希望读者通过本章内容的学习，能理解网页请求的原理，熟练地使用 Fiddler 抓包工具捕获请求信息，为后面的学习奠定扎实的基础。

2.6　习题

一、填空题

1. URL 地址用于指定因特网上某个资源的________。
2. URL 地址语法格式中的 query 选项的作用是________。
3. HTTP 的全称为________。
4. HTTP 请求信息由请求行、请求头、空行和________4 部分组成。
5. 一个 HTML 文档由一系列的________组成。

二、判断题

1. HTTPS 比 HTTP 安全。(　　)
2. 一次 HTTP 通信的过程包括 HTTP 请求和 HTTP 响应。(　　)

3. POST 请求方法的参数信息会在 URL 地址中显示。(　　)
4. CSS 用于向网页中添加交互行为。(　　)
5. Fiddler 默认支持解析 HTTPS。(　　)

三、选择题

1. 关于浏览器加载网页的过程，下列描述错误的是（　　）。
   A. 浏览器通过 DNS 服务器查找被访问服务器对应的 IP 地址
   B. 浏览器向 DNS 服务器解析的 IP 地址发送 HTTP 请求
   C. Web 服务器将响应的 HTML 页面返回给 DNS 服务器
   D. 浏览器会对 HTML 页面进行渲染并呈现给用户
2. 下列选项中，用于定义 HTML 文档标题的标签是（　　）。
   A. <html>　　B. <p>　　C. <title>　　D. <a>
3. 下列选项中，标识浏览器身份的请求头字段是（　　）。
   A. Host　　B. User-Agent　　C. Accept　　D. Referer
4. 下列选项中，表示请求成功的响应状态码是（　　）。
   A. 500　　B. 401　　C. 200　　D. 302
5. 下列选项中，不属于 Fiddler 的特点的是（　　）。
   A. 可以监听 HTTP 和 HTTPS 的流量　　B. 可以伪造浏览器请求发送给服务器
   C. 可以测试网站性能　　D. 仅适用于 Windows 平台

四、简答题

1. 请简述浏览器加载百度首页的过程。
2. 请简述 Fiddler 的工作原理。

第3章

抓取静态网页数据

学习目标

◆ 了解抓取静态网页的实现技术，能够说出每种实现技术的特点

◆ 掌握 Requests 中基本请求的发送方式，能够向服务器发送 GET 请求和 POST 请求

◆ 掌握 Requests 中响应内容的处理方式，能够根据需要获取响应内容

◆ 掌握 Requests 中请求头的定制方式，能够为 GET 请求和 POST 请求定制请求头

◆ 掌握 Requests 中代理服务器的设置方式，能够为请求设置代理服务器

◆ 掌握 Requests 中异常的处理方式，能够处理请求超时异常

静态网页是早期网站经常用到的页面，这类网页的特点是所有数据都直接呈现在网页源代码中。对于网络爬虫来说，只要获取了静态网页的源代码，就相当于抓取了静态网页的数据。本章将针对抓取静态网页数据的相关内容进行详细讲解。

拓展阅读

3.1 抓取静态网页的技术

静态网页是 HTML 格式的网页，这种网页在浏览器中呈现的内容都会体现在源代码中。此时我们若要抓取静态网页的数据，只需要获得网页的源代码即可。

网络爬虫抓取静态网页数据的过程就是获得网页源代码的过程，这个过程也是模仿用户通过浏览器访问网页的过程，包括向 Web 服务器发送 HTTP 请求、服务器对 HTTP 请求作出响应并返回网页源代码。

为帮助开发人员抓取静态网页数据，减少开发人员的开发时间，Python 提供了一些功能齐全的库，如 urllib、urllib3 和 Requests。其中，urllib 是 Python 内置库，无须安装便可以直接在程序中使用；urllib3 和 Requests 都是第三方库，需要另行安装后才可以在程序中使用。下面带领大家一起来认识这几个库。

1. urllib

urllib 是 Python 最早内置的 HTTP 客户端库，涵盖了基础的网络请求功能。urllib 库主要包含了 4 个用于处理 URL 的模块，它们分别是 urllib.request 模块、urllib.error 模块、urllib.parse

模块和 urllib.robotparser 模块。其中，urllib.request 模块封装了构造和发送网络请求的功能，urllib.error 模块封装了发送请求时出现的所有网络异常，urllib.parse 模块封装了解析网页数据的功能，urllib.robotparser 模块封装了解析 robots.txt 文件的功能。

2. urllib3

urllib3 是一个强大的、用户友好的 Python 的 HTTP 客户端库，它主要服务于升级的 HTTP 1.1 标准，增加了一些 urllib 库中缺少的特性，如线程安全、连接池、客户端 TLS/SSL 验证、压缩编码等。

3. Requests

Requests 是基于 urllib3 编写的库。该库自称 HTTP for Humans，直译过来的意思是专门为人类设计的 HTTP 库，对开发人员更加友好。相比 urllib，Requests 库会在请求完网页数据后重复使用 Socket 套接字，并没有与服务器断开连接，而 urllib 库会在请求完网页数据后断开与服务器的连接。

本书后续选择用 Requests 库进行开发。截至 2021 年 9 月，Requests 库的最新版本是 2.25.1。值得一提的是，Requests 库是第三方库，它可以通过 pip 工具进行安装，如此便可以在导入程序后直接使用。Requests 库的安装命令如下。

```
pip install requests
```

3.2 发送基本请求

3.2.1 发送 GET 请求

当用户在浏览器的地址栏中直接输入某个 URL 地址或者单击网页上的某个超链接时，浏览器会使用 GET 方法向服务器发送请求。例如，在浏览器的地址栏中分别输入 https://www.baidu.com/和 https://www.baidu.com/s?wd=python，按 Enter 键后打开百度首页和 python 关键词的查询结果页面。此时我们用 Fiddler 工具捕获刚刚发送的两个请求，可以看到这两个请求的请求方法都是 GET。

在 Requests 库中，get()函数用于向服务器发送 GET 请求。该函数会根据传入的 URL 构建一个请求（每个请求都是 Request 类的对象），之后将该请求发送给服务器。get()函数的声明如下：

```
get(url, params=None, headers=None, cookies=None, verify=True,
    proxies=None, timeout=None, **kwargs)
```

上述函数中各参数的含义如下。

- url：必选参数，表示请求的 URL。
- params：可选参数，表示请求的查询字符串。该参数支持 3 种类型的取值，分别为字典、元组列表、字节序列。当该参数的值是一个字典时，字典的键为 url 参数，字典的值为 url 参数对应的值，例如{"ie": "utf-8","wd": "python"}。
- headers：可选参数，表示请求的请求头，该参数只支持字典类型的值。
- cookies：可选参数，表示请求的 Cookie 信息，该参数支持字典或 CookieJar 类的对象。

- verify：可选参数，表示是否启用 SSL 证书，默认值为 True。
- proxies：可选参数，用于设置代理服务器，该参数只支持字典类型的值。
- timeout：可选参数，表示请求网页时设定的超时时长，以秒为单位。

下面分别以访问百度首页和 python 关键词的查询结果页面为例，演示如何使用 get()函数发送不携带 url 参数和携带 url 参数的 GET 请求。

1. 不携带 url 参数的 GET 请求

若 GET 请求的 URL 中不携带参数，我们在调用 get()函数发送 GET 请求时只需要给 url 参数传入指定的 URL 即可。例如，使用 get()函数发送 GET 请求访问百度首页，具体代码如下。

```
import requests
# 准备 URL
base_url = 'https://www.baidu.com/'
# 根据 URL 构造请求，发送 GET 请求，接收服务器返回的响应信息
response = requests.get(url=base_url)
# 查看响应码
print(response.status_code)
```

上述代码中，首先定义了一个代表请求 URL 地址的变量 base_url，然后调用 requests 库中的 get()函数发送 GET 请求。当百度服务器接收到请求后会返回响应信息，并将响应信息保存到 response 中。最后通过访问 response 的 status_code 属性查看响应状态码，以确认此次访问是否成功。

运行代码，输出如下结果。

```
200
```

从输出的结果可以看出，服务器返回的响应状态码为 200，说明成功访问了百度首页。

2. 携带 url 参数的 GET 请求

如果 GET 请求的 URL 中携带参数，那么我们在调用 get()函数时可以采用两种方式发送 GET 请求。第 1 种方式是将参数以“?参数名 1=值 1&参数名 2=值 2...”的形式拼接到 URL 后面，进而手动构建完整的 URL，例如 https://www.baidu.com/s?wd=python，并将完整的 URL 传入 url 参数；第 2 种方式是将 url 参数转换为字典，之后将该字典传入 params 参数。

第 1 种方式的实现代码如下。

```
import requests
base_url = 'https://www.baidu.com/s'
param = 'wd=python'
# 拼接完整的 URL
full_url = base_url + '?' + param
# 根据 URL 构造请求，发送 GET 请求，接收服务器返回的响应信息
response = requests.get(full_url)
# 查看响应码
print(response.status_code)
```

运行代码，输出如下结果。

```
200
```

第 2 种方式的实现代码如下。

```
import requests
base_url = 'https://www.baidu.com/s'
wd_params = {'wd': 'python'}
```

```
# 根据 URL 构造请求，发送 GET 请求，接收服务器返回的响应
response = requests.get(base_url, params=wd_params)
# 查看响应码
print(response.status_code)
```

运行代码，输出如下结果。

```
200
```

通过观察两次的输出结果可知，服务器返回的响应状态码都为 200。这说明我们成功访问了 python 关键词的查询结果页面。

3.2.2 发送 POST 请求

如果网页上 form 表单的 method 属性的值为 POST，那么当用户提交表单时，浏览器将使用 POST 方法提交表单内容，并将各个表单元素及数据作为 HTTP 请求信息中的请求数据发送给服务器。例如登录美多商城时发送的请求是 POST 请求。此时使用 Fiddler 工具捕获该请求，可以看到发送该请求时的请求数据，具体如图 3-1 所示。

Name	Value
csrfmiddlewaretoken	FDb8DNVnlcFGsjIONtwiQoi6PtmCLeBsRgyjx2o2nsZ4MXDEGDeM2dUImEkj9O7t
username	admin
pwd	admin
remembered	on

图 3-1　请求数据

在 Requests 中，post()函数用于向服务器发送 POST 请求。该函数会根据传入的 URL 构建一个请求，将该请求发送给服务器，并接收服务器成功响应后返回的响应信息。post()函数的声明如下：

```
post(url, data=None, headers=None, cookies=None, verify=True,
    proxies=None, timeout=None, json=None, **kwargs)
```

post()与 get()函数的参数大致相同，除了 get()函数中介绍过的参数以外，post()函数中其他参数的含义如下。

- data：可选参数，表示请求数据。该参数可以接收 3 种类型的值，分别为字典、字节序列和文件对象。当参数值是一个字典时，字典的键为请求数据的字段，字典的值为请求数据中该字段对应的值，例如{"ie": "utf-8","wd": "python"}。
- json：可选参数，表示请求数据中的 JSON 数据。

下面以美多商城网站为例，为大家演示如何使用 post()函数请求美多商城网站首页，具体代码如下。

```
import requests
base_url = 'http://mp-meiduo-python.itheima.net/login/'
# 准备请求数据
form_data = {
    'csrfmiddlewaretoken':
'FDb8DNVnlcFGsjIONtwiQoi6PtmCLeBsRgyjx2o2nsZ4MXDEGDeM2dUImEkj9O7t',
    'username': 'admin',
    'pwd': 'admin',
    'remembered': 'on'
}
```

```
# 根据 URL 构造请求，发送 POST 请求，接收服务器返回的响应信息
response = requests.post(base_url, data=form_data)
# 查看响应信息的状态码
print(response.status_code)
```

运行代码，输出如下结果。

```
200
```

从输出结果可以看出，服务器返回的响应状态码为 200。这说明我们成功访问了美多商城网站首页。

3.2.3　处理响应

当服务器返回的响应状态码为 200 时，说明本次 HTTP 请求成功，此时可以接收到由服务器返回的响应信息。在 Requests 库中，Response 类的对象中封装了服务器返回的响应信息，这些响应信息包括响应头和响应内容等。除了前面介绍的 status_code 属性之外，Response 类还提供了一些其他属性。Response 类的常用属性如表 3-1 所示。

表 3-1　Response 类的常用属性

属性	说明
status_code	获取服务器返回的状态码
text	获取字符串形式的响应内容
content	获取二进制形式的响应内容
url	获取响应的最终 URL
request	获取请求方式
headers	获取响应头
encoding	设置或获取响应内容的编码格式，与 text 属性搭配使用
cookies	获取服务器返回的 Cookie

在表 3-1 中，text 属性和 content 属性都可以获取响应内容。其中，text 属性会根据 Requests 库推测的编码方式将响应内容编码为字符串类型的数据；content 属性用于获取二进制形式的响应内容。若需要从响应内容中提取文本，则可以使用 text 属性获取响应内容；若需要从响应内容中提取图片、文件等，则可以使用 content 属性获取响应内容。

接下来，为大家演示如何使用 text 属性和 content 属性获取网页源代码和图片。

1. 获取网页源代码

通过访问 Response 类的对象的 text 属性可以获取字符串形式的网页源代码。例如，访问 3.2.1 节请求百度首页示例中 Response 对象的 text 属性获取百度首页源代码，具体代码如下。

```
# 获取网页源代码
print(response.text)
```

运行代码，控制台输出了一段 HTML 代码。由于这段代码的格式比较混乱，所以我们在这里按 HTML 标准格式调整了代码，调整后的结果如下。

```
<!DOCTYPE html>
<!--STATUS OK-->
<html>
 <head>
```

```
      <meta http-equiv="content-type" content="text/html;charset=utf-8" />
      <meta http-equiv="X-UA-Compatible" content="IE=Edge" />
      <meta content="always" name="referrer" />
      <link rel="stylesheet" type="text/css" href="https://ss1.bdstatic.com/ 5eN1bjq8A
AUYm2zgoY3K/r/www/cache/bdorz/baidu.min.css" />
    <title>&ccedil;™&frac34;&aring;&ordm;&brvbar;&auml;&cedil; &auml;&cedil;‹&iuml;
&frac14;Œ&auml;&frac12; &aring;&deg;&plusmn;&ccedil;Ÿ&yen;&eacute; "</title>
     </head>
     <body link="#0000cc">
     ......（部分省略）
        </div>
      </div>
     </div>
    </body>
   </html>
```

对照浏览器中查看的百度首页的源代码可知，标签<title>中的中文没有正常显示，而是出现了乱码。这是因为 Requests 库推测的编码格式 ISO-8859-1 与百度首页实际使用的编码格式 UTF-8 不一致。此时需要通过 Response 对象的 encoding 属性将编码格式设置为 UTF-8。

在 3.2.1 节请求百度首页示例中发送请求的代码之后，增加设置 Response 对象编码格式的代码，改后的代码如下。

```
import requests
# 准备 URL
base_url = 'https://www.baidu.com/'
# 根据 URL 构造请求，发送 GET 请求，接收服务器返回的响应信息
response = requests.get(url=base_url)
# 设置响应内容的编码格式
response.encoding = 'utf-8'
# 查看响应内容
print(response.text)
```

再次运行代码，输出如下结果。

```
<html>
 <head></head>
 <body link="#0000cc">
  <!--STATUS OK-->
  <meta http-equiv="content-type" content="text/html;charset=utf-8" />
  <meta http-equiv="X-UA-Compatible" content="IE=Edge" />
  <meta content="always" name="referrer" />
  <link rel="stylesheet" type="text/css" href="https://ss1.bdstatic.com/5eN1bjq8
AAUYm2zgoY3K/r/www/cache/bdorz/baidu.min.css" />
  <title>百度一下，你就知道</title>
  ……（部分省略）
  </body>
</html>
```

从输出结果可以看出，网页源代码中的中文已经能够正常显示了。

2. 获取图片

百度首页上除了文字信息之外，还包含一个百度标志（Logo）图片。若希望获取百度 Logo 的图片，则需要先根据该图片对应的请求 URL 发送请求，再使用 content 属性获取该图片对应的二进制数据，并将数据写入本地文件中，具体代码如下。

```
import requests
base_url = 'https://www.baidu.com/img/PCtm_d9c8750bed0b3c7d089fa7d55720d6cf.png'
response = requests.get(base_url)
# 获取百度 Logo 图片对应的二进制数据
print(response.content)
# 将二进制数据写入程序所在目录下的 baidu_logo.png 文件中
with open('baidu_logo.png', 'wb') as file:
    file.write(response.content)
```

运行代码，在程序所在的目录下可以看到新创建的文件 baidu_logo.png，打开该文件后显示的内容如图 3-2 所示。

图 3-2　baidu_logo.png

3.3　处理复杂请求

在互联网中，网页中的内容是千变万化的，如果只根据请求 URL 发送基本请求，则可能无法获取网站的响应数据，此时需要根据网站接收请求的要求来完善请求。例如，在访问登录后的页面时需要给请求头带上 Cookies，在遇到 403 错误时需要给请求头添加 User-Agent。接下来，本节将针对处理复杂请求的内容进行详细讲解。

3.3.1　定制请求头

网络爬虫在发送请求抓取部分网页内容（如知乎网首页）时，可能会遇到服务器返回的 403 错误，即服务器有能力处理请求，但拒绝处理该客户端发送的请求。之所以出现服务器拒绝访问的问题，是因为这些网页为防止网络爬虫恶意抓取网页信息加入了防爬虫措施。它们通过检查该请求的请求头，判定发送本次请求的客户端不是浏览器，而可能是一个网络爬虫。

为了解决这个问题，需要为网络爬虫发送的请求定制请求头，使该请求伪装成一个由浏览器发起的请求，即在请求头中添加字段 User-Agent，并将这个字段设为浏览器在发送相同请求时使用的 User-Agent。

定制请求头分为两步，即查看请求头和设置请求头。下面以知乎网登录页面为例，为大家演示如何查看由浏览器发送请求的请求头信息，并根据该请求头中的 User-Agent 设置网络爬虫的请求头，具体步骤如下。

1. 查看请求头

打开 Fiddler 工具，在 Chrome 浏览器中加载知乎网登录页面，完成加载后切换至 Fiddler 工具。在窗口左侧选中刚刚发送的 HTTP 请求，并且在窗口右侧查看该请求对应的请求头信息，具体如图 3-3 所示。

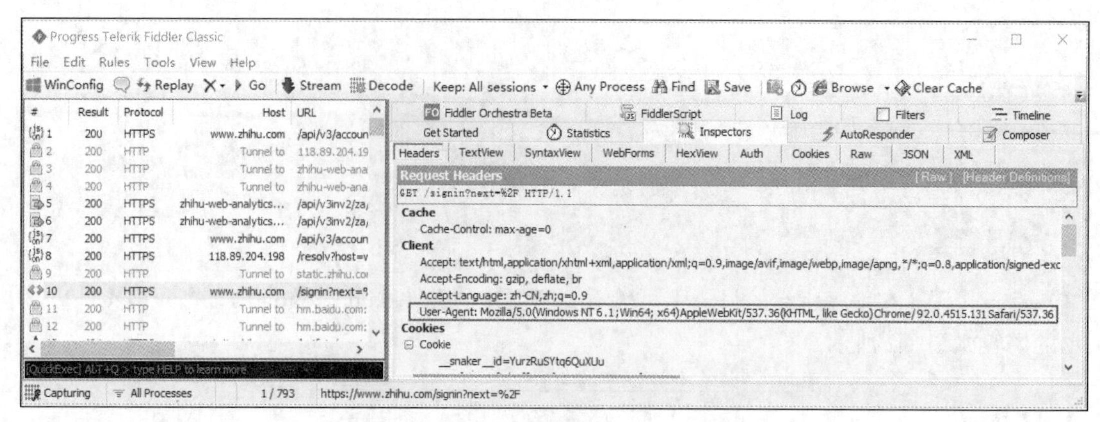

图 3-3 Fiddler 窗口显示的请求头信息

从图 3-3 中可以看出，字段 User-Agent 的值为 Mozilla/5.0 (Windows NT 6.1; Win64; x64) AppleWebKit/537.36 (KHTML, like Gecko) Chrome/92.0.4515.131 Safari/537.36。

2. 设置请求头

在 Requests 中，设置请求头的方式非常简单：只需要在调用请求函数时为 headers 参数传入定制好的请求头即可。一般是将请求头中的字段与值分别作为字典的键与值，以字典的形式传给 headers 参数。示例代码如下。

```
import requests
# 定义 URL 和请求头
base_url = 'https://www.zhihu.com/signin'
header = {'User-Agent': 'Mozilla/5.0 (Windows NT 6.1; Win64; x64'
'AppleWebKit/537.36 (KHTML, like Gecko) Chrome/92.0.4515.131 Safari/537.36'}
# 根据 URL 和请求头构造请求，发送 GET 请求，接收服务器返回的响应
response = requests.get(base_url, headers=header)
response.encoding = 'utf-8'
# 查看响应内容
print(response.text)
```

在上述代码中，首先定义了代表知乎网登录页面 URL 的变量 base_url 和代表请求头的变量 header。在请求头中以键值对的形式添加了 User-Agent 字段，并将该字段的值设为 Mozilla/5.0 (Windows NT 6.1; Win64; x64) AppleWebKit/537.36 (KHTML, like Gecko) Chrome/90.0.4430.212 Safari/537.36。然后调用了 get()函数根据 base_url 发送 GET 请求到服务器，指定请求头为 header，并使用变量 response 接收服务器返回的响应。最后访问 response 的 text 属性获取了网页源代码。

运行代码，输出（HTML 格式化之后）如下结果。

```
<!DOCTYPE html>
<html lang="zh" data-hairline="true" data-theme="light">
 <head>
  <meta charset="utf-8" />
  <title data-react-helmet="true">知乎 - 有问题，就会有答案</title>
  <meta name="viewport"
     content="width=device-width,initial-scale=1,maximum-scale=1" />
  <meta name="renderer" content="webkit" />
  <meta name="force-rendering" content="webkit" />
  <meta http-equiv="X-UA-Compatible" content="IE=edge,chrome=1" />
```

```
    <meta name="google-site-verification"
        content="FTeR0c8arOPKh8c5DYh_9uu98_zJbaWw53J-Sch9MTg" />
    ......
  </body>
</html>
```

对比从浏览器中查看的源代码可知，程序成功抓取了知乎网登录页面的源代码。

需要注意的是，如果程序使用同一个 User-Agent 字段访问网站的频率过高，那么程序也有可能会被网站识别成网络爬虫，并被查封。为解决这个问题，可以收集所有可用的 User-Agent，在向服务器发送请求时每隔一段时间便随机选择一个 User-Agent，设置动态的请求头。除此之外，还可以使用能够自动生成 User-Agent 的 fake-useragent 模块。

3.3.2 验证 Cookie

当用户首次登录一个网站时，网站往往会要求用户输入用户名和密码，并且给出自动登录选项供用户勾选。用户如果勾选了自动登录选项，那么在下一次访问该网站时，不用输入用户名和密码便可以登录，这是因为第一次登录时服务器发送了包含登录凭证的 Cookie 到用户硬盘上，第二次登录时浏览器发送了 Cookie，服务器验证 Cookie 后就识别了用户的身份，用户便无须输入用户名和密码。

Cookie（有时也用其复数形式 Cookies）是指某些网站为了辨别用户身份、进行会话跟踪，而暂时存储在客户端的一段文本数据（通常经过加密）。

在 Requests 库中，发送请求时可以通过两种方式携带 Cookie，一种方式是直接将包含 Cookie 信息的请求头传入请求函数的 headers 参数；另一种方式是将 Cookie 信息传入请求函数的 cookies 参数。不过，cookies 参数需要接收一个 RequestsCookieJar 类的对象，该对象类似于一个字典，会以名称（Name）与值（Value）的形式存储 Cookie。

下面以登录后的百度首页为例，分别通过上述两种方式演示如何使用Requests实现Cookie登录。

第 1 种方式的实现代码如下。

```
import requests
headers = {
    'Cookie': '此处填写登录百度网站后查看的Cookie信息',        # 设置字段Cookie
    'User-Agent': 'Mozilla/5.0 (Macintosh; Intel Mac OS X 10_11_4)'
                  'AppleWebKit/537.36 (KHTML, like Gecko)'
                  'Chrome/53.0.2785.116 Safari/537.36',} # 设置字段User-Agent
response = requests.get('https://www.baidu.com/', headers=headers)
print(response.text)
```

第 2 种方式的实现代码如下。

```
import requests
header = {'User-Agent': 'Mozilla/5.0 (Macintosh; Intel Mac OS X 10_11_4) '
                        'AppleWebKit/537.36 (KHTML, like Gecko)'
                        'Chrome/53.0.2785.116 Safari/537.36'}
# 准备Cookie
cookie = '此处填写登录百度网站后查看的Cookie信息'
# 创建RequestsCookieJar类的对象
jar_obj = requests.cookies.RequestsCookieJar()
# 以逗号为分隔符分隔Cookie，并将获得的键和值保存至jar_obj中
```

```
for temp in cookie.split(';'):
    key, value = temp.split('=', 1)
    jar_obj.set(key, value)
response = requests.get('https://www.baidu.com/',
                headers=header, cookies=jar_obj)
print(response.text)
```

上述两段代码的运行结果如下。

```
......
"userAttr":Number("")|| 0,
"username":"Itcast_001122",
"unametype":"2",
"userIsSkined":"off",
"userIsNewSkined":"off",
"userSkinName":"",
"userSkinOpacity":"70",
......
```

由加粗部分的代码可以看出，程序输出的网页源代码包含了用户名 Itcast_001122。这说明我们成功地访问了登录后的百度首页。

3.3.3　保持会话

我们在浏览拼多多网站时，只要在拼多多网站中登录成功一次，就可以连续打开多个商品的标签页，中途浏览其他网页再快速回到拼多多网站也不需要重复登录，除非离开网站的时间过长。这些情况便是保持会话的体现。

在 Requests 中，Session 类负责管理会话。通过 Session 类的对象不仅可以实现在同一会话内发送多次请求的功能，还可以在跨请求时保持 Cookie 信息。

例如，使用 Session 类的对象请求一个测试网站时设置 Cookie 信息，然后向这个测试网站发起 GET 请求获取设置的 Cookie 信息，具体代码如下。

```
import requests
# 创建会话
sess_obj = requests.Session()
sess_obj.get('http://httpbin.org/cookies/set/sessioncookie/123456789')
response = sess_obj.get("http://httpbin.org/cookies")
print(response.text)
```

在上述代码中，首先创建了一个 Session 类的对象 sess_obj。然后基于 sess_obj 对象发送了一个 GET 请求到测试网站，并且在请求该测试网站时设置了 Cookie 信息。其中 Cookie 的名称设置为 sessioncookie，内容为 123456789。最后基于 sess_obj 对象请求另一个网站，获取上次请求时设置的 Cookie 信息。

运行代码，输出如下结果。

```
{
  "cookies": {
    "sessioncookie": "123456789"
  }
}
```

从输出结果可以看出，程序成功地获取了 Cookie 信息。这说明使用 Session 类的对象在跨请求时可以成功保持 Cookie 信息。

如果不使用 Session 类的对象请求测试网站，而直接使用 Requests 库请求测试网站时，示例代码如下所示。

```
import requests
requests.get('http://httpbin.org/cookies/set/sessioncookie/123456789')
response = requests.get("http://httpbin.org/cookies")
print(response.text)
```

运行程序，输出如下结果。

```
{"cookies": {}}
```

从输出的结果可以看出，程序并没有获取 Cookie 信息。这说明两次发送的请求属于完全独立的请求，它们之间无法保持 Cookie 信息。

3.3.4　SSL 证书验证

大多数网站中都加入了 SSL 证书，以实现数据信息在浏览器和服务器之间的加密传输，保证双方传递信息的安全性。SSL 证书是一种数字证书，类似于驾驶证、护照和营业执照的电子副本，由受信任的数字证书颁发机构 CA 在验证服务器身份后颁发，具有服务器身份验证和数据传输加密功能。

当使用 Requests 调用请求函数发送请求时，由于请求函数的 verify 参数的默认值为 True，所以每次请求网站默认都会进行 SSL 证书的验证。不过，有些网站可能没有购买 SSL 证书，或者 SSL 证书失效。程序访问这类网站时会因为找不到 SSL 证书而抛出 SSLError 异常。例如，使用 Requests 请求国家数据网站，具体代码如下。

```
import requests
base_url = 'https://data.stats.gov.cn/'
header = {'User-Agent': 'Mozilla/5.0 (Windows NT 6.1; Win64; x64'
                        'AppleWebKit/537.36 (KHTML, like Gecko)'
                        'Chrome/90.0.4430.212 Safari/537.36'}
# 发送 GET 请求
response = requests.get(base_url, headers=header)
print(response.status_code)
```

运行代码，程序抛出 SSLError 异常，具体内容如下。

```
......
requests.exceptions.SSLError: HTTPSConnectionPool(host='data.stats.gov.cn', port=
443): Max retries exceeded with url: / (Caused by SSLError(SSLCert Verification Error(1,
'[SSL: CERTIFICATE_VERIFY_FAILED] certificate verify failed: self signed certificate in
certificate chain (_ssl.c:1108)')))
```

这时需要主动关闭 SSL 验证，即在调用 get()函数时将 verify 参数设置为 False，代码如下。

```
response = requests.get(base_url, headers=header, verify=False)
```

再次运行代码，发现控制台没有输出 SSLError 异常，而是输出了如下警告信息。

```
C:\Users\admin\AppData\Roaming\Python\Python38\site-packages\urllib3\
connectionpool.py:981: InsecureRequestWarning: Unverified HTTPS request
is being made to host 'data.stats.gov.cn'. Adding certificate verification is
strongly advised. See: https://urllib3.readthedocs.io/en/latest/advanced-usage.
html#ssl-warnings
```

这时，如果不希望收到警告信息，则可以采用如下方式消除警告信息。

```
import urllib3
urllib3.disable_warnings()
```

再次运行程序，发现控制台中不再输出上面的警告信息。

3.4 设置代理服务器

设置代理服务器是网络爬虫应对防爬虫的策略之一。这种策略会为网络爬虫指定一个代理服务器，借用代理服务器的 IP 地址访问网站，掩盖网络爬虫所在主机的真实 IP 地址，从而达到伪装 IP 地址的目的。本节将针对设置代理服务器的相关内容进行讲解。

3.4.1 代理服务器简介

网络爬虫在抓取网页的数据时，可能会出现这样的情况：起初可以正常抓取网页的数据，一段时间后便不能继续抓取了，可能会收到 403 错误及提示信息“您的 IP 访问频率过高”。之所以出现这种现象，是因为网站采取了防爬虫措施。该网站会检测某个 IP 地址在单位时间内访问的次数，如果超过其设定的阈值，就会直接拒绝为拥有该 IP 地址的客户端服务。这种情况称为封 IP。

为避免网络爬虫被封 IP，可以利用某种技术伪装 IP 地址，让服务器识别不出请求是由哪台设备发起的，这种技术就是代理服务器技术。代理服务器（Proxy Server）用于代理客户端用户去服务器端获得网络信息。为帮助大家更好地进行理解，接下来，我们通过一张图来描述代理服务器的工作原理，具体如图 3-4 所示。

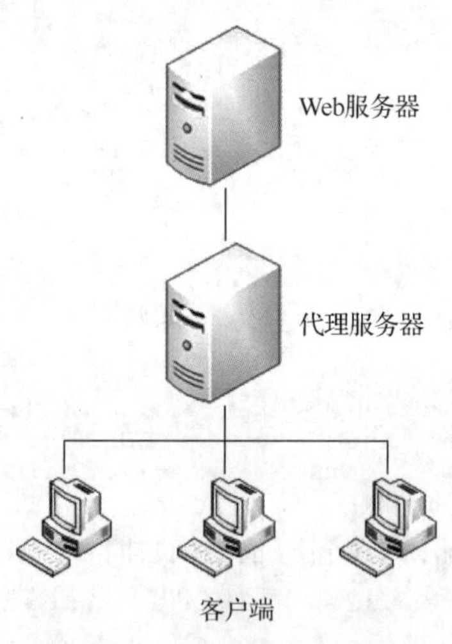

图 3-4 代理服务器的工作原理

由图 3-4 可知，代理服务器是网络信息的中转站，介于客户端和服务器之间。没有代理服务器之前，客户端会直接将请求发送给 Web 服务器，然后 Web 服务器将响应信息返回给客户端；有了代理服务器之后，客户端不再直接向 Web 服务器发送请求，而是先将这个请求发送到代理服务器，由代理服务器转发给 Web 服务器，并且将收到的响应信息返回给客户端。这样一来，网站识别的 IP 地址是代理服务器的 IP 地址，而不是客户端的真实 IP 地址。另外，我们还可以每隔一段时间更换一次代理服务器。

值得一提的是，并非所有的代理服务器都适合网络爬虫。我们在使用代理服务器时，主要考虑代理服务器的匿名程度。根据代理服务器的匿名程度，代理服务器可以分为高度匿名代理服务器、普通匿名代理服务器、透明代理服务器 3 类。关于这 3 类代理服务器的介绍如下。

- 高度匿名代理服务器：会将数据包原封不动地转发给服务器，让服务器认为当前访问的用户只是一个普通客户端，而不是代理服务器，并记录代理服务器的 IP 地址。
- 普通匿名代理服务器：会对数据包进行一些改动。这时服务器可能会发现当前访问的用户是代理服务器，也可能会追查到客户端的真实 IP 地址。
- 透明代理服务器：不仅会改动数据包，还会暴露当前访问客户端的真实 IP 地址。这类代理除了通过缓存提升访问速度、通过内容过滤提高安全性之外，并没有其他显著的作用，常见的场景就是内网中的硬件防火墙。

综上所述，使用高度匿名代理服务器时，对方服务器完全不知道客户端使用了代理服务器，更不知道客户端的真实 IP 地址，代理的信息可以完全替代客户端的所有信息；使用普通匿名代理，虽然对方服务器可以知道客户端使用了代理服务器，但并不知道客户端的真实 IP 地址；使用透明代理服务器，对方服务器可以知道客户端使用了代理服务器，并且知道客户端的真实 IP 地址。因此，高度匿名代理服务器是最理想的选择，我们建议在开发网络爬虫程序时优先选择高度匿名代理服务器，其次选择普通匿名代理服务器。

3.4.2　设置代理服务器

如果希望在网络爬虫程序中使用代理服务器，就需要为网络爬虫程序设置代理服务器。设置代理服务器一般分为获取代理 IP、设置代理 IP 两步。接下来，分别对获取代理 IP 和设置代理 IP 进行详细介绍。

1. 获取代理 IP

代理 IP 主要有 3 种获取方式，它们分别是获取免费代理 IP、获取付费代理 IP 和 ADSL 拨号，关于它们的介绍如下。

（1）获取免费代理 IP。免费代理 IP 基本没有成本，可以从免费代理网站（如快代理、全网代理 IP 等）上找一些免费代理 IP，测试可用后便可以收集起来备用，但使用这种方式获取的可用代理 IP 相对较少。

（2）获取付费代理 IP。互联网上存在许多代理商，用户付费后便可以获得一些高质量的代理 IP。

（3）ADSL 拨号。ADSL（Asymmetric Digital Subscriber Line，非对称数字用户线路）通过拨号的方式上网，需要输入 ADSL 账号和密码。每次拨号都会更换一个新的 IP 地址，不过 ADSL 拨号操作起来比较麻烦。每切换一次 IP 地址，都要重新拨号。重拨期间还会处于短暂断网的状态。

综上所述，免费代理 IP 是比较容易获取的，不过这类代理 IP 的质量不高，高度匿名代理 IP 比较少，有的代理 IP 很快会失效。如果大家对代理 IP 的质量要求比较高，或者需要大量稳定的代理 IP，那么建议选择一些正规的代理商进行购买。

2. 设置代理 IP

在 Requests 中，设置代理 IP 的方式非常简单：只需要在调用请求函数时为 proxies 参数传入一个字典。该字典包含了所需要的代理 IP，其中字典的键为协议类型，例如 http 或 https，字典的值为“协议类型://IP 地址:端口号”格式的字符串。例如，定义一个包含两个代理 IP 的字典，代码如下。

```
proxies = {
  'http': 'http://10.10.1.10:3128',
  'https': 'https://10.10.1.10:1080',
}
```

接下来，通过一个例子演示如何从 IP 地址列表中随机选择一个 IP 地址，将该 IP 地址设置为代理 IP，之后基于该代理 IP 请求小兔鲜儿网首页，具体代码如下。

```
import requests
import random
# 代理 IP 地址的列表
proxy_list = [
    {"http" : "http://101.200.127.149:3129"},
    {"http" : "http://59.55.162.4:3256"},
    {"http" : "http://180.122.147.76:3000"},
    {"http" : "http://114.230.107.102:3256"},
    {"http" : "http://121.230.211.163:3256"}
]
base_url = 'http://erabbit.itheima.net/#/'
header = {'User-Agent': 'Mozilla/5.0 (Windows NT 6.1; Win64; x64'
                        'AppleWebKit/537.36 (KHTML, like Gecko)'
                        'Chrome/90.0.4430.212 Safari/537.36'}
# 发送 GET 请求，将 proxy_list 中任意一个 IP 地址设为代理
response = requests.get(base_url, headers=header,
                        proxies= random.choice(proxy_list))
print(response.status_code)
```

上述代码中，首先创建了包含 5 个 IP 地址的列表 proxy_list，定义了代表小兔鲜儿网首页 URL 的变量 base_url，定义了表示请求头的变量 header；然后调用 get()函数根据 base_url 请求小兔鲜儿网首页，同时指定该请求的请求头为 header 且代理 IP 为 proxy_list 中的任意一个 IP 地址，以防止服务器识别出网络爬虫的身份而被禁止访问，并将服务器返回的响应赋值给变量 response；最后访问 response 的 status_code 属性获取响应状态码。

运行代码，输出如下结果。

```
200
```

从输出结果可以看出，程序成功访问了小兔鲜儿网首页。

需要说明的是，上述程序中使用的代理 IP 是免费的。由于使用时间不固定，这些代理 IP 一旦超出使用时间范围就会失效，此时再运行上述程序则会出现 ProxyError 异常，所以我们在这里建议大家换用自己查找的代理 IP。

3.4.3 检测代理 IP 的有效性

互联网上有很多免费的代理 IP，但这些 IP 地址并不都是有效的。因此需要对获取的免费 IP 地址进行检测，确定 IP 地址是否有效。检测代理 IP 有效性的过程比较简单，需要先遍历收集的所有代理 IP，将获取的每个代理 IP 依次设为代理，再通过该 IP 地址向网站发送请求。

如果请求成功，则说明该 IP 地址是有效的；如果请求失败，则说明该 IP 地址是无效的，需要被剔除。

下面以 3.4.2 节的代理 IP 为例，为大家演示如何检测代理 IP 的有效性，具体代码如下。

```
import requests
proxy_list = [
    {"http" : "http://101.200.127.149:3129"},
    {"http" : "http://59.55.162.4:3256"},
    {"http" : "http://180.122.147.76:3000"},
    {"http" : "http://114.230.107.102:3256"},
    {"http" : "http://121.230.211.163:3256"}
]
base_url = 'http://erabbit.itheima.net/#/'
header = {'User-Agent': 'Mozilla/5.0 (Windows NT 6.1; Win64; x64'
                       'AppleWebKit/537.36 (KHTML, like Gecko)'
                       'Chrome/90.0.4430.212 Safari/537.36'}
# 遍历代理 IP
for per_ip in proxy_list.copy():
    try:
        # 发送 GET 请求，将获取的每个 IP 地址设置为代理
        response = requests.get(base_url, headers=header,
                    proxies=per_ip, timeout=3)
    except:
        # 失败则输出 IP 地址无效，并将该 IP 地址从 proxy_list 列表中移除
        print(f'IP 地址：{per_ip.get("http")}无效')
        proxy_list.remove(per_ip)
    else:
        # 成功则输出 IP 地址有效
        print(f'IP 地址：{per_ip.get("http")}有效')
```

上述加粗部分的代码中，首先从 proxy_list 列表的副本遍历了每个 IP 地址 per_ip；然后在 try 子句中调用 get()函数发送了一个 GET 请求，并在发送该请求时将 per_ip 依次设置为代理，由代理服务器代替程序向服务器转发请求；接着在 except 子句中处理了请求失败的情况，输出“IP 地址：×××无效”，并将该 IP 地址从 proxy_list 列表中移除，确保 proxy_list 列表中只保留有效的 IP 地址；最后在 else 子句中处理了请求成功的情况，输出“IP 地址：×××有效”。

运行代码，输出如下结果。

```
IP 地址：http://101.200.127.149:3129 有效
IP 地址：http://59.55.162.4:3256 无效
IP 地址：http://180.122.147.76:3000 无效
IP 地址：http://114.230.107.102:3256 无效
IP 地址：http://121.230.211.163:3256 有效
```

从输出结果可以看出，这 5 个代理 IP 中有两个是有效的，其余 3 个都是无效的。

3.5　处理异常

每个程序在运行过程中可能会遇到各种各样的问题，网络爬虫自然也不例外。网络爬虫

访问网站离不开网络的支撑。由于网络环境十分复杂，具有一定的不可控性，所以网络爬虫每次访问网站后不一定能够成功地获得从服务器返回的数据。网络爬虫一旦在访问过程中遇到一些网络问题（如 DNS 故障、拒绝连接等），就会导致程序引发异常并停止运行。

requests.exceptions 模块中定义了很多异常类型，常见的异常类型如表 3-2 所示。

表 3-2　常见的异常类型

异常类型	说明
RequestException	请求异常
ConnectionError	连接错误
HTTPError	发生 HTTP 错误
URLRequired	发出请求需要有效的 URL
TooManyRedirects	请求超过配置的最大重定向数
ConnectTimeout	尝试连接到远程服务器时请求超时
ReadTimeout	服务器在规定的时间内没有发送任何数据
Timeout	请求超时

表 3-2 中罗列了一些常见的异常类型。其中，Timeout 继承自 RequestException，Connect Timeout 和 ReadTimeout 继承自 Timeout。

为保证程序能够正常终止，我们可以使用 try-except 语句捕获相应的异常，并对异常进行相应的处理。

由于谷歌网站服务器的原因，访问该网站必定会出现连接超时的问题。下面以访问谷歌网站为例，为大家演示如何使用 try-except 语句捕获 RequestException 异常，具体代码如下。

```
1  import time
2  import requests
3  # 记录请求的发起时间
4  print(time.strftime('开始时间：%Y-%m-%d %H:%M:%S'))
5  # 捕获 RequestException 异常
6  try:
7      html_str = requests.get('http://www.google.com').text
8      print('访问成功')
9  except requests.exceptions.RequestException as error:
10      print(error)
11  # 记录请求的终止时间
12  print(time.strftime('结束时间：%Y-%m-%d %H:%M:%S'))
```

上述代码中，第 4 行代码记录了发送请求之后的时间。第 6～10 行代码使用 try-except 语句尝试捕获与处理 RequestException 异常。其中，第 6～8 行代码在 try 子句中调用 get()函数访问谷歌网站，并在访问成功后输出“访问成功”。第 9～10 行代码在 except 子句中指定了捕获的异常类型为 RequestException。程序监测到 try 子句中的代码抛出 RequestException 异常时，会捕获 RequestException 和所有继承自 RequestException 的异常，并在捕获异常后输出详细的异常信息。第 12 行代码记录了终止请求之后的时间。

运行代码，输出如下结果。

```
开始时间：2021-06-16 13:50:53
```

```
    HTTPConnectionPool(host='www.google.com', port=80): Max retries exceeded with url: / (Caused by NewConnectionError('<urllib3.connection.HTTPConnection object at 0x00000000034D6790>: Failed to establish a new connection: [WinError 10060] 由于连接方在一段时间后没有正确答复或连接的主机没有反应，连接尝试失败。'))
    结束时间：2021-06-16 13:51:14
```

通过对比结束时间与开始时间可知，我们等待了约 20 秒，这个时间相对来说有些长，这种长时间的等待是没有任何意义的。

为了减少无意义的等待，我们在发送 HTTP 请求时可以设置超时时长，即调用 get()函数时传入 timeout 参数，并给该参数指定代表超时时长的值。如果超过该时长，服务器仍然没有返回任何响应内容，就让程序立即引发一个超时异常。在以上示例中，为请求设置超时时长为 5 秒，具体代码如下。

```
# 发送 GET 请求，设置超时时长
html_str = requests.get('http://www.google.com', timeout=5).text
```

再次运行代码，输出如下结果。

```
    开始时间：2021-06-16 14:30:01
    HTTPConnectionPool(host='www.google.com', port=80): Max retries exceeded with url: / (Caused by ConnectTimeoutError(<urllib3.connection.HTTPConnection object at 0x00000000033E23D0>, 'Connection to www.google.com timed out. (connect timeout=5)'))
    结束时间：2021-06-16 14:30:06
```

通过对比结果中的结束时间和开始时间可知，程序执行了 5 秒后便直接结束，并抛出 ConnectTimeoutError 异常及提示信息“Connection to www.google.com timed out”。这说明连接谷歌网站时超过了预设的等待时长而导致访问失败。

3.6　实践项目：抓取黑马程序员论坛的数据

黑马程序员论坛是传智教育旗下的技术交流社区。在这个社区中，大家可以了解黑马程序员的最新动态，也可以发布或回复帖子与别人进行交流。技术交流版块是论坛中一个比较热门的版块，该版块不仅为各个学科的技术人员提供了交流的地方，而且根据各个学科提供了行业热门新闻资讯，方便程序员进行深入交流并巩固学习。接下来，本节将运用 Requests 库的知识，抓取 Python+人工智能技术交流版块中指定页面的数据。

【项目目标】

在浏览器中访问黑马程序员论坛的首页，选择“论坛版块”→“学习交流”→“技术交流”→“Python+人工智能技术交流”，进入 Python+人工智能技术交流的页面，具体如图 3-5 所示。

由图 3-5 可知，浏览器中当前展示的页面是技术交流版块的第 1 页，该页面中包含了多条由用户发布的帖子，单击“...”后可以切换至末尾页，从第 1 页到末尾页的全部内容便是最终要抓取的目标数据。

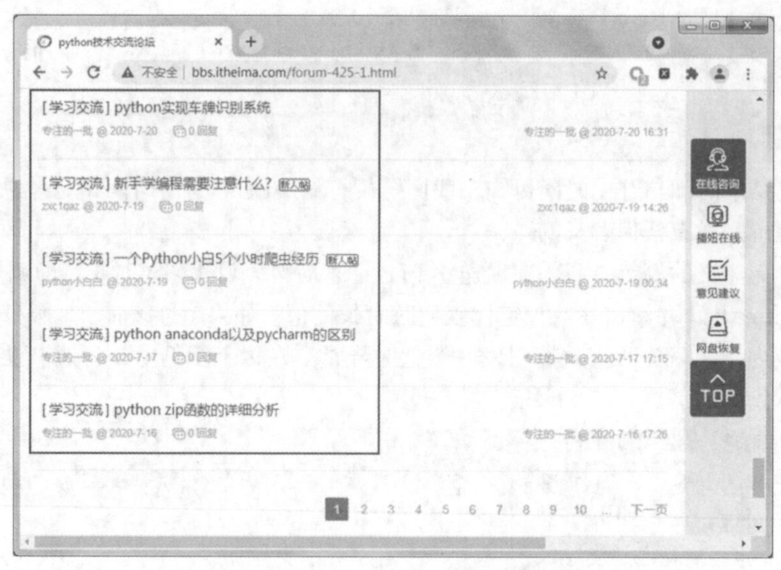

图 3-5 Python+人工智能技术交流的页面

【项目分析】

本项目的实现过程主要分为抓取网页数据、存储数据两个步骤。接下来，分别对它们的实现思路进行分析。

1. 关于抓取网页数据的分析

要想抓取 Python+人工智能技术交流版块的所有页面，我们需要知道采用哪种请求方法请求页面，以及这些页面的 URL 是什么。下面分别从请求方法和请求 URL 两个方面分析如何抓取目标网页。

（1）请求方法分析。

在浏览器中打开 Python+人工智能技术交流版块的第 1 页，打开 Fiddler 工具并再次刷新浏览器的当前页面，然后在 Fiddler 工具的会话窗口中找到该页面对应的请求，双击该请求后发现，Inspectors 面板中显示了该请求对应的请求头信息，具体如图 3-6 所示。

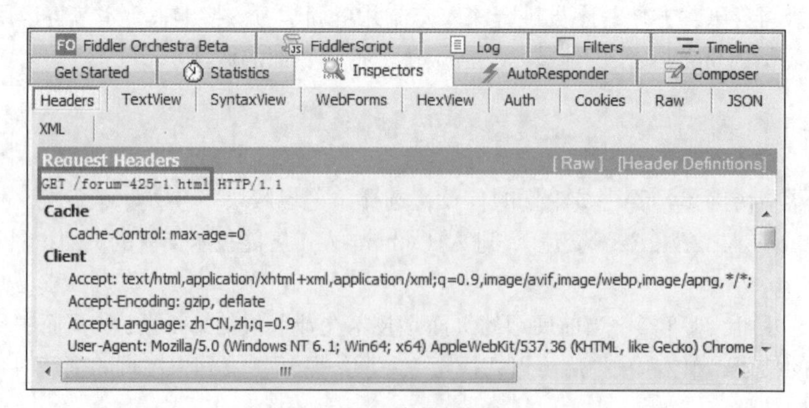

图 3-6 请求头信息

从图 3-6 中标注的内容可以看出，抓取第 1 页使用的请求方法是 GET。同样地，抓取其他页面使用的请求方法也是 GET。

（2）请求 URL 分析。

Python+人工智能技术交流版块下有几十个页面，每页的 URL 都会有所不同，不过这些页面的 URL 之间存在一些规律。例如，前 5 页对应的 URL 分别如下。

```
http://bbs.itheima.com/forum-425-1.html  # 第 1 页
http://bbs.itheima.com/forum-425-2.html  # 第 2 页
http://bbs.itheima.com/forum-425-3.html  # 第 3 页
http://bbs.itheima.com/forum-425-4.html  # 第 4 页
http://bbs.itheima.com/forum-425-5.html  # 第 5 页
```

观察上面罗列的 URL 可知，http://bbs.itheima.com/forum-425-后面的数字会随着页数的增加而增加，并且数字与页数始终保证一致。我们根据这个 URL 变化规律可以推断出：如果 page 表示页数，那么第 page 页对应的 URL 地址为 http://bbs.itheima.com/forum-425-page.html。

按照这个规律，我们可以将 URL 地址写成一个模板字符串 f'http://bbs.itheima.com/forum-425-{page}.html'，该字符串中的 page 是占位符，它会随着页数的变化而变化，如此就可以拼接出请求所有页面的 URL。

2. 关于存储数据的分析

我们抓取完所有页面的数据后，只能看到一堆密密麻麻的 HTML 代码。为了能够验证我们抓取的数据是目标网页的数据，可以将抓取的每个页面的源代码存储成 HTML 文件。若存储的 HTML 文件与原网页展示的效果相同，则说明成功地抓取了原网页的数据。

【项目实现】

下面使用 Requests 库抓取 Python+人工智能技术交流版块的所有页面，具体步骤如下。

（1）在 PyCharm 工具中创建一个 heima_forum.py 文件，用于编写爬虫的相关功能。在编写爬虫的相关功能之前，需要导入 requests 库，具体代码如下。

```
import requests
```

（2）定义一个用于抓取网页数据的函数 load_page()，该函数会根据指定的 URL 构建并发送 GET 请求，然后获取从服务器返回的网页数据。为了避免网站识别出网络爬虫的身份，每次发送请求时需要为请求设置请求头。load_page()函数的代码如下。

```
def load_page(url):
    '''
    作用:根据 URL 发送请求，获取服务器返回的响应
    url: 待抓取的 URL
    '''
    headers = {"User-Agent": "Mozilla/5.0 (compatible; MSIE 9.0;"
               "Windows NT 6.1; Trident / 5.0;"}
    # 发送 GET 请求，接收服务器返回的响应
    response = requests.get(url, headers=headers)
    return response.text
```

（3）定义一个保存网页数据的函数 save_file()，该函数会将每次抓取的网页数据追加到指定的文件中，并指定编码格式为 UTF-8。save_file()函数的代码如下。

```
def save_file(html, filename):
    '''
```

```
    作用：将抓取的网页数据写入本地文件
    html：服务器返回的响应内容
    '''
    print("正在保存" + filename)
    with open(filename, 'w', encoding='utf-8') as file:
        file.write(html)
```

（4）定义一个控制抓取流程的函数 heima_forum()。该函数会根据前面分析的 URL 规律，通过页码组合所有待抓取的完整 URL，之后根据这些完整 URL 发送 GET 请求，并将服务器返回的网页数据写入名称类似“第 *n* 页”的 HTML 文件中。heima_forum()函数的代码如下。

```
def heima_forum(begin_page, end_page):
    '''
    作用：控制网络爬虫抓取网页数据的流程
    begin_page:起始页码
    end_page:结束页码
    '''
    for page in range(begin_page, end_page + 1):
        # 组合所有页面的完整 URL
        url = f'http://bbs.itheima.com/forum-425-{page}.html'
        # 文件的名称
        file_name = "第" + str(page) + "页.html"
        # 抓取网页数据
        html = load_page(url)
        # 保存网页数据
        save_file(html, file_name)
```

（5）在 main 语句中调用 heima_forum()函数，并根据输入的起始页码和结束页码抓取指定页码范围的网页数据，具体代码如下。

```
if __name__ == "__main__":
    begin_page = int(input("请输入起始页码："))
    end_page = int(input("请输入结束页码："))
    heima_forum(begin_page, end_page)
```

运行程序，输入起始页码为 1，结束页码为 70，可以看到控制台输出了如下信息。

```
请输入起始页码：1
请输入结束页码：70
正在保存第 1 页.html
正在保存第 2 页.html
正在保存第 3 页.html
正在保存第 4 页.html
正在保存第 5 页.html
……
正在保存第 69 页.html
正在保存第 70 页.html
```

与此同时，程序所在的目录下增加了 70 个 HTML 文件，部分 HTML 文件如图 3-7 所示。

在浏览器中打开“第 1 页.html”文件，对比 Python+人工智能技术交流版块的第 1 页，可以发现两个页面的内容是完全一样的。这说明程序成功地抓取了目标网页的数据。

名称	修改日期	类型	大小
heima_forum.py	2021/7/6 18:20	Python File	2 KB
第1页.html	2021/7/6 18:26	360 se HTML Document	358 KB
第2页.html	2021/7/6 18:26	360 se HTML Document	350 KB
第3页.html	2021/7/6 18:26	360 se HTML Document	351 KB
第4页.html	2021/7/6 18:26	360 se HTML Document	175 KB
第5页.html	2021/7/6 18:26	360 se HTML Document	175 KB

图 3-7　程序所在目录增加的文件（部分）

3.7　本章小结

在本章中，我们主要介绍了抓取静态网页数据的相关内容，包括抓取静态网页的实现技术、发送基本请求、处理复杂请求、设置代理服务器和处理异常，并结合所学的知识开发了一个抓取黑马程序员论坛网数据的项目。希望读者通过本章内容的学习，能够熟练地使用 Requests 库抓取静态网页数据，为后续解析网页数据做好准备工作。

3.8　习题

一、填空题

1. 在 Requests 库中，________函数用于向服务器发送 GET 请求。
2. 网络爬虫通过设置________掩盖自己所在主机的真实 IP 地址。
3. Requests 库在请求异常时会抛出 ________异常。
4. 通过请求函数中的参数________设置请求头。
5. Requests 中________类负责管理会话。

二、判断题

1. 对于静态网页的抓取，我们只需要获得网页源代码即可。(　　)
2. Requests 是基于 urllib3 编写的库。(　　)
3. GET 请求中不能添加 URL 请求参数。(　　)
4. Requests 库无须另行安装便可以直接使用。(　　)
5. Requests 发送请求成功后，会返回一个 Request 类的对象。(　　)

三、选择题

1. 下列选项中，用于在调用 get()函数发送 GET 请求时设置传递查询字符串的参数是(　　)。

　A. data　　B. params　　C. proxies　　D. verify

2. 下列选项中，用于以字符串形式获取响应内容的是(　　)。

　A. status_code　　B. text　　C. content　　D. string

3. 下列选项中，关于 Cookie 的描述错误的是(　　)。

　A. Cookie 是一段文本数据，由一个名称和一个值组成

　B. Cookie 的生存周期可以由开发人员设置

C. Cookie 数据存储在网站服务器上
D. Cookie 通常是加密的

4. 下列选项中，会将数据包原封不动地转发给服务器的是（　　）。
A. 透明代理　　B. 普通匿名代理
C. 高度匿名代理　　D. 间谍代理

5. 下列选项中，表示连接错误的异常是（　　）。
A. RequestException　　B. ConnectionError
C. HTTPError　　D. URLEquired

四、简答题

1. 请简述如何使用 Requests 库发送 GET 请求和 POST 请求。
2. 请简述代理服务器的作用。

五、程序题

1. 编写程序，使用 Requests 抓取搜索 Python 关键词页面数据。
2. 编写程序，使用 Requests 抓取豆瓣新片榜页面的数据。

第4章

解析网页数据

学习目标

◆ 了解解析网页的技术，能够说出正则表达式、Xpath、Beautiful Soup 与 JSONPath 的特点

◆ 熟悉正则表达式的语法，能够归纳元字符与预定义字符集的含义

◆ 掌握 re 模块的用法，能够灵活应用 re 模块解析网页数据

◆ 了解 XPath 的概念，能够说出 XPath 的路径表达式的搜索方法

◆ 掌握 XPath 的语法，能够根据需要编写 XPath 的路径表达式

◆ 掌握 XPath 的开发工具，能够独立安装与使用 XPath Helper 工具

◆ 掌握 lxml 库的用法，能够灵活应用 lxml 库解析网页数据

◆ 熟悉 Beautiful Soup，能够归纳 Beautiful Soup 包含的类的基本用法

◆ 掌握 BeautifulSoup 类的对象的创建方式，能够使用 BeautifulSoup 类的构造方法创建 BeautifulSoup 类的对象

◆ 掌握 Beautiful Soup 中选取节点的方式，能够使用查找方法和 CSS 选择器选取节点

◆ 熟悉 JSONPath 的语法，能够熟练地编写 JSONPath 的表达式

◆ 掌握 jsonpath 模块的用法，能够灵活运用 jsonpath 模块解析 JSON 文档

通过对第 3 章的学习，我们已经将整个静态网页的源代码全部抓取下来了，并且源代码包含了最终要提取的数据。这些数据分为非结构化数据和结构化数据两种。由于这两种数据各有各的特点，因此需要采用不同的技术进行解析，提取与目标有关的数据。本章将围绕着解析网页数据的相关知识进行详细讲解。

拓展阅读

4.1 解析网页数据的技术

当服务器成功响应请求返回网页的数据后，我们需要从纷杂的网页数据中提取与目标相关的数据，这个过程可以理解为解析网页数据。解析网页数据是网络爬虫工作中的关键步骤，这一步骤主要做的事情是结合网页数据的格式特点，选择合适的技术对整个网页的数据进行

解析，并从中提取出我们最终需要的数据。

Python 中提供了正则表达式、Xpath、Beautiful Soup、JSONPath 等多种解析网页数据的技术，关于这些技术的介绍如下。

1. 正则表达式

正则表达式是一种文本模式，这种模式描述了匹配字符串的规则，用于检索字符串中是否有符合该模式的子串，或者对匹配到的子串进行替换。

正则表达式的优点是功能强大、应用广泛；缺点是只适合匹配文本的字面意义，而不适合匹配文本意义。例如，正则表达式在匹配嵌套了 HTML 代码的文本时，会忽略 HTML 代码本身存在的层次结构，而将 HTML 代码作为普通文本进行搜索。

2. XPath

XPath 是 XML 路径语言，用于从 HTML 或 XML 格式的数据中提取所需的数据。XPath 适合用于处理层次结构比较明显的数据，它能够基于 HTML 或 XML 的节点树确定目标节点所在的路径，顺着这个路径便可以找到文本节点或属性节点。

3. Beautiful Soup

Beautiful Soup 是一个可以从 HTML 或 XML 文件中提取数据的 Python 库。它同样可以使用 XPath 语法提取数据，并且也在此基础上做了方便开发者使用的封装，提供了更多选取节点的方式。

4. JSONPath

JSONPath 的用法类似于 XPath，也是通过表达式的方式解析数据的，但只能解析 JSON 格式的数据。

综上所述，若要解析纯文本格式的数据，则可以选择正则表达式；若要解析 HTML 或 XML 格式的数据，则可以选择正则表达式、XPath、Beautiful Soup；若要解析 JSON 格式的数据，则可以选择 JSONPath。

为方便开发者使用这些技术，Python 提供了一些库或模块进行支持，包括 re、lxml、bs4、jsonpath。其中，re 模块支持正则表达式；lxml 库和 bs4 库支持 XPath；jsonpath 模块支持 JSONPath。bs4 库是 Beautiful Soup 的最新版本，它的全称为 Beautiful Soup 4。关于这些库或模块的用法，我们会在后面进行详细介绍。

4.2 正则表达式与 re 模块

4.2.1 正则表达式的语法

正则表达式是对字符串操作的一种逻辑公式，它会将事先定义好的一些特定字符及它们的组合组成一个规则字符串，并且通过这个规则字符串表达对给定字符串的过滤逻辑。

正则表达式的过滤逻辑类似于模糊匹配。例如，字符串的内容为“我爱学习，我爱工作”时，如果要提取“学习”“工作”，通过正则表达式匹配“我爱”后面的内容就可以找到了。

一条正则表达式也称为一个模式，使用某个模式可以匹配指定文本中与表达式模式相同的字符串。正则表达式由普通字符、元字符或预定义字符集组成。其中，普通字符包括字母、数字、符号等，下面分别对元字符和预定义字符集进行介绍。

1. 元字符

在正则表达式中，元字符是指具有特殊含义的专用字符，主要用于规定其前导字符在给定字符串中出现的模式。常用的元字符如表 4-1 所示。

表 4-1　常用的元字符

<table>
<tr><th>元字符</th><th>说明</th></tr>
<tr><td>.</td><td>匹配任何一个字符（除换行符外）</td></tr>
<tr><td>^</td><td>匹配字符串的开头</td></tr>
<tr><td>$</td><td>匹配字符串的末尾</td></tr>
<tr><td>|</td><td>连接多个子表达式，匹配与任意子表达式模式相同的字符串</td></tr>
<tr><td>[]</td><td>字符组，匹配其中出现的任意一个字符</td></tr>
<tr><td>-</td><td>连字符，匹配指定范围内的任意一个字符</td></tr>
<tr><td>?</td><td>匹配其前导字符 0 次或 1 次</td></tr>
<tr><td>*</td><td>匹配其前导字符 0 次或多次</td></tr>
<tr><td>+</td><td>匹配其前导字符 1 次或多次</td></tr>
<tr><td>{n}</td><td>匹配其前导字符 n 次</td></tr>
<tr><td>{m,n}</td><td>匹配其前导字符 m～n 次</td></tr>
<tr><td>()</td><td>分组，匹配子组</td></tr>
</table>

下面通过列举一些示例来说明表 4-1 中元字符的用法。

- J.m：匹配以“J”开始、以“m”结尾的字符串，匹配结果可以为 J#m、Jim、J2m 等。
- ^py*：匹配以“py”开始的字符串，匹配结果可以为 python、pyinstaller 等。
- .*on$：匹配以“on”结尾的字符串，匹配结果可以为 python、moon 等。
- a|b|c|d：匹配字符串中的“a”“b”“c”或“d”。
- [cC]hina：匹配以“c”或“C”开头、以“hina”结尾的字符串，匹配结果可以为 china 或 China。
- [A-Z]hina：匹配 A～Z 的任意一位大写字母，匹配结果可以为 China。
- June?：匹配元字符“?”前的字符“e”0 次或 1 次，匹配结果可以为 june 或 july。
- ht*p：匹配字符“t”0 次或多次，匹配结果可以为 hp、htp、http、htttp 等。
- ht+p：匹配字符“t”1 次或多次，匹配结果可以为 htp、http、htttp。
- ht{2}p：匹配字符“t”2 次，匹配结果可以为 http。
- ht{2,4}p：匹配字符“t”2～4 次，匹配结果可以为 http、htttp 与 httttp。
- Feb(ruary)?：匹配子组“ruary”0 次或 1 次，匹配结果可以为 Feb 或 February。

2. 预定义字符集

在正则表达式中，除了前面介绍的元字符之外，还预定义了一些字符集。这些字符集以更加简洁的方式描述了一些由普通字符和元字符组合的模式。常用的预定义字符集如表 4-2 所示。

表 4-2　常用的预定义字符集

预定义字符集	说明
\w	匹配下画线“_”或任何字母（a～z，A～Z）与数字（0～9）
\s	匹配任意的空白字符，等价于[<空格>\t\r\n\f\v]

续表

预定义字符集	说明
\d	匹配任意数字，等价于[0-9]
\b	匹配单词的边界
\W	与\w 相反，匹配非字母或数字或下画线的字符
\S	与\s 相反，匹配任意非空白字符的字符，等价于[^\s]
\D	与\d 相反，匹配任意非数字的字符，等价于[^\d]
\B	与\b 相反，匹配不出现在单词边界的元素
\A	仅匹配字符串开头，等价于^
\Z	仅匹配字符串结尾，等价于$

例如，使用“\d”匹配字符串 Regex123 中的任意一个数字，匹配结果为 1、2、3。

4.2.2 re 模块的使用

Python 中提供了 re 模块操作正则表达式，该模块提供了丰富的函数或方法来实现文本匹配查找、文本替换、文本分割等功能。re 模块的使用一般可以分为创建 Pattern 对象和全文匹配两步操作，关于这两步操作的介绍如下。

1. 创建 Pattern 对象

为了节省每次编译正则表达式的开销，保证正则表达式可以重复使用，我们可以使用 compile()函数对正则表达式进行预编译，从而生成一个代表正则表达式的 Pattern 对象。complie()函数的声明如下：

```
compile(pattern, flags=0)
```

上述函数中，参数 pattern 表示一个正则表达式；参数 flags 用于指定正则表达式匹配的模式。参数 flags 的常用取值及其含义如下。

- re.I：忽略大小写。
- re.L：做本地化识别（locale-aware）匹配，使预定义字符集\w、\W、\b、\B、\s、\S 取决于当前区域设定。
- re.M：多行匹配，影响“^”和“$”。
- re.S：使字符“.”匹配所有字符，包括换行符。
- re.U：根据 Unicode 字符集匹配字符。
- re.A：根据 ASCII 字符集匹配字符。
- re.X：允许使用更灵活的格式（多行、忽略空白字符、加入注释）书写正则表达式。

例如，编写一个用于匹配汉字的正则表达式“[\u4e00-\u9fa5]+”，使用 compile()函数创建可匹配汉字的 Pattern 对象 regex_obj，具体代码如下。

```
import re
# 创建 Pattern 对象
regex_obj = re.compile(r'[\u4e00-\u9fa5]+')
print(type(regex_obj))
```

运行代码，输出如下结果。

```
<class 're.Pattern'>
```

2. 全文匹配

如果希望从全部文本中匹配所有符合正则表达式的字符串，则可以使用 Pattern 对象的 findall()函数与 finditer()函数。其中，findall()函数用于获取目标文本中所有与正则表达式匹配的内容，并将所有匹配的内容以列表的形式返回；finditer()函数同样可以用于获取目标文本中所有与正则表达式匹配的内容，但会将匹配到的子串以迭代器的形式返回。以 findall()函数为例介绍全文匹配，findall()函数的声明如下。

```
findall(pattern, string, flags=0)
```

上述函数中，参数 pattern 表示一个正则表达式；参数 string 表示待匹配的文本；参数 flags 用于指定正则表达式匹配的模式，该参数的取值与 compile()函数中 flags 参数的取值相同。

下面以字符串“狗的英文：dog。猫的英文：cat。”为例，使用 findall()方法匹配该字符串中所有的汉字，示例代码如下。

```
import re
string = "狗的英文：dog。猫的英文：cat。"
reg_zhn = re.compile(r"[\u4e00-\u9fa5]+")
print(re.findall(reg_zhn, string))
```

在上述代码中，我们首先定义了一个字符串 string，然后使用 compile()函数创建了一个 Pattern 对象，用于匹配字符串中的中文字符，最后通过 findall()函数查找所有符合匹配规则的子串，并使用 print()函数输出。

运行代码，输出如下结果。

```
['狗的英文', '猫的英文']
```

4.3 XPath 与 lxml 库

正则表达式虽然可以处理包含了诸如 HTML 或 XML 内容的字符串，但只能根据文本的特征匹配字符串，而忽略字符串所包含的内容的真实格式。为了解决这个问题，Python 引入 XPath 以及支持 XPath 的第三方库 lxml，专门对 XML 或 HTML 格式的数据进行解析。接下来，本节将针对 XPath 和 lxml 的相关内容进行详细介绍。

4.3.1 XPath 简介

XPath 即 XML 路径查询语言（XML Path Language），是一种用于确定 XML 文档中部分节点位置的语言。它起初只支持搜索 XML 文档，更新后能支持搜索 HTML 文档。截至完稿时，XPath 的最新版本为 XPath3.1。

那么 XPath 是如何搜索 XML 或 HTML 文档呢？其实 XPath 基于 XML 或 HTML 的节点树，沿着节点树的节点关系定位到目标节点所在的位置，并选取节点或节点集。为了形象地描述出搜索节点的路径，XPath 提供了简洁明了的路径表达式，通过路径表达式可以快速地定位与选取 XML 或 HTML 文档中的一个节点或者一组节点集。

与正则表达式相比，路径表达式的搜索方式大不相同。在这里，我们借用一个形象的例子进行比较。假如我们把选取目标节点比作找金燕龙办公楼。如果我们通过正则表达式查找，则正则表达式会告诉我们办公楼有哪些特征，办公楼的左边有哪些建筑、右边有哪些建筑。这样的描述限定的查找范围比较宽泛，查找起来比较烦琐。如果我们通过路径表达式查找，则路径表达式会直接告诉我们办公楼的具体位置，即中国北京市昌平区建材城西路金燕龙办公楼。这样的描述更加精准、更易查找。

路径表达式描述了从一个节点到另一个节点或一组节点的路径。这些路径与在常规的计算机文件系统中见到的路径非常相似。例如，“/学生名单/班级/学生/籍贯”就是一个路径表达式，该路径表达式也是用“/”字符进行分隔的，只不过它分隔的是节点，而不是目录。接下来，通过一张示意图来描述 XML 文档、XML 节点树与路径表达式的关系，具体如图 4-1 所示。

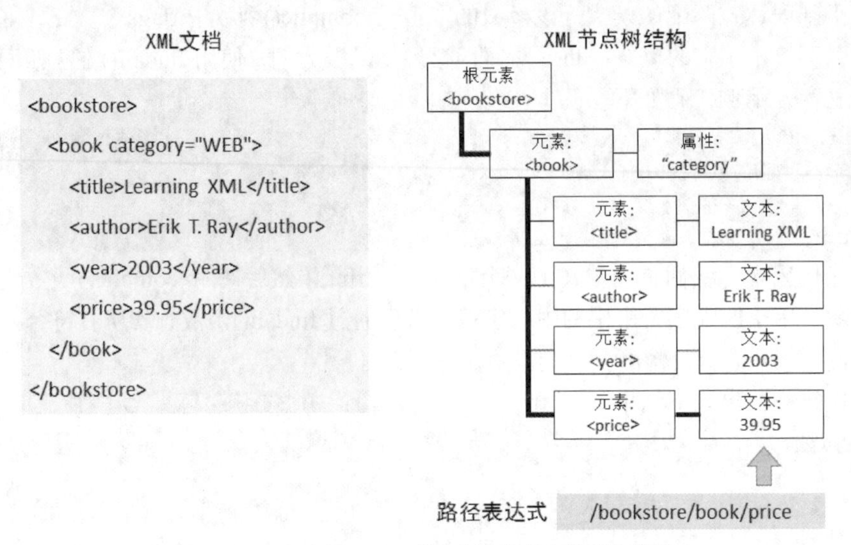

图 4-1　XML 文档、XML 节点树与路径表达式的关系

在图 4-1 中，从左到右、从上到下依次为 XML 文档、XML 节点树和路径表达式。其中，路径表达式为“/bookstore/book/price”，它对应的路径为 XML 节点树中加粗的线条，用于选取节点<price>对应的文本 39.95。

4.3.2 XPath 语法

我们如果要编写一个路径表达式，则要先了解 XPath 的语法，如此才能使用路径表达式正确地选取节点。路径表达式会从某个节点开始沿着节点树查找节点，直至找到目标节点。由于节点的多样性，为了帮助开发人员快速选取目标节点，XPath 提供了一套语法规则。下面从选取节点、谓语、选取未知节点、选取若干路径这 4 个方面介绍 XPath 的语法。

1. 选取节点

选取节点是最基础的操作之一。节点所在的路径既可以从根节点开始，也可以从任意位置开始。选取节点的表达式如表 4-3 所示。

表 4-3　选取节点的表达式

表达式	说明
节点名称	选取此节点的所有子节点
/	从根节点开始选取直接子节点，相当于绝对路径

续表

表达式	说明
//	从当前节点开始选取后代节点，相当于相对路径
.	选取当前节点
..	选取当前节点的父节点
@	选取属性节点

接下来，以 XML 文档 bookstore.xml 为例，为大家演示如何使用表 4-3 中的表达式选取 XML 文档中的节点。bookstore.xml 的具体内容如下。

```
<?xml version="1.0" encoding="ISO-8859-1"?>
<bookstore>
    <book>
        <title lang="eng">Harry Potter</title>
        <price>29.99</price>
    </book>
    <book>
        <title lang="eng">Learning XML</title>
        <price>39.95</price>
    </book>
</bookstore>
```

选取节点的示例代码如下。

```
1  bookstore            # 选取 bookstore 的所有子节点
2  /bookstore           # 选取根节点 bookstore
3  bookstore/book       # 从根节点 bookstore 开始，向下选取名为 book 的所有子节点
4  //book               # 从任意节点开始，选取名为 book 的所有子节点
5  bookstore//book      # 从 bookstore 的后代节点中，选取名为 book 的所有子节点
6  //@lang              # 选取所有名为 lang 的属性节点
```

在上述代码中，第 3 行、第 4 行的路径表达式具有相同的功能，都可以选取节点 book 的所有子节点。前者是从根节点开始沿着路径向下选取的，后者是从节点树的任意位置开始选取的。

2. 谓语

谓语是为路径表达式附加的条件，主要用于筛选当前被处理的节点集，选取出满足某个特定条件的节点，或者包含了指定属性或值的节点。谓语会嵌入方括号中，位于要补充说明的节点后面。带谓语的路径表达式的语法格式如下：

```
节点[谓语]
```

在上述格式中，方括号中的谓语可以是整数、属性、函数，也可以是整数、属性、函数与运算符组合的表达式。如果谓语是整数（从 1 开始），则这个数值将作为位置，用于从节点集中选取与该位置对应的节点；如果是属性，则会从节点集中选取包含该属性的节点；如果是函数，则会将该函数的返回值作为条件，从节点集中选取满足条件的节点。常用的 XPath 函数如表 4-4 所示。

表 4-4　常用的 XPath 函数

函数	说明
position()	返回当前被处理的节点的位置

续表

函数	说明
last()	返回当前节点集中的最后一个节点
count()	返回节点的总数目
max((arg,arg,...))	返回大于其他参数的参数
min((arg,arg,...))	返回小于其他参数的参数
name()	返回当前节点的名称
current-date()	返回当前的日期（带有时区）
current-time()	返回当前的时间（带有时区）
contains(string1,string2)	若 string1 包含 string2，则返回 True，否则返回 False

接下来，以前面的 bookstore.xml 为例，为大家演示带谓语的路径表达式的用法，具体代码如下。

```
/bookstore/book[1]                    # 选取属于 bookstore 子节点的第 1 个 book 节点
/bookstore/book[last()]               # 选取属于 bookstore 子节点的最后一个 book 节点
/bookstore/book[last()-1]             # 选取属于 bookstore 子节点的倒数第 2 个 book 节点
/bookstore/book[position()<3]         # 选取属于 bookstore 子节点的前两个 book 节点
//title[@lang]                        # 选取所有的属性名称为 lang 的 title 节点
//title[@lang= 'eng']    # 选取所有的属性名称为 lang 且属性值为 eng 的 title 节点
# 选取子节点 price 的值大于 35.00，且父节点为 bookstore 的所有 book 节点
/bookstore/book[price>35.00]
# 选取属于 book 的所有子节点 title，且节点 book 的子节点 price 的值必须大于 35.00
/bookstore/book[price>35.00]/title
```

3．选取未知节点

XPath 提供了选取未知节点的通配符和函数，关于它们的说明如表 4-5 所示。

表 4-5　选取未知节点的通配符和函数

通配符/函数	说明
*	匹配任何元素节点
@*	匹配任何属性节点
node()	匹配任何类型的节点

以前面的 XML 文档为例，演示表 4-5 中通配符和函数的用法，具体代码如下。

```
/bookstore/*                # 选取属于 bookstore 的所有子节点
//*                         # 选取文档中的所有节点
//title[@*]                 # 选取所有带有属性的节点 title
```

4．选取若干路径

在 XPath 中，我们可以使用“|”运算符连接多个路径表达式，根据多个路径选取对应的节点。以前面的 XML 文档为例，演示“|”运算符的用法，具体代码如下。

```
//book/title | //book/price       # 选取属于 book 的子节点 title 和 price
//title | //price                 # 选取所有 title 节点和 price 节点
# 选取属于/bookstore/book/的所有 title 节点和文档中的所有 price 节点
/bookstore/book/title | //price
```

4.3.3 XPath 开发工具

开发人员在编写网络爬虫程序时若遇到解析网页数据的问题，则需要花费大量的时间编写与测试路径表达式，以确认是否可以解析出所需要的数据。为帮助开发人员在网页上直接测试路径表达式是否正确，我们在这里推荐一款比较好用的 XPath 开发工具——XPath Helper。

XPath Helper 是一款运行在 Chrome 浏览器上的插件，它支持在网页上单击元素生成路径表达式，也支持对照网页源代码手动编写路径表达式。在使用 XPath Helper 进行测试之前，我们需要先在 Chrome 浏览器上添加 XPath Helper 插件。下面为大家分别介绍安装与使用 XPath Helper 插件。

1. 安装 XPath Helper 插件

安装 XPath Helper 插件的方式比较简单。我们既可以通过 Chrome 网上应用店进行安装，也可以通过下载到本地的 XPathHelper.crx 文件进行安装。在这里，我们以 XPathHelper.crx 文件为例演示如何安装 XPath Helper 插件，具体步骤如下。

（1）在 Chrome 浏览器的右上角单击“⋮”按钮，打开自定义及控制 Google Chrome 菜单，在该菜单中单击“更多工具”→“扩展程序”进入扩展程序页面，如图 4-2 所示。

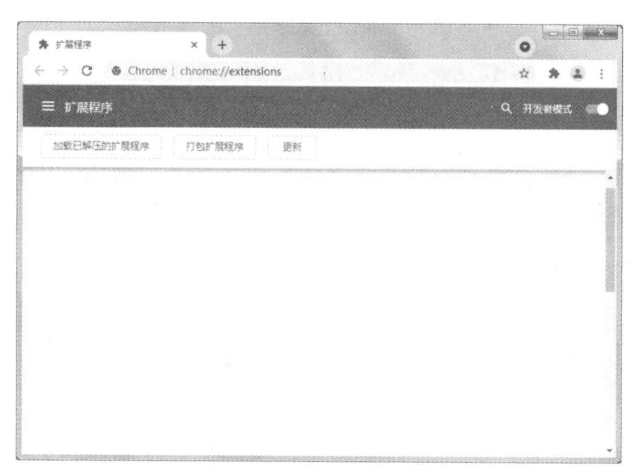

图 4-2　扩展程序页面

（2）将 XPathHelper.crx 文件拖入扩展程序页面，可以看到该页面中增加了扩展程序 XPath Helper，然后打开该扩展程序对应的开启按钮，此时扩展程序页面的右上角位置显示了 XPath Helper 的图标，如图 4-3 所示。

图 4-3　XPath Helper 的图标

（3）在图 4-3 中，单击图标可以看到浏览器顶部弹出一个 XPath Helper 界面，具体如图 4-4 所示。

图 4–4 XPath Helper 界面

在图 4-4 中，界面左侧的编辑区域用于输入路径表达式，右侧区域用于展示该路径表达式选取的结果，并且会将结果总数目（默认显示的值为 0）显示到 RESULTS 后面的括号里。

2. 使用 XPath Helper 插件

下面以豆瓣网站上喜剧电影排行榜页面为例，为大家分步骤演示如何使用 XPath Helper 工具测试路径表达式，具体步骤如下。

（1）在浏览器中打开豆瓣电影首页，在该页面中单击“排行榜”→“喜剧”进入喜剧电影排行榜首页。喜剧电影排行榜首页中默认展示 20 部电影，当滚动条滑至页面底部时，会有新的电影加载到页面中。在该页面顶部第一部电影名称“美丽人生”的上方单击鼠标右键，打开快捷菜单，在该菜单中选择“检查”。页面底部弹出了 Elements 的面板，并定位到了电影名称“美丽人生”对应元素源代码的位置，具体如图 4-5 所示。

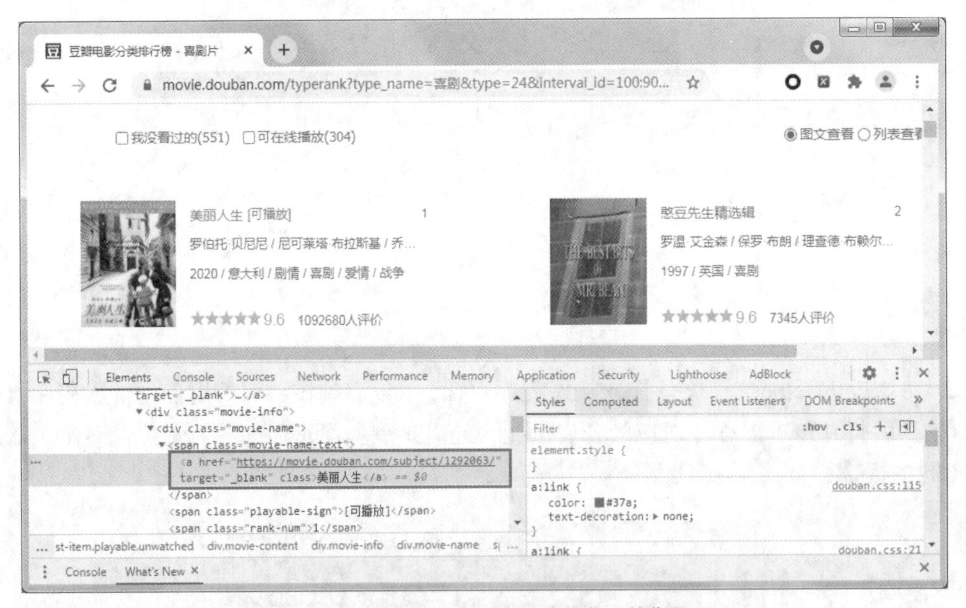

图 4–5 “美丽人生”对应元素源代码的位置

（2）分析图 4-5 中元素的层次结构后，推断出最终的路径表达式可以为：

```
//div[@class='movie-info']/div/span/a/text()
```

需要说明的是，路径表达式并不唯一，既可以是从根节点开始的绝对路径，也可以是从任意节点开始的相对路径。

（3）打开 XPath Helper 工具，在左侧的编辑区域中输入上述路径表达式。此时右侧区域中展示了路径表达式选取的结果及数目，如图 4-6 所示。

图 4-6　路径表达式选取的结果及数目（部分）

从图 4-6 中可以看出，根据左边的路径表达式，该页面展示了所有的电影名称。

4.3.4　lxml 库简介

为方便开发人员在程序中使用 XPath 的路径表达式提取节点对应的内容，Python 提供了第三方库 lxml。开发人员通过 lxml 库可以轻松地对 HTML 或 XML 文档中的目标节点进行定位并提取。这里以 4.6.3 版本的 lxml 库为例进行介绍。

在 lxml 库中，大多数有关解析网页数据的功能都封装到 etree 模块中，etree 模块包含了两个比较重要的类，它们分别是 ElementTree 类和 Element 类，关于这两个类的相关内容的介绍如下。

1. ElementTree 类

ElementTree 类的对象可以理解为一个 HTML 或 XML 文档的节点树。为方便开发者将 HTML 或 XML 文档转换为 ElementTree 类的对象，etree 模块中提供了一个 parse()函数。parse()函数的声明如下。

```
parse(source, parser=None, base_url=None)
```

上述函数中各参数的含义如下。

- source：必选参数，表示待解析的内容，该参数共支持 4 种类型的取值，它们分别是打开的文件对象（确保以二进制模式打开）、类似文件的对象、字符串形式的文件名称、字符串形式的 URL。
- parser：可选参数，表示解析器。若未指定解析器，则会使用默认的解析器；若希望指定其他解析器，则可以通过 help(etree.XMLParser)查看 lxml 支持的解析器。
- base_url：可选参数，表示基础 URL。

下面以 4.3.2 节中的 bookstore.xml 为例，演示如何根据该文档使用 parse()函数创建 ElementTree 类的对象，示例代码如下。

```
from lxml import etree
# 根据 bookstore.xml 文件创建 ElementTree 类的对象
ele_tree = etree.parse(r'bookstore.xml')
print(type(ele_tree))
```

运行代码，输出如下结果。

```
<class 'lxml.etree._ElementTree'>
```

此外，etree 模块还提供了 fromstring()函数、XML()函数和 HTML()函数。这 3 个函数也可以解析 HTML 或 XML 文档或片段，只不过在解析成功后返回根节点或者解析器目标返回的结果。其中，fromstring()函数和 XML()函数具有相同的功能，都可以从字符串变量中解析 XML 文档或片段；HTML()函数用于从字符串变量中解析 HTML 文档或片段，并能够自动补全文档或片段中缺少的<html>和<body>元素。

例如，使用 fromstring()函数解析 XML 片段，具体代码如下。

```
from lxml import etree
xml_doc = '''
<bookstore>
    <book>
        <title lang="eng">Harry Potter</title>
        <price>29.99</price>
    </book>
    <book>
        <title lang="eng">Learning XML</title>
        <price>39.95</price>
    </book>
</bookstore>
'''
# 从字符串 xml_doc 中解析 XML 片段
root_node = etree.fromstring(xml_doc)
print(root_node)
```

运行代码，输出如下结果。

```
<Element bookstore at 0x33d7a00>
```

从输出结果可以看出，程序输出了一个 Element 类的对象，该对象是根节点 bookstore。

2. Element 类

Element 类的对象可以理解为 XML 或 HTML 文档的节点。它与 Python 中的列表非常相似，可以使用诸如 len()方法、append()方法、remove()方法修改节点，也可以使用索引、切片获取节点集中的子节点。

例如，使用索引或切片获取 root_node 对象中的子节点，具体代码如下。

```
all_roots = root_node[:]          # 获取所有的子节点
print(all_roots)                  # 输出所有子节点
print(all_roots[0])               # 输出第 1 个子节点
print(all_roots[1])               # 输出第 2 个子节点
```

运行代码，输出如下结果。

```
[<Element book at 0x1f0b3839a80>, <Element book at 0x1f0b3839ac0>]
<Element book at 0x1f0b3839a80>
<Element book at 0x1f0b3839ac0>
```

除此之外，Element 类还提供了一些获取节点的属性，关于这些属性及其说明如表 4-6 所示。

表 4-6　Element 类中的属性及其说明

属性	说明
tag	获取节点的名称
text	获取第一个子元素之前的文本。若文本不存在，则获得的结果可以是字符串或 None
tail	获取在当前元素的结束标记之后且在下一个同级元素的开始标记之前的文本。若文本不存在，则获得的结果可以是字符串或 None
attrib	获取属性节点的字典

例如，获取 root_node 对象的名称，示例代码如下。

```
print(root_node.tag)
```

运行代码，输出如下结果。

```
bookstore
```

3. ElementTree 类或 Element 类的查找方法

ElementTree 类或 Element 类中提供了 3 个常用的查找方法，它们分别是 find()方法、findall()方法和 xpath()方法。关于 find()方法、findall()方法和 xpath()方法的介绍如下。

- find()方法：从节点树的某个节点开始查找，返回匹配到的第一个子节点。
- findall()方法：从节点树的某个节点开始查找，以列表的形式返回匹配到的所有子节点。
- xpath()方法：从节点树的根节点或某个节点开始查找，以列表的形式返回匹配到的所有子节点。

使用上述 3 个方法都可以接收 XPath 的路径表达式，并在调用成功后返回查找到的最终结果，不过，find()方法和 findall()方法只支持相对路径，xpath()方法支持相对路径和绝对路径。需要注意的是，若 find()方法未找到匹配项，则会返回 None；若 findall()方法和 xpath()方法未找到匹配项，则会返回一个空列表。

以 root_node 对象为例，分别使用以上 3 个方法查找第一个 price 节点的文本，示例代码如下。

```
res1 = root_node.find('.//price').text
print(res1)
res2 = root_node.findall('.//price')[0].text
print(res2)
res3 = root_node.xpath('.//price')[0].text
print(res3)
```

运行代码，输出如下结果。

```
29.99
29.99
29.99
```

4.4 Beautiful Soup 库

在使用 lxml 库解析网页数据时，每次都需要编写和测试 XPath 的路径表达式，显得非常烦琐。为了解决这个问题，Python 还提供了 Beautiful Soup 库提取 HTML 文档或 XML 文档的节点。Beautiful Soup 使用起来很便捷，受到了开发人员的推崇。接下来，本节先带领大家认识 Beautiful Soup，再为大家介绍如何使用 Beautiful Soup 解析网页数据。

4.4.1 Beautiful Soup 简介

Beautiful Soup 是一个用于从 HTML 文档或 XML 文档中提取目标数据的 Python 库。它历经了众多版本，其中 Beautiful Soup 3 已经停止开发与维护，官方推荐使用 Beautiful Soup 4（简称 bs4）进行程序开发。截至本书完稿时，Beautiful Soup 的最新版本是 4.4.0。

为了快速解析 HTML 文档或 XML 文档的数据，bs4 不仅提供了多种类型的解析器，还支持 CSS 选择器。bs4 通过解析器可以将 HTML 或 XML 文档、片段转换成节点树，节点树中的每个节点对应一个 Python 类的对象。bs4 库或 bs4.element 模块中提供了 Tag 类、NavigableString 类、BeautifulSoup 类、Comment 类等 4 个比较重要的类。关于这 4 个类的具体介绍如下。

- bs4.element.Tag 类：表示 HTML 或 XML 中的元素，是最基本的信息组织单元。它有两个非常重要的属性：表示元素名称的 name 和表示元素属性的 attrs。
- bs4.element.NavigableString 类：表示 HTML 或 XML 元素中的文本（非属性字符串）。
- bs4.BeautifulSoup 类：表示 HTML 或 XML 节点树中的全部内容，支持遍历节点树和搜索节点树的大部分方法。
- bs4.element.Comment 类：表示元素内字符串的注释部分，是一种特殊的 NavigableString 类的对象。

bs4 的用法非常简单，一般分为如下 3 个步骤。

（1）根据 HTML 或 XML 文档、片段创建 BeautifulSoup 类的对象。

（2）通过 BeautifulSoup 类的对象的查找方法或 CSS 选择器定位节点。

（3）通过访问节点的属性或节点的名称提取文本。

4.4.2 创建 BeautifulSoup 类的对象

要想使用 bs4 解析网页数据，需要先使用构造方法创建 BeautifulSoup 类的对象。BeautifulSoup 类的构造方法的声明如下。

```
BeautifulSoup(markup="", features=None, builder=None,
    parse_only=None, from_encoding=None, exclude_encodings=None,
    element_classes=None, **kwargs)
```

上述方法中常用参数的含义如下。

- markup：必选参数，表示待解析的内容，可以取值为字符串或类似文件的对象。
- features：可选参数，表示指定的解析器。该参数可以接收解析器名称或标记类型。其中，解析器名称包括 lxml、lxml-xml、html.parser 和 html5lib，标记类型包括 html、html5 和 xml。
- parse_only：可选参数，指定只解析部分文档。该参数需要接收一个 SoupStrainer 类的对象。当文档太大而无法全部放入内存时，便可以考虑只解析一部分文档。
- from_encoding：可选参数，指定待解析文档的编码格式。

值得一提的是，如果我们只需要解析 HTML 文档，那么在创建 BeautifulSoup 类的对象时可以不用指定解析器。此时 Beautiful Soup 会根据当前系统安装的库自动选择解析器。解析器的选择顺序为 lxml→html5lib→Python 标准库，但在以下两种情况下会发生变化。

- 要解析的文档是什么类型？目前支持 html、xml 和 html5。
- 指定使用哪种解析器？目前支持 lxml、html5lib 和 html.parser。

如果指定的解析器没有安装，那么 Beautiful Soup 会自动选择其他方案。不过，目前只有解析器 lxml 支持 XML 文档的解析。在当前系统中没有安装解析器 lxml 的情况下，即使创建 BeautifulSoup 对象时明确指定使用解析器 lxml，也无法得到解析后的内容。

下面通过一张表来区分上述 4 种解析器的优势与劣势，具体如表 4-7 所示。

表 4-7　4 种解析器的优势与劣势

解析器	优势	劣势
lxml（lxml 的 HTML 解析器）	（1）执行速度快； （2）文档容错能力强	需要安装 C 语言库

续表

解析器	优势	劣势
lxml-xml（lxml 的 XML 解析器）	（1）执行速度快； （2）唯一适用于 XML 文档的解析器	需要安装 C 语言库
html.parser（bs4 的 HTML 解析器）	（1）Python 内置的标准库； （2）执行速度适中； （3）文档容错能力强	Python 2.7.3 或 Python 3.2.2 之前的版本中，文档容错能力差
html5lib	（1）拥有 4 种解析器中最好的容错能力； （2）以浏览器的方式解析文档； （3）生成 HTML5 格式的文档	（1）执行速度慢； （2）不依赖外部扩展

接下来，通过一个例子来演示如何创建 BeautifulSoup 类的对象，具体代码如下。

```
1  from bs4 import BeautifulSoup
2  html_doc = """<html><head><title>The Dormouse's story</title></head>
3  <body>
4  <p class="title"><b>The Dormouse's story</b></p>
5  <p class="story">Once upon a time there were three little sisters;
6  and their names were
7  <a href="http://example.com/elsie" class="sister" id="link1">Elsie</a>,
8  <a href="http://example.com/lacie" class="sister" id="link2">Lacie</a> and
9  <a href="http://example.com/tillie" class="sister" id="link3">Tillie</a>;
10  and they lived at the bottom of a well.</p>
11  <p class="story">...</p>
12  """
13  # 根据 html_doc 创建 BeautifulSoup 类的对象，并指定使用 lxml 解析器解析文档
14  soup = BeautifulSoup(html_doc, features='lxml')
15  print(soup.prettify())
```

在上述示例代码中，第 1 行代码导入了 BeautifulSoup 类，第 2～12 行定义了变量 html_doc 保存 HTML 代码片段，第 14 行代码根据 html_doc 创建了一个 BeautifulSoup 类的对象，并指定使用解析器 lxml 来解析 HTML 文档，第 15 行代码输出了 soup.prettify()执行的结果，其中 prettify()方法会对 HTML 代码片段进行格式化处理，友好地显示 HTML 代码。

运行代码，输出如下结果。

```
<html>
 <head>
  <title>
   The Dormouse's story
  </title>
 </head>
 <body>
  <p class="title">
   <b>
    The Dormouse's story
   </b>
  </p>
   ……
 </body>
</html>
```

4.4.3 通过查找方法选取节点

BeautifulSoup 类提供了一些基于 HTML 或 XML 节点树选取节点的方法，其中比较主流的两个方法是 find()方法和 find_all()方法。find()方法用于查找符合条件的第一个节点；find_all()方法用于查找所有符合条件的节点，并以列表的形式返回。

由于 find()方法和 find_all()方法的参数相同，所以我们这里以 find_all()方法为例进行介绍。find_all()方法的声明如下。

```
find_all(self, name=None, attrs={}, recursive=True, text=None,
    limit=None, **kwargs)
```

上述方法包含了多个参数，每个参数接收值的类型不同，查找到的结果也会有所不同。接下来，分别对上述方法中的每个参数进行介绍。

1. 参数 name

参数 name 表示待查找的节点名称，它支持字符串、正则表达式、列表 3 种类型的取值。

（1）若值为字符串，则会查找名称与字符串完全相同的所有节点。例如，使用 4.4.2 节创建的 soup 对象调用 find_all()方法查找名称为 title 的节点，代码如下。

```
soup.find_all('title')
```

查找的结果如下。

```
[<title>The Dormouse's story</title>]
```

（2）若值为正则表达式，则会查找名称符合正则表达式模式的所有节点。例如，使用 soup 对象调用 find_all()方法查找 id 属性值中含有 link1 关键字的所有节点，代码如下。

```
soup.find_all(id=re.compile("link1"))
```

查找的结果如下。

```
[<a class="sister" href="http://example.com/elsie" id="link1">Elsie</a>]
```

（3）若值为列表，则会查找名称与列表中任一元素相同的所有节点。例如，使用 soup 对象调用 find_all()方法查找所有名称为 title 和 a 的节点，代码如下。

```
soup.find_all(["title", "a"])
```

查找的结果如下。

```
[<title>The Dormouse's story</title>, <a class="sister" href="http://example.
com/elsie" id="link1">Elsie</a>, <a class="sister" href="http://example.com/lacie"
id="link2">Lacie</a>, <a class="sister" href="http://example.com/tillie" id="link3">
Tillie</a>]
```

2. 参数 attrs

参数 attrs 表示待查找的属性节点，它接收一个字典，字典中的键为属性名称，值为该属性对应的值。例如，使用 soup 对象调用 find_all()方法查找属性名称为 id、值为 link1 的节点，代码如下。

```
soup.find_all(attrs={'id':'link1'})
```

查找的结果如下。

```
[<a class="sister" href="http://example.com/elsie" id="link1">Elsie</a>]
```

3. 参数 recursive

参数 recursive 表示是否对当前节点的所有子孙节点进行查找，其默认值为 True。如果只需要对当前节点的直接子节点进行查找，则可以将参数 recursive 的值设为 False。例如，使用 soup 对象调用 find_all()方法查找直接子节点 head，代码如下。

```
soup.html.find_all("head", recursive=False)
```

查找的结果如下。

```
[<head><title>The Dormouse's story</title></head>]
```

4. 参数 text

参数 text 表示待查找的文本节点，它也支持字符串、正则表达式、列表 3 种类型的取值，具有与 name 参数相同的用法。例如，使用 soup 对象调用 find_all()方法查找所有文本为 Elsie 的节点，代码如下。

```
soup.find_all(text="Elsie")
```

查找的结果如下。

```
['Elsie']
```

5. 参数 limit

参数 limit 表示待查找的节点数量。当在节点树中查找节点时，如果节点树非常大，那么查找的速度会非常慢。此时若不需要选取所有符合要求的结果，可以给参数 limit 指定值以限制结果的数量。一旦数量超过了参数 limit 的值，就会停止查找。参数 limit 与 SQL 语句中的 limit 子句具有类似的功能，都可以限制查找结果的最大数量。

例如，使用 soup 对象调用 find_all()方法查找至多 1 个节点 a，代码如下。

```
soup.find_all("a", limit=1)
```

查找的结果如下。

```
[<a class="sister" href="http://example.com/elsie" id="link1">Elsie</a>]
```

6. 参数**kwargs

参数**kwargs 支持以关键字形式传递的任意一个参数。在节点树中查找节点时，会将关键字参数的名称作为节点的属性名称，值作为属性值。例如，使用 soup 对象调用 find_all()方法查找属性名称为 id、值为 link3 的节点，代码如下。

```
soup.find_all(id='link3')
```

查找的结果如下。

```
[<a class="sister" href="http://example.com/tillie" id="link3">Tillie</a>]
```

当我们要查找的节点名称为 class 时，由于 class 属于 Python 中的关键字，所以我们需要在 class 的后面加上一条下画线。示例代码如下。

```
soup.find_all("p", class_="title")
```

查找的结果如下。

```
[<p class="title"><b>The Dormouse's story</b></p>]
```

4.4.4 通过 CSS 选择器选取节点

bs4 库除了提供上述查找方法以外，还提供了 CSS 选择器进行查找。那么，什么是 CSS 选择器呢？CSS 选择器，又称 CSS 属性选择器，是一种选择需设置样式的元素的模式。这种模式指定了样式作用于网页中的哪些元素，可以使用 CSS 选择器对 HTML 页面中的元素进行一对一、一对多或多对一的控制。

CSS 选择器有许多种类，常用的有类别选择器、元素选择器、ID 选择器和属性选择器，关于这 4 种选择器的介绍如下。

- 类别选择器：根据类名选择元素，类名前面标注“.”。例如，.intro 表示选择包含

class="intro"的所有元素。

- 元素选择器：根据元素名称选择元素。例如，p 表示选择所有 p 元素。
- ID 选择器：根据特定 ID 选择元素，ID 前面标注“#”。例如，#link1 表示选择特定 ID 的值为 link1 的元素。
- 属性选择器：根据元素的属性选择元素，属性必须用方括号包裹，既可以是标准属性，也可以是自定义属性。例如，[target=_blank]表示选择包含 target="_blank"的所有元素。

除此之外，这些选择器还可以组合使用，它们之间一般以空格进行分隔。不过，对于元素选择器和属性选择器来说，两者如果属于同一元素，在组合使用时则不需要加空格。例如，a[href="http://example.com/elsie"]。

为方便开发者在 bs4 库中使用 CSS 选择器，bs4 库的 BeautifulSoup 类提供了 select()方法。该方法会根据 CSS 选择器指定的模式选取目标元素，并将选出的元素存放到列表中。select()方法的声明如下。

```
select(self, selector, namespaces=None, limit=None, **kwargs)
```

select()方法中的 selector 参数表示 CSS 选择器，支持字符串类型的值。

下面以前面介绍的几种 CSS 选择器为例，为大家演示如何通过 select()方法选择目标元素，具体内容如下。

1. 通过类别选择器查找元素

调用 select()方法时可以传入一个类别选择器，通过指定的类名查找目标元素。例如，使用 soup 对象调用 select()方法查找类名称为 sister 的所有元素，代码如下。

```
soup.select('.sister')
```

查找的结果如下。

```
[<a class="sister" href="http://example.com/elsie" id="link1">Elsie</a>, <a class="sister" href="http://example.com/lacie" id="link2">Lacie</a>, <a class="sister" href="http://example.com/tillie" id="link3">Tillie</a>]
```

2. 通过元素选择器查找元素

调用 select()方法时可以传入一个元素选择器，通过元素的名称查找目标元素。例如，使用 soup 对象调用 select()方法查找所有名称为 title 的元素，代码如下。

```
soup.select("title")
```

查找的结果如下。

```
[<title>The Dormouse's story</title>]
```

3. 通过 ID 选择器查找元素

调用 select()方法时可以传入一个 ID 选择器，通过特定的 ID 名称查找目标元素。例如，使用 soup 对象调用 select()方法查找 ID 名称为 link1 的元素，代码如下。

```
soup.select("#link1")
```

查找的结果如下。

```
[<a class="sister" href="http://example.com/elsie" id="link1">Elsie</a>]
```

4. 通过属性选择器查找元素

调用 select()方法时可以传入一个属性选择器，通过指定的属性查找目标元素。例如，使用 soup 对象调用 select()方法查找属性名称为 href、值为 http://example.com/elsie 的元素，代码如下。

```
soup.select('[href="http://example.com/elsie"]')
```

查找的结果如下。

```
[<a class="sister" href="http://example.com/elsie" id="link1">Elsie</a>]
```

5. 通过组合的多个选择器查找元素

调用 select()方法时可以传入组合的多个选择器，通过指定的类名、元素名称、ID 或属性查找目标元素。例如，使用 soup 对象调用 select()方法查找 ID 值为 link1 的元素<a>，代码如下。

```
soup.select('a#link1')
```

查找的结果如下。

```
[<a class="sister" href="http://example.com/elsie" id="link1">Elsie</a>]
```

例如，使用 soup 对象调用 select()方法查找属性名称为 href、值为 http://example.com/elsie，且元素名称为 a 的元素，代码如下。

```
soup.select('a[href="http://example.com/elsie"]')
```

查找的结果如下。

```
[<a class="sister" href="http://example.com/elsie" id="link1">Elsie</a>]
```

此时可以遍历上面的列表，并调用 get_text()方法获取元素的文本，代码如下。

```
for element in soup.select('a[href="http://example.com/elsie"]'):
    print(element.get_text())
```

查找的结果如下。

```
Elsie
```

4.5 JSONPath 与 jsonpath 模块

除 HTML 和 XML 外，网页数据的常见格式还有 JSON。JSON 是一种使用广泛的结构化数据格式。它具有清晰的层次结构，可以采用类似 JSONPath 表达式对目标对象定位。Python 提供了支持 JSONPath 的模块 jsonpath。接下来，本节将针对 JSONPath 和 jsonpath 模块的相关知识进行详细介绍。

4.5.1 JSONPath 语法

JSONPath 可以看作定位目标对象位置的语言，适用于 JSON 文档。JSONPath 与 JSON 的关系相当于 XPath 与 XML 的关系，JSONPath 参照 XPath 的路径表达式，提供了描述 JSON 文档层次结构的表达式，通过表达式对目标对象定位。

JSONPath 遵循相对简单的语法，采用了更加友好的表达式形式。接下来，通过一张表列举 JSONPath 的语法，并与 XPath 语法进行对比介绍，如表 4-8 所示。

表 4-8　JSONPath 与 XPath 的语法对比

JSONPath	XPath	说明
$	/	选取根对象/根节点
@	.	选取当前对象/当前节点
.或[]	/	选取下级对象/子节点

续表

JSONPath	XPath	说明
不支持	..	选取父节点，JSONPath 不支持
..	//	选取所有符合条件的对象/节点
*	*	选取所有对象/节点
不支持	@	选取属性节点。由于 JSON 没有属性，所以 JSONPath 不支持
[]	[]	下标运算符
[,]	|	联合运算符
?()	[]	过滤操作
()	不支持	表达式计算
不支持	()	分组，JSONPath 不支持

接下来，以一个 JSON 文档为例，分别为大家演示如何使用 JSONPath 的表达式选取 JSON 文档的对象。JSON 文档的具体内容如下。

```
{
  "store": {
    "book": [
      { "category": "reference",
        "author": "Nigel Rees",
        "title": "Sayings of the Century",
        "price": 8.95
      },
      { "category": "fiction",
        "author": "J. R. R. Tolkien",
        "title": "The Lord of the Rings",
        "isbn": "0-394-19394-8",
        "price": 22.99
      }
    ],
    "bicycle": {
      "color": "red",
      "price": 19.95
    }
  }
}
```

通过 JSONPath 的表达式选取节点的示例代码如下。

```
# 选取 bicycle 对象中字段 color 的值
$.store.bicycle.color
# 选取 book 列表包含的所有对象
$.store.book[*]
# 选取 book 列表的第一个对象
$.store.book[0]
# 选取 book 列表中所有对象对应的字段 title 的值
$.store.book[*].title
# 选取 book 列表中字段 category 的值为 fiction 的所有对象
$.store.book[?(@.category=='fiction')]
# 选取 book 列表中所有 price 小于 10 的对象
```

```
$.store.book[?(@.price<10)]
# 选取 book 列表中所有含有 isbn 的对象
$.store.book[?(@.isbn)]
```

4.5.2 jsonpath 模块的使用

jsonpath 是解析 JSON 文档的模块，可以通过 JSONPath 的表达式从 JSON 文档中提取需要的数据。jsonpath 支持多种语言的实现版本，如 Python、JavaScript、PHP 和 Java。

值得一提的是，我们需要使用 pip 工具在本机环境中安装 jsonpath，完成安装后便可以使用 jsonpath 解析 JSON 文档，具体的安装命令为“pip install jsonpath”。

jsonpath 模块提供了一个重要的函数 jsonpath()。jsonpath()函数会根据 JSONPath 的表达式定位目标对象，并从目标对象中提取想要的数据。jsonpath()函数的声明如下。

```
jsonpath(obj, expr, result_type='VALUE', debug=0, use_eval=True)
```

上述函数中常用参数的含义如下。

- obj：必选参数，表示需要解析的对象。该参数支持的取值为 Python 对象。
- expr：必选参数，表示 JSONPath 表达式的字符串。
- result_type：可选参数，表示结果是匹配值或表达式。该参数支持 VALUE、PATH 两种取值。

以上函数会返回包含解析结果的列表。

为了帮助大家更好地进行理解，接下来，以 4.5.1 节的 JSON 文档为例，使用 jsonpath()函数对 4.5.1 节中的 JSONPath 表达式进行演示。假设变量 book_json 中保存了包含 JSON 文档内容的字符串，我们需要将 book_json 转换为 Python 对象，示例代码如下。

```
import json
import jsonpath
book_json = """JSON 文档字符串"""
books = json.loads(book_json)
```

在上述代码中，loads()函数是 json 模块的函数，用于将 JSON 格式的字符串转换为 Python 对象。经过上述操作，变量 books 保存了 JSON 字符串转换后的 Python 对象。

（1）选取 bicycle 对象中字段 color 的值，示例代码如下。

```
json_expression = "$.store.bicycle.color"
result = jsonpath.jsonpath(books, json_expression)
print(result)
```

运行代码，输出如下结果。

```
['red']
```

（2）选取 book 列表中包含的所有对象，示例代码如下。

```
json_expression = "$.store.book[*]"
result = jsonpath.jsonpath(books, json_expression)
print(result)
```

运行代码，输出如下结果。

```
[{'category': 'reference', 'author': 'Nigel Rees', 'title': 'Sayings of the Century',
'price': 8.95}, {'category': 'fiction', 'author': 'J. R. R. Tolkien', 'title': 'The Lord
of the Rings', 'isbn': '0-394-19394-8', 'price': 22.99}]
```

（3）选取 book 列表的第一个对象，示例代码如下。

```
json_expression = "$.store.book[0]"
```

```
    result = jsonpath.jsonpath(books, json_expression)
    print(result)
```

运行代码，输出如下结果。

```
    [{'category': 'reference', 'author': 'Nigel Rees', 'title': 'Sayings of the Century',
'price': 8.95}]
```

（4）选取 book 列表中所有对象的属性 title 的值，示例代码如下。

```
    json_expression = "$.store.book[*].title"
    result = jsonpath.jsonpath(books, json_expression)
    print(result)
```

运行代码，输出如下结果。

```
    ['Sayings of the Century', 'The Lord of the Rings']
```

（5）选取 book 列表中属性 category 的值为 fiction 的所有对象，示例代码如下。

```
    json_expression = "$.store.book[?(@.category=='fiction')]"
    result = jsonpath.jsonpath(books, json_expression)
    print(result)
```

运行代码，输出如下结果。

```
    [{'category': 'fiction', 'author': 'J. R. R. Tolkien', 'title': 'The Lord of the
Rings', 'isbn': '0-394-19394-8', 'price': 22.99}]
```

（6）选取 book 列表中所有 price 的值小于 10 的对象，示例代码如下。

```
    json_expression = "$.store.book[?(@.price<10)]"
    result = jsonpath.jsonpath(books, json_expression)
    print(result)
```

运行代码，输出如下结果。

```
     [{'category': 'reference', 'author': 'Nigel Rees', 'title': 'Sayings of the Century',
'price': 8.95}]
```

（7）选取 book 列表中所有包含 isbn 的对象，示例代码如下。

```
    json_expression = "$.store.book[?(@.isbn)]"
    result = jsonpath.jsonpath(books, json_expression)
    print(result)
```

运行代码，输出如下结果。

```
    [{'category': 'fiction', 'author': 'J. R. R. Tolkien', 'title': 'The Lord of the
Rings', 'isbn': '0-394-19394-8', 'price': 22.99}]
```

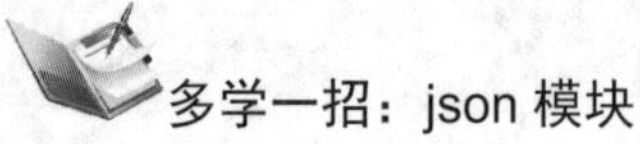

多学一招：json 模块

Python 自 2.6 版本开始加入了内置模块 json，使用该模块可以轻松地将 Python 对象编码转换为 JSON 格式的数据，也可以将 JSON 格式的数据解码转换为 Python 对象。前者对应的操作过程称为序列化，后者对应的操作过程称为反序列化。

json 模块中主要提供了 4 个函数，它们分别是 loads()函数、load()函数、dumps()函数和 dump()函数。其中，loads()函数和 load()函数用于实现反序列化的功能，dumps()函数和 dump()函数用于实现序列化的功能。下面将这 4 个函数两两分为一组进行介绍。

1. loads()函数和 load()函数

loads()函数和 load()函数都可以将 JSON 格式的数据转换为 Python 对象，JSON 数据类型向 Python 对象类型转换的对照表如表 4-9 所示。

表 4-9　JSON 数据类型向 Python 对象类型转换的对照表

JSON 数据类型	说明	Python 对象类型	说明
object	对象	dict	字典
array	数组	list	列表
string	字符串	str	字符串
number（int）	数字型	int	整型
number（real）	数字型	float	浮点型
true	布尔型	True	布尔型
false	布尔型	False	布尔型
null	空	None	空

loads()函数和 load()函数的作用相同，都可以实现反序列化操作，但两者的用法有一些区别：loads()函数需要接收字符串形式的 JSON 数据，而 load()函数需要接收文件形式的 JSON 数据。接下来，通过一个示例演示 loads()函数和 load()函数的用法，具体代码如下。

```
import json
# 将 JSON 对象转换为 Python 字典
result_dict = json.loads('{"city": "北京", "name": "小明"}')
print(result_dict)
result_dict = json.load(open("dict_str.json"))
print(result_dict)
```

运行代码，输出如下结果。

```
{'city': '北京', 'name': '小明'}
{u'city': u'\u5317\u4eac', u'name': u'\u5c0f\u660e'}
```

2. dumps()函数和 dump()函数

dumps()函数和 dump()函数都可以将 Python 类型的对象转换为 JSON 格式的数据，Python 对象类型向 JSON 数据类型转换的对照表如表 4-10 所示。

表 4-10　Python 对象类型向 JSON 数据类型转换的对照表

Python 对象类型	说明	JSON 数据类型	说明
dict	字典	object	对象
list，tuple	列表，元组	array	数组
str	字符串	string	字符串
int，float	整型，浮点型	number	数字型
True	布尔型	true	布尔型
False	布尔型	false	布尔型
None	空	null	空

dumps()函数和 dump()函数的用法类似 loads()函数和 load()函数。接下来，通过一个示例演示 dumps()函数和 dump()函数的用法，具体代码如下。

```
import json
# 将 Python 字典转换为 JSON 对象
demo_dict = {"city": "北京", "name": "小明"}
print(json.dumps(demo_dict))
```

```
# 将 Python 字典转换为 JSON 对象，并写入 dict_str.json 文件中
json.dump(demo_dict, open("dict_str.json","w"))
```

运行代码，输出如下结果。

```
{"city": "\u5317\u4eac", "name": "\u5c0f\u660e"}
```

从输出结果可以看出，中文字符并没有正常显示。之所以出现这种情况，是因为 dumps() 函数默认会以 ASCII 的方式处理中文字符。若希望能正常显示中文字符，则可以在调用 dumps() 函数时传入 ensure_ascii=False，以禁用 ASCII。修改后的代码如下。

```
print(json.dumps(demo_dict, ensure_ascii=False))
```

再次运行代码，输出如下结果。

```
{"city": "北京", "name": "小明"}
```

4.6 实践项目：采集黑马程序员论坛的帖子

在第 3 章中，我们开发了一个简单的项目，从黑马程序员论坛上抓取了 Python+人工智能技术交流版块网页的所有数据。接下来，本节将在第 3 章开发的项目基础上增加解析网页数据的功能，运用 XPath 技术从网页数据中提取帖子的详细信息。

【项目目标】

在浏览器中打开 Python+人工智能技术交流版块页面。该页面中显示了几十个帖子，每个帖子都以相同的布局方式显示了详细的信息，包括文章标题、发布时间、文章作者等。Python+人工智能技术交流版块页面如图 4-7 所示。

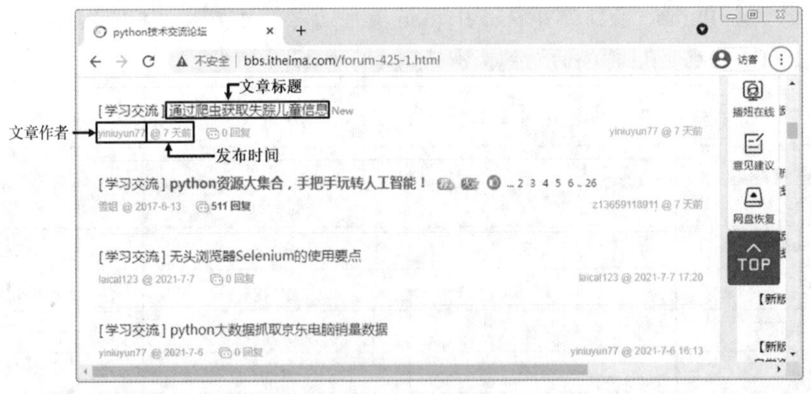

图 4-7 Python+人工智能技术交流版块页面

在图 4-7 中，位于“［学习交流］”后面的标注文本都是文章的标题，例如，“通过爬虫获取失踪儿童信息”；位于“[学习交流]”下面一行的第一个标注文本是文章作者，例如“yiniuyun77”；位于“[学习交流]”下面一行的第二个标注文本是文章发布时间，例如“@7 天前”。

此时单击每个文章的标题，会看到新窗口中展示的文章正文。例如，单击图 4-7 中的“通过爬虫获取失踪儿童信息”，会在浏览器的新窗口中打开文章正文的页面，如图 4-8 所示。

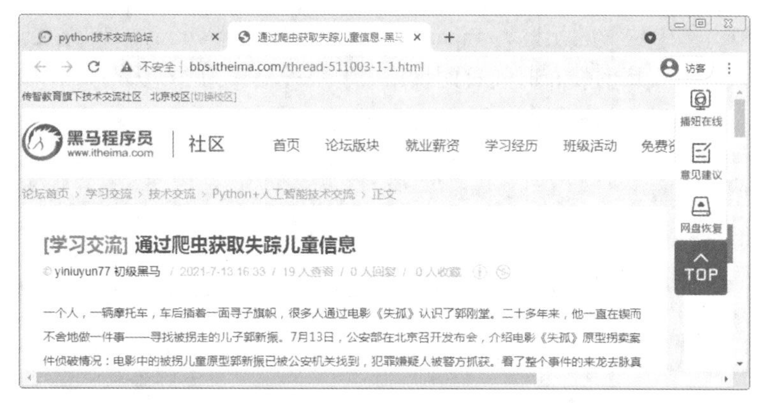

图 4-8　文章正文页面

在图 4-8 中，窗口顶部的地址栏中显示了文章链接。本项目要求采集文章标题、文章链接、文章作者和发布时间。

【项目分析】

在了解了项目目标之后，我们已经知道要提取网页上的哪些数据。如果要使用 XPath 技术提取文章标题、文章链接、文章作者和发布时间，那么需要对多个帖子对应的网页结构进行分析，并从中提炼出选取目标数据的路径表达式，分析过程具体如下。

（1）在图 4-7 所示的页面中，首先按 F12 键弹出了开发者工具，然后按 Ctrl+Shift+C 组合键进入 Elements 界面，在该界面中选择并单击任意一个文章标题，此时可以看见开发者工具上的 Elements 一栏中定位到了文章标题对应的元素。文章链接和文章标题对应的元素如图 4-9 所示。

图 4-9　文章链接和文章标题对应的元素

在图 4-9 中选中位置的元素为<a>，该元素的内容包含了文章链接和文章标题。

（2）使用与查看文章标题同样的方式，可以在源代码中定位到文章作者对应的元素，如图 4-10 所示。

```
Elements  Console  Sources  Network  Performance  Memory  Application
t" class="xi1">New</a>
▶<div class="forumsummary">…</div>
▼<div class="foruminfo">
  ▼<i class="z">
    ▼<a href="http://bbs.itheima.com/home.php?mod=space&uid=544587" c="1" mid="card_298
    1">
       <span style="margin-left: 0;">yiniuyun77</span> == $0    ← 文章作者
     </a>
```

图 4-10　文章作者对应的元素

在图 4-10 中，选中位置的元素为< span >，该元素的内容 yiniuyun77 是文章作者。

（3）在图 4-7 中，文章的发布时间有两种格式：一种格式为“×天前”，另一种格式为“×年-×月-×日”。关于这两种格式的发布时间对应的元素如图 4-11 所示。

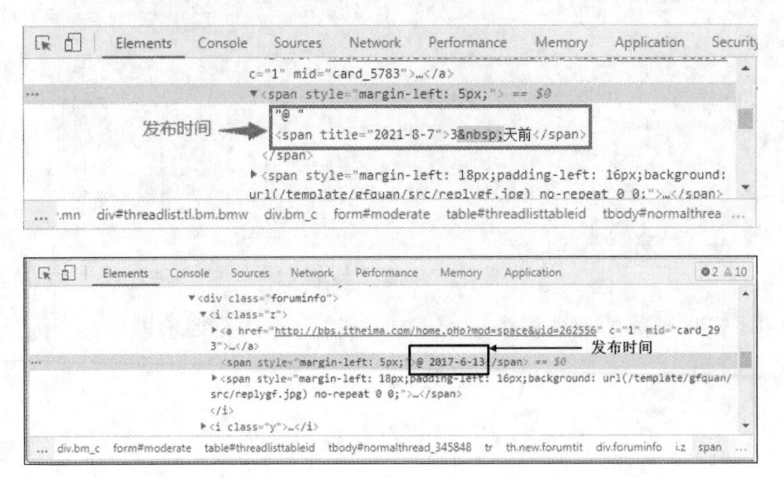

图 4-11　发布时间对应的元素

从图 4-11 中可以看出，若发布时间为“×天前”，则它对应的元素< span >中包含 title 属性，并且该属性的值为具体日期；若发布时间为“×年-×月-×日”，则它对应的元素< span >中没有 title 属性。由此可知，元素< span >中是否有 title 属性可以作为区分发布时间的依据。

（4）继续查看其他文章对应的源代码，可发现所有文章对应的源代码具有相同的结构，只是元素文本的内容不同。因此，我们只需要按照网页源代码的层次结构编写符合所有文章的路径表达式，便可以一次提取所有匹配的文本。

（5）打开 XPath Helper 工具，结合上述分析的结构编写和测试路径表达式，依次得出提取文章标题、文章链接、文章作者和发布时间的路径表达式。

文章标题的路径表达式如下：

```
//th[contains(@class,"new") and contains(@class,"forumtit")]./a[1]/text()
```

文章链接的路径表达式如下：

```
//th[contains(@class,"new") and contains(@class,"forumtit")]./a[1]/@href
```

文章作者的路径表达式如下：

```
//th[contains(@class,"new") and contains(@class,"forumtit")]./div[@class="foruminfo"]
//a/span/text()
```

发布时间的路径表达式按时间显示格式分为两种情况。

- 格式为“×天前”的路径表达式如下：

```
//th[contains(@class,"new") and contains(@class,"forumtit")].//div[2]/i/span[1]/
text()
```

- 格式为“×年-×月-×日”的路径表达式如下：

```
//th[contains(@class,"new") and contains(@class,"forumtit")].//div[2]/i/span[1]/
span/@title
```

【项目实现】

了解了网页的结构之后，接下来，使用 lxml 库对 Python+人工智能技术交流版块中所有页面的数据进行解析，并提取出帖子的详细信息，具体内容如下。

（1）使用 PyCharm 打开 heima_forum.py 文件，在该文件中导入 json、lxml 和 requests 模块，并定义一个用于请求黑马论坛页面的 load_page()函数，具体代码如下。

```
import json
from lxml import etree
import requests
def load_page(url):
    headers = {"User-Agent":
           "Mozilla/5.0 (compatible; MSIE 9.0; Windows NT 6.1; Trident / 5.0;"}
    request = requests.get(url, headers=headers)
    return request.text
```

在上述代码中，load_page()函数有一个 url 参数，该参数表示请求的具体 URL 地址。调用 load_page()函数会返回请求页面的网页源代码。

（2）定义用于解析网页数据的 parse_html()函数，该函数会使用 XPath 技术对 Python+人工智能技术交流版块所有页面的源代码进行解析，并从源代码中提取出文章标题、文章链接、文章作者和发布时间，具体代码如下。

```
1  def parse_html(html):
2      text = etree.HTML(html)
3      node_list = text.xpath('//th[contains(@class,"new") '
4                            'and contains(@class,"forumtit")]')
5      items = []        # 定义空列表，以保存元素的信息
6      num = 0           # 定义计数器，用于判断某天前条数
7      for node in node_list:
8          try:
9              # 文章标题
10             title = node.xpath('./a[1]/text()')[0]
11             # 文章链接
12             url = node.xpath('./a[1]/@href')[0]
13             # 文章作者
14             author = node.xpath(
15                         './div[@class="foruminfo"]//a/span/text()')[0]
16             # 发布时间（具体日期）
17             release_time = node.xpath('./div[2]/i/span[1]/text()'
18                                 )[0].strip().replace('@', '')
19             # 发布时间（某天前）
20             one_page = node.xpath('//div[2]/i/span[1]/span/@title')
21             if one_page:
22                 if num < len(one_page):
23                     release_time = node.xpath(
24                         '//div[2]/i/span[1]/span/@title')[num]
25             # 构建 JSON 格式的字符串
26             item = {
27                 "文章标题": title,
28                 "文章链接": url,
29                 "文章作者": author,
30                 '发布时间': release_time,
31             }
32             items.append(item)
```

```
33            num += 1
34        except Exception as e:
35            pass
36    return items
```

在上述代码中，第 3、4 行代码使用路径表达式//th[contains(@class,"new") and contains(@class,"forumtit")]从源代码中提取了所有文章对应的节点，并将所有文章信息保存在列表 node_list 中。

第 7～33 行代码首先遍历了列表 node_list，获取每篇文章的节点 node，然后使用前面测试的路径表达式从源代码中分别提取每篇文章标题 title、文章链接 url、文章作者 author 和发布时间 release_time，最后将每篇文章的详细信息保存到字典 item 中，将所有帖子的详细信息添加到列表 items 中。

其中，第 17～18 行代码根据路径表达式提取了发布时间。由于发布时间文本中包含@，所以我们在这里调用 replace()方法将“@”替换为空字符串。

第 20～24 行代码根据路径表达式提取了元素< span >中 title 属性的值。若 title 属性的值不为空，则说明当前显示的发布时间不是具体日期，此时需要判断通过路径表达式//div[2]/i/span[1]/span/@title 获取的数据条数是否大于计数器的值。如果大于，就根据计数器的值提取文章的发布时间。

（3）定义保存所有帖子信息的函数 save_file()，使用该函数可新建一个 JSON 文件，将采集后的数据保存到该文件中，具体代码如下所示。

```
def save_file(items):
    try:
        with open('heima.json', mode='w+', encoding='utf-8') as f:
            f.write(json.dumps(items, ensure_ascii=False, indent=2))
    except Exception as e:
        print(e)
```

（4）定义控制网络爬虫采集网页数据流程的函数 heima_forum()，具体代码如下。

```
def heima_forum(begin_page, end_page):
    li_data = []
    for page in range(begin_page, end_page + 1):
        url = f'http://bbs.itheima.com/forum-424-{page}.html'
        file_name = "正在请求第" + str(page) + "页"
        print(file_name)
        html = load_page(url)
        data = parse_html(html)
        li_data += data
    save_file(li_data)
```

在上述代码中，heima_forum()函数有 begin_page、end_page 两个参数，前者表示采集起始页，后者表示采集结束页。在该函数定义的 for 循环中，会循环拼接请求的 URL，以及调用请求网页的 load_page()函数、解析网页的 parse_html()函数。

（5）在 main 语句中，接收用户输入的起始页和结束页，并调用 heima_forum()函数开启网络爬虫，具体代码如下。

```
if __name__ == "__main__":
    begin_page = int(input("请输入起始页码："))
    end_page = int(input("请输入结束页码："))
    heima_forum(begin_page, end_page)
```

（6）运行程序，输入起始页码为 1，结束页码为 1，可以看到控制台输出了如下信息。

```
请输入起始页码：1
请输入结束页码：1
正在请求第 1 页
```

与此同时，程序所在的目录下增加了一个 heima.json 文件。heima.json 文件的部分内容如图 4-12 所示。

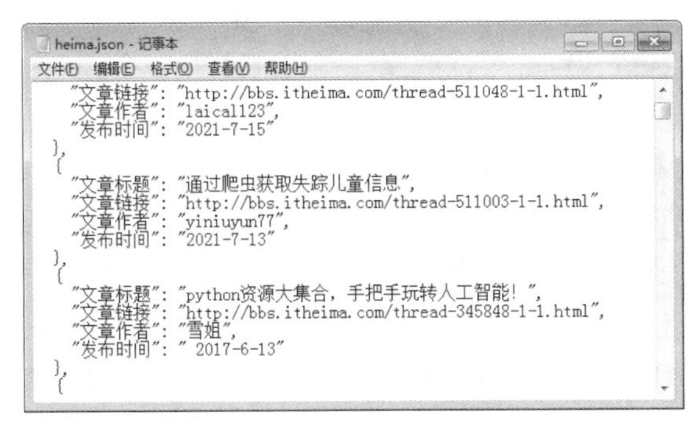

图 4-12　heima.json 文件的部分内容

由图 4-12 可知，程序成功地采集了文章标题、文章链接、文章作者和发布时间。

4.7　本章小结

在本章中，我们围绕解析网页数据的相关内容进行介绍，首先介绍了解析网页数据的技术，然后依次介绍了正则表达式与 re 模块、XPath 与 lxml 库、Beautiful Soup、JSONPath 和 jsonpath 模块，最后运用前面所学的知识开发了一个项目。希望读者通过本章内容的学习，可以掌握解析网页数据的几种方式。

4.8　习题

一、填空题

1. Xpath 可以从________或 XML 格式的数据中提取所需的数据。
2. 匹配以“py”开头的字符串的正则表达式为________。
3. ________是规定了一组文本模式匹配规则的符号语言。
4. 正则表达式的元字符________表示匹配前导字符 0 次或多次。
5. CSS 选择器包括类别选择器、元素选择器、ID 选择器和________。

二、判断题

1. JSONPath 只能解析 JSON 格式的数据。（　　）
2. XML 适合处理层次结构比较清晰的数据。（　　）
3. XPath 只支持搜索 XML 文档。（　　）

4. 通过 XPath 中的谓语可对节点集进行筛选。(　　)

5. Beautiful Soup 不能使用 CSS 选择器选取节点。(　　)

三、选择题

1. 下列选项中，不能用于解析网页数据的是（　　）。

A. lxml　　B. Beautiful Soup　　C. JSONPath　　D. Requests

2. 下列选项中，用于匹配任意数字的是（　　）。

A. \w　　B. \d　　C. \D　　D. \W

3. 下列选项中，用于在 XPath 中选取属性节点的是（　　）。

A. /　　B. //　　C. @　　D. #

4. 下列选项中，关于 re 模块的说法错误的是（　　）。

A. re 模块是 Python 中可操作正则表达式的模块

B. re 模块中的 compile()函数用于对正则表达式进行预编译

C. 使用 findall()方法或 finditer()方法可以获取所有与正则表达式匹配的内容

D. 使用 finditer()方法返回的是列表，使用 findall()方法返回的是迭代器

5. 下列选项中，关于 lxml 库的说法错误的是（　　）。

A. Element 类的 find()方法用于从根节点开始查找，并以列表形式返回匹配的节点

B. 使用 lxml 库可以对 HTML 文档或 XML 文档中的节点进行定位和提取

C. ElementTree 类的对象可以理解为 HTML 文档或 XML 文档的树结构

D. 使用 lxml 库可以对 HTML 文档缺少的<html>和<body>元素自动补全

四、简答题

1. 请简述解析网页数据常用的技术。

2. 请简述 Beautiful Soup 支持的解析器。

五、程序题

已知 hello.html 文件的内容如下。

```
<html><body><div>
    <ul>
        <li class="item-0"><a href="link1.html">first item</a></li>
        <li class="item-1"><a href="link2.html">second item</a></li>
        <li class="item-inactive"><a href="link3.html">third item</a></li>
        <li class="item-1"><a href="link4.html">fourth item</a></li>
        <li class="item-0"><a href="link5.html">fifth item</a></li></ul>
</div></body></html>
```

请使用 lxml 库分别按照如下要求查找 hello.html 文件中的指定节点。

（1）编写程序，查找所有名称为 li 的节点，并输出查找的结果。

（2）编写程序，查找 class 属性值为 item-0 的所有节点，并输出查找的结果。

（3）编写程序，查找<li>下 href 属性值为 link1.html 的名称为 a 的子节点，并输出查找的结果。

第5章

抓取动态网页数据

学习目标

- ◆ 了解抓取动态网页的技术，能够说出 Selenium 有哪些特点
- ◆ 掌握 Selenium 和 WebDriver 的安装与配置，能够独立安装 Selenium 和 WebDriver
- ◆ 掌握 Selenium 的基本使用，能够使用 Selenium 实现抓取动态网页数据的功能

通常，网站上动态网页的比例要远远高于静态网页。相比于静态网页，动态网页不会在加载完成后立即显示所有的内容，而会受时间、环境等因素的影响发生改变。此时再使用第 3 章的技术已经无法满足需求。为了抓取动态网页，Python 提供了 Selenium 库，通过该库可以模拟用户在浏览器上执行诸如单击按钮、输入文本等行为，获取网页上动态加载的数据。本章将针对抓取动态网页数据的内容进行介绍。

拓展阅读

5.1　抓取动态网页的技术

早期网站的页面一般都是静态网页，这种网页在浏览器中展示的内容都位于源代码中。随着主流网站中使用 JavaScript、AJAX 等技术展示的网页逐渐增多，很多动态网页的内容并不会直接显示在源代码中，而会随着用户操作、时间、环境等因素的不同发生改变。之所以出现这种情况，是因为这些网页可以和数据库进行交互。

某电商网站中产品页面的商品评论数据就是用 AJAX 技术请求的，不过即使我们可以找到请求这些评价数据的真正 URL 地址，也无法抓取这些商品评论数据。原因在于该页面的 AJAX 请求中包含了很多加密参数，我们难以直接找出加密的规律。

为了解决上述问题，我们可以使用模拟浏览器运行的方式访问网页，这样做就可以不用管网页内部是如何使用 JavaScript 渲染页面的，也不用管 AJAX 请求中到底有没有加密参数。在浏览器中看到的内容是什么样，抓取的结果便是什么样。Python 中提供了许多模拟浏览器运行的库，包括 Selenium、Splash、PyAutoGUI 等。关于 Selenium、Splash、PyAutoGUI 库的介绍如下。

1. Selenium

Selenium 是一个开源的便携式自动化测试工具。它最初是为网站自动化测试而开发的，类似于我们玩游戏用的按键精灵，可以按指定的命令自动操作。但不同的是，Selenium 支持与所有主流的浏览器（如 Chrome、Firefox、Edge、IE 等）配合使用，也包括 PhantomJS、Headless Chrome 等一些无界面的浏览器。

Selenium 可以直接运行在浏览器中，模拟用户使用浏览器完成一些动作，包括自动加载页面、输入文本、选择下拉列表框中的选项、单击按钮、单击超链接等。不过，Selenium 本身不带浏览器，它需要通过浏览器驱动程序 WebDriver 才能与所选浏览器进行交互。

2. Splash

Splash 用于 JavaScript 渲染服务，是一个带有 HTTP API 的轻量级 Web 浏览器，而且对接了 Twisted（事件驱动型网络引擎）和 Qt5（进行 Qt C++软件开发基本框架的最新版本）。Splash 实现了以下功能。

- 采用异步方式并行处理多个网页渲染过程。
- 获取渲染后页面的源代码或截图。
- 通过关闭图像或使用 Adblock Plus 规则加快页面渲染速度。
- 可执行特定的 JavaScript 脚本。
- 可以通过 Lua 脚本控制页面的渲染过程。
- 以 HAR（HTTP Archive）格式呈现获取渲染的详细过程。

3. PyAutoGUI

PyAutoGUI 是一个用于自动化测试的库，它可以使用 Python 程序控制鼠标和键盘自动与其他应用程序交互，支持 Windows、macOS、Linux 等平台。PyAutoGUI 具有以下一些特点。

- 移动鼠标指针并在其他应用程序的窗口中单击或输入文本。
- 向应用程序发送按键指令，如填写表格。
- 截取屏幕局部并发送一张图像，在屏幕上找到它。
- 定位应用程序的窗口，并移动、缩放、最大化、最小化或关闭该窗口（目前仅适用于 Windows 平台）。

由于 Selenium 库在互联网中的文档比较丰富，社区活动比较活跃，因此本书选用 Selenium 进行开发。Selenium 库本身不带浏览器，它与 WebDriver 配合可以开发一个功能强大的网络爬虫，实现抓取动态网页数据的功能。

5.2 Selenium 和 WebDriver 的安装与配置

在使用 Selenium 抓取动态网页的数据之前，我们需要在计算机上安装 Selenium 和配合它使用的浏览器驱动 WebDriver。为了避免后续在网络爬虫程序中重复指定 WebDriver 的执行路径，我们需要为 WebDriver 配置环境变量。接下来，我们分别对 Selenium 的安装、WebDriver 的安装、WebDriver 的配置进行介绍。

1. Selenium 的安装

Selenium 的安装方式非常简单：直接使用 pip 命令即可。具体的安装命令如下。

```
pip install selenium==3.141.0
```

上述命令执行完成之后，若命令提示符窗口中出现“Successfully installed selenium”的提示信息，则说明 Selenium 库成功安装。上述命令的执行结果如图 5-1 所示。

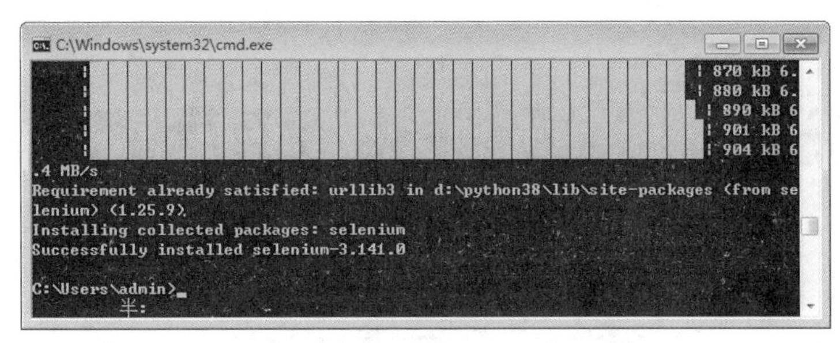

图 5-1　安装命令的执行结果

2. WebDriver 的安装

每种浏览器都对应一个特定的 WebDriver。WebDriver 称为驱动程序，用于实现 Selenium 与浏览器之间的交互。不同的浏览器使用的驱动程序不同，常见的浏览器及其对应的驱动程序如表 5-1 所示。

表 5-1　常见的浏览器及其对应的驱动程序

浏览器	驱动程序
Chromium/Chrome	ChromeDriver
Firefox	geckodriver
Edge	MicrosoftWebDriver
IE	IEDriverServer
Opera	operachromiumdriver
Safari	safaridriver

需要说明的是，不同版本的浏览器驱动程序支持的浏览器版本也不同。我们在下载浏览器驱动程序之前，需要先查看当前浏览器的版本号。下面以 Chrome 浏览器为例，为大家演示如何安装 Chrome 浏览器的驱动程序，具体步骤如下。

（1）单击 Chrome 浏览器右上角的“ ⋮ ”按钮打开自定义及控制 Google Chrome 的菜单，在该菜单中选择“帮助”→“关于 Google Chrome”，打开“关于 Chrome”页面，如图 5-2 所示。

图 5-2　“关于 Chrome”页面

由图 5-2 可知，当前使用的 Chrome 浏览器的版本号为 90。

（2）知道了 Chrome 浏览器的版本号后，便可以到 ChromeDriver 官方网站下载与 Chrome 浏览器版本对应的 ChromeDriver。ChromeDriver 的下载列表页面如图 5-3 所示。

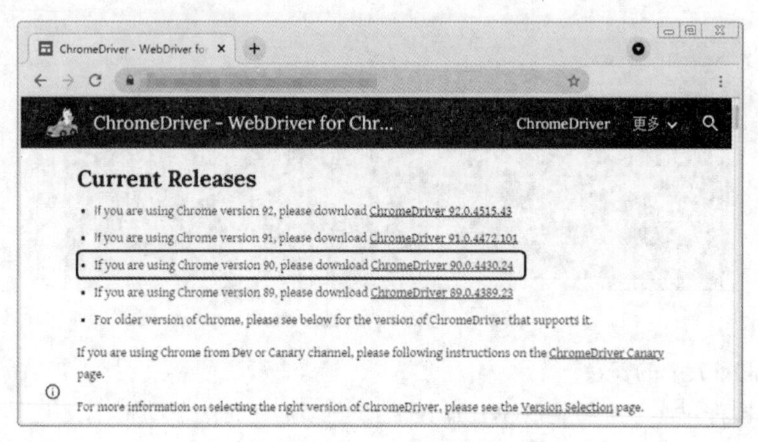

图 5-3　ChromeDriver 的下载列表页面

由于当前使用 90 版本的 Chrome 浏览器，所以我们在这里选择下载图 5-3 中标注的 90 版本的 ChromeDriver。

（3）单击图 5-3 中的“ChromeDriver 90.0.4430.24”，进入 ChromeDriver 的下载页面，如图 5-4 所示。

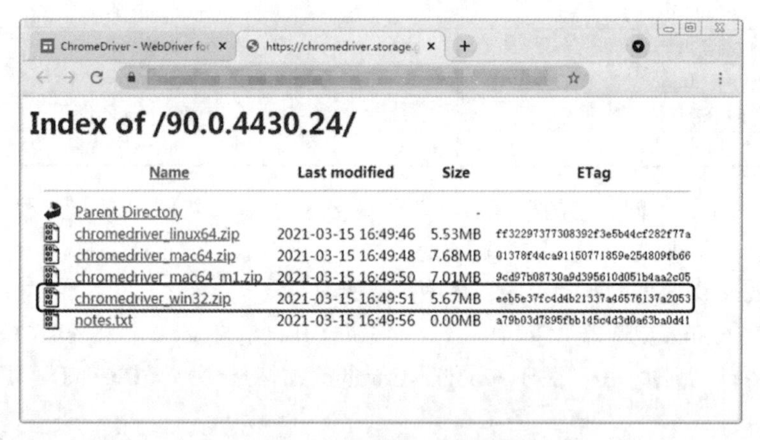

图 5-4　ChromeDriver 的下载页面

图 5-4 显示了 Linux、macOS 以及 Windows 操作系统的 ChromeDriver 的下载链接，其中 chromedriver_win32.zip 为支持 Windows 系统的 ChromeDriver 的下载链接。值得一提的是，通过图 5-4 中的 notes.txt 文件可以查看当前 ChromeDriver 版本支持的浏览器版本。

（4）单击图 5-4 中的“chromedriver_win_32.zip”链接，下载 ZIP 格式的压缩包到本地。在这里，我们可以将压缩包下载到 D:\ chromedriver 目录下，解压压缩包便可得到 chromedriver.exe 程序。

3. WebDriver 的配置

在程序中使用 WebDriver 时，既可以显式地指定 WebDriver 所在的执行目录，也可以将 WebDriver 配置到系统环境变量中。将 WebDriver 配置到系统环境变量中以后，在程序中再次使用 WebDriver 时，就不需要重复指定 WebDriver 的执行路径了。下面以 ChromeDriver 为例，为大家演示如何将 ChromeDriver 配置到系统环境变量中，具体步骤如下。

首先，在桌面上右击“计算机”图标打开快捷菜单，在该菜单中选择“属性”命令打开控制面板主页，在该页面的左侧选项列表中选择“高级系统设置”，弹出系统属性对话框。系统属性对话框如图 5-5 所示。

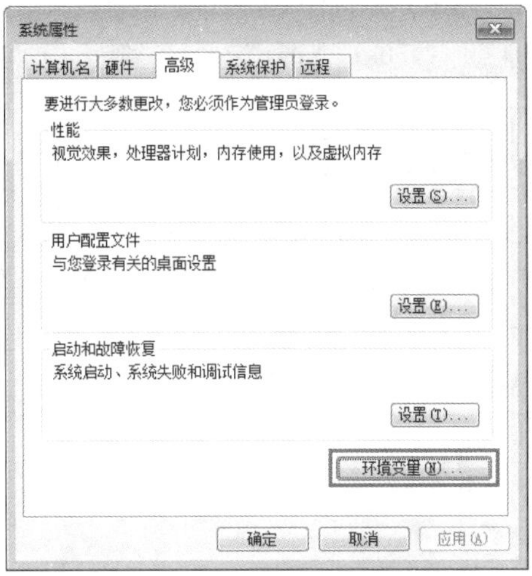

图 5-5　系统属性对话框

然后，单击图 5-5 中的“环境变量”按钮，弹出环境变量对话框，在该对话框的系统变量中找到“Path”变量并双击，弹出编辑系统变量对话框，将 ChromeDriver 的安装路径添加到变量值中。添加完 ChromeDriver 安装路径的对话框如图 5-6 所示。

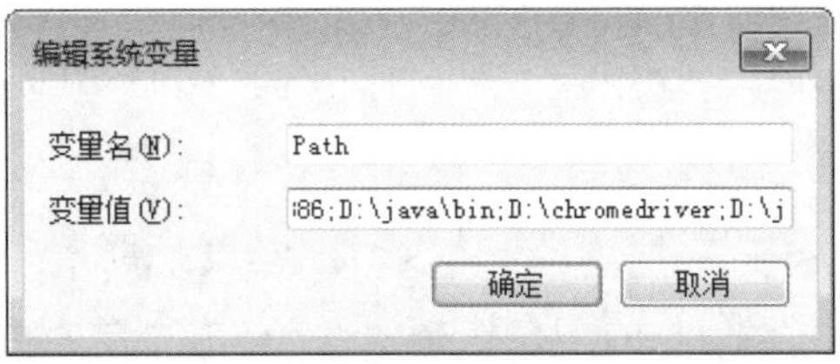

图 5-6　添加完 ChromeDriver 安装路径的对话框

最后，单击“确定”按钮即可完成环境变量的配置。

为了确保 ChromeDriver 已经成功配置到环境变量中，可打开命令行窗口，在该窗口中输入 chromedriver –version 命令。若命令执行后出现 ChromeDriver 的当前版本，则说明环境变量配置成功。

5.3 Selenium 的基本使用

Selenium 库提供了一个 webdriver 模块，利用该模块可以驱动浏览器执行特定的动作，例如，单击按钮、输入文本、翻页等。接下来，本节将对 Selenium 的基本使用方法进行介绍。

5.3.1 WebDriver 类的常用属性和方法

为模仿用户真实操作浏览器的基本过程，webdriver 模块的 WebDriver 类（表示浏览器）提供了一些执行诸如打开浏览器、关闭浏览器、刷新页面、前进、后退等入门操作的方法或属性。WebDriver 类的常用属性和常用方法分别如表 5-2 和表 5-3 所示。

表 5-2 WebDriver 类的常用属性

属性	说明
title	获取当前页面的标题
current_url	获取当前页面的 URL 地址

表 5-3 WebDriver 类的常用方法

方法	说明
get()	根据指定 URL 地址访问页面
maximize_window()	设置浏览器窗口最大化
forward()	页面前进
back()	页面后退
refresh()	刷新当前页面
save_screenshot()	截取当前浏览器窗口
quit()	在会话结束时退出浏览器
close()	关闭当前窗口

接下来，分别对 WebDriver 类的一些属性和方法的用法进行演示。

1. get()方法

get()方法用于操作浏览器访问网页。例如，使用 get()方法访问百度首页，具体代码如下。

```
from selenium import webdriver
driver = webdriver.Chrome()                          # 创建浏览器对象
driver.get("http://www.baidu.com")                   # 访问百度首页
```

运行代码，在计算机中自动打开 Chrome 浏览器，并访问了百度首页，如图 5-7 所示。

图 5-7 访问百度首页

2. maximize_window()方法

使用 Selenium 启动浏览器后，浏览器的窗口默认不是以最大化的形式显示的，此时调用

maximize_window()方法可以实现浏览器窗口最大化。例如，使用 driver 对象调用 maximize_window()方法将百度首页的窗口最大化，具体代码如下。

```
driver.maximize_window()                    # 设置浏览器窗口最大化
```

运行代码，发现百度页面窗口铺满了整个屏幕，同时隐藏了右侧和底部的滚动条。

3. forward()方法、back()方法和 refresh()方法

浏览器的左上方有 3 个常用的功能按钮，分别是←（后退）、→（前进）、C（刷新），具体如图 5-8 所示。

图 5-8　浏览器的后退、前进和刷新按钮

在图 5-8 中，单击后退按钮，可以将浏览器页面切换至上一个标签页；单击前进按钮，可以将浏览器页面切换至下一个标签页；单击刷新按钮，可以使浏览器重新加载当前页面。

使用 WebDriver 类的对象的 forward()方法、back()方法、refresh()方法可以让浏览器分别执行页面前进、页面后退和刷新当前页面的操作，示例代码如下。

```
driver.get("http://www.baidu.com")        # 访问百度首页
driver.get("https://www.jd.com/")         # 访问京东首页
driver.back()                             # 后退到百度首页
driver.forward()                          # 前进到京东首页
driver.refresh()                          # 刷新当前页面
```

运行代码，浏览器首先依次显示了百度首页、京东首页，执行页面后退操作后显示了百度首页，然后执行页面前进操作又显示了京东首页，最后刷新了京东首页。

4. title 属性

WebDriver 类的对象的 title 属性用于获取页面的标题。例如，访问 driver 对象的 title 属性用于获取京东首页的标题信息，示例代码如下。

```
print(driver.title)                       # 获取京东首页的标题信息
```

运行代码，输出如下结果。

```
京东(JD.COM)-正品低价、品质保障、配送及时、轻松购物!
```

通过查看京东首页的源代码可知，京东首页的标题为“京东（JD.COM）-正品低价、品质保障、配送及时、轻松购物!”。

5. current_url 属性

WebDriver 类的 current_url 属性用于获取当前页面的 URL 地址。例如，使用 driver 对象获取京东首页的 URL 地址，具体代码如下。

```
print(driver.current_url)                 # 获取当前页面的 URL 地址
```

运行代码，输出如下结果。

```
https://www.jd.com/
```

6. save_screenshot()方法

WebDriver 类的 save_screenshot()方法用于截取当前窗口并保存为 PNG 格式的图像文件。例如，使用 driver 对象截取浏览器当前显示的京东首页，具体代码如下。

```
driver.save_screenshot('jd.png')          # 将当前页面保存为 jd.png
```

运行代码，在程序的当前目录中增加 jd.png。打开该文件后的内容如图 5-9 所示。

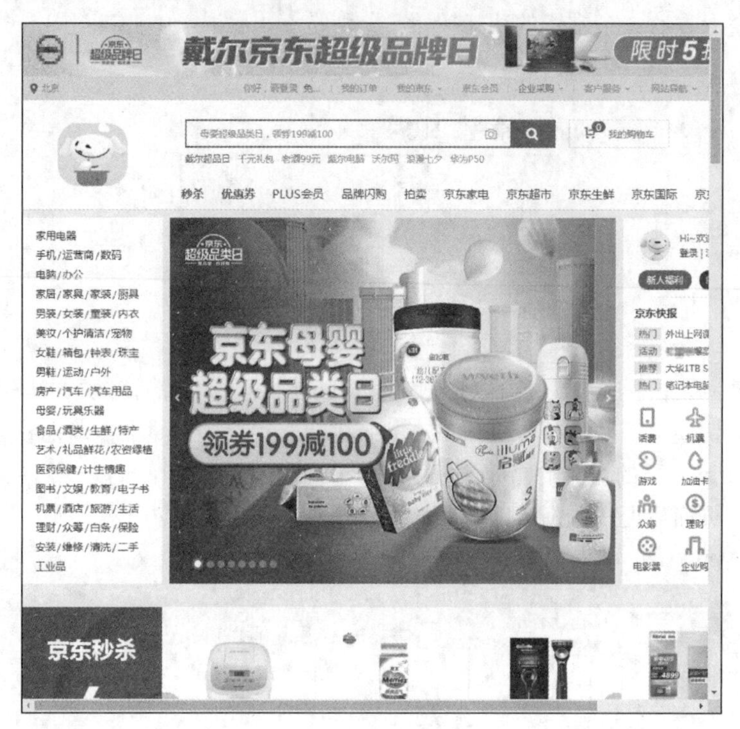

图 5-9　jd.png 文件的内容

5.3.2　定位元素

在使用 Selenium 时，往往需要先定位到指定的元素，再执行相应的操作。例如，在向文本框中输入文字之前定位到文本框对应的元素<input>之后，对该元素对应的对象执行输入文本的操作。

Selenium 的 WebDriver 类提供了定位元素的方法，这些方法按照元素的数量可以分为定位单个元素和定位多个元素。WebDriver 类中定位单个元素的方法如表 5-4 所示。

表 5-4　WebDriver 类中定位单个元素的方法

方法	说明
find_element()	通过指定方式定位元素
find_element_by_id()	通过 id 属性定位元素
find_element_by_name()	通过 name 属性定位元素
find_element_by_xpath()	通过 XPath 的路径表达式定位元素
find_element_by_link_text()	通过链接文本定位元素
find_element_by_partial_link_text()	通过部分链接文本定位元素

续表

方法	说明
find_element_by_tag_name()	通过标签名定位元素
find_element_by_class_name()	通过 class 属性定位元素
find_element_by_css_selector()	通过 CSS 选择器定位元素

表 5-4 中的所有方法都会返回 WebElement 类的对象，该对象用于描述网页上的一个元素。需要注意的是，表 5-4 中的方法只能定位第一次出现的元素。

如果希望定义符合条件的所有元素，就需要使用定位多个元素的方法。定位多个元素的方法名称与定位单个元素的方法名称相似，只需要将 element 设为复数形式 elements 即可。另外，定位多个元素的方法的返回值是包含所有符合元素的列表。

接下来，以表 5-4 中的部分方法为例，为大家演示如何使用 Selenium 定位元素。

1. 通过 id 属性定位元素

在 HTML 中，id 属性用于规定元素的唯一 ID。例如，百度新闻页面的分类标题对应着 id 属性值为 header-wrapper 的元素<div>，具体如图 5-10 所示。

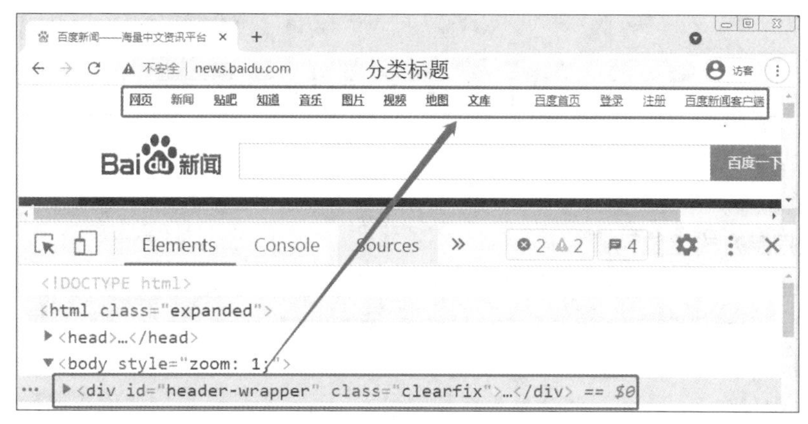

图 5-10 分类标题对应的元素

在 Selenium 中，使用 find_element_by_id()方法可以通过 id 属性定位元素，并返回匹配的元素，示例代码如下。

```
driver = webdriver.Chrome()
driver.get('http://news.baidu.com/')
# 通过 id 属性定位元素
element = driver.find_element_by_id('header-wrapper')
# 访问 text 属性输出元素的文本内容
print(element.text)
```

运行代码，输出如下结果。

```
百度新闻客户端
注册
……（部分省略）
地图
文库
```

2. 通过 class 属性定位元素

在 HTML 中，class 属性用于规定元素的一个或多个类名，大多数情况下用于指向样式表中的类。例如，豆瓣电影评论数据对应源代码的 class 属性值为 short 的元素<span>，具体如图 5-11 所示。

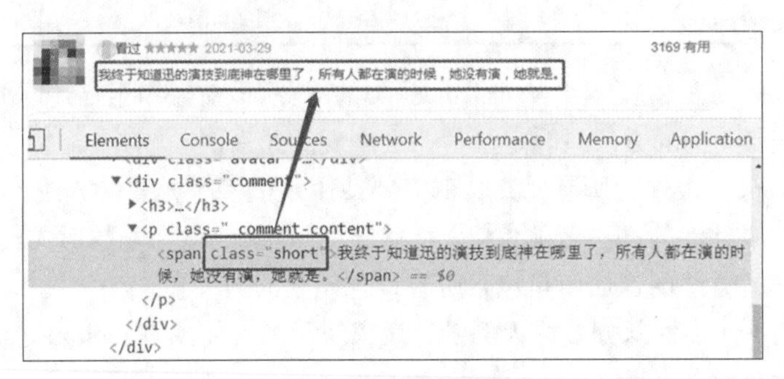

图 5-11 豆瓣电影评论数据

在 Selenium 中，使用 find_element_by_class_name()方法可以通过 class 属性定位元素，并返回匹配的元素，示例代码如下。

```
driver.get("https://movie.douban.com/subject/30279836/comments?status=P")
# 通过 class 属性定位元素
element = driver.find_element_by_class_name('short')
print(element.text)
```

运行代码，输出如下结果。

```
我终于知道迅的演技到底神在哪里了，所有人都在演的时候，她没有演，她就是。
```

3. 通过指定方式定位元素

find_element()方法是定位元素的通用方法。与其他几个方法相比，它有更加灵活的使用方式，可以通过参数指定定位方式。find_element()方法的声明如下。

```
find_element(self, by=By.ID, value=None)
```

上述方法中包含 by、value 两个参数，其中参数 value 表示元素的名称或属性的值，by 表示定位方式。参数 by 支持的取值及其说明如表 5-5 所示。

表 5-5 参数 by 支持的取值及其说明

取值	说明
By.ID	通过 id 属性定位元素
By.NAME	通过 name 属性定位元素
By.CLASS_NAME	通过 class 属性定位元素
By.TAG_NAME	通过标签名定位元素
By.LINK_TEXT	通过链接文本定位元素
By.PARTIAL_LINK_TEXT	通过部分链接文本定位元素
By.CSS_SELECTOR	通过 CSS 选择器定位元素
By.XPATH	通过 XPath 的路径表达式定位元素

例如，使用 find_element()方法定位豆瓣电影的评论数据中 class 属性值为 short 的元素，具体代码如下。

```
# 导入 By 类
```

```
from selenium.webdriver.common.by import By
# 通过 id 属性定位元素
element = driver.find_element(by=By.CLASS_NAME, value='short')
# 访问 text 属性输出元素中的文本内容
print(element.text)
```

运行代码，输出如下结果。

```
我终于知道迅的演技到底神在哪里了，所有人都在演的时候，她没有演，她就是。
```

5.3.3　鼠标操作

有些时候，我们需要在页面上模拟一些鼠标操作。常用的鼠标操作有双击、右击、拖曳、按住不动等，它们都封装为 ActionChains 类的方法。ActionChains 类中常用的鼠标操作方法如表 5-6 所示。

表 5-6　ActionChains 类中常用的鼠标操作方法

方法	说明
click()	单击鼠标左键
context_click()	单击鼠标右键
double_click()	双击
click_and_hold()	按住鼠标左键
move_to_element()	鼠标指针悬停
drag_and_drop()	拖曳网页中选定的元素并按住鼠标左键，移动到目标元素后释放鼠标按钮
drag_and_drop_by_offset()	拖曳网页中选定的元素并按住鼠标左键，移动指定的偏移量后释放鼠标按钮
move_by_offset()	将鼠标指针移动到当前鼠标指针位置的偏移处
send_keys()	发送某个键到当前焦点的元素
release()	释放按住的鼠标按钮
perform()	执行
pause()	暂停指定的时间，单位为秒

接下来，以表 5-6 中的部分方法为例，为大家演示如何使用 Selenium 实现单击鼠标左键、鼠标指针悬停、鼠标拖曳的功能。

（1）单击鼠标左键。

百度首页的右上角有一个“登录”按钮，用户单击该按钮后，首页中间会弹出登录框，具体如图 5-12 所示。

接下来，使用 ActionChains 类的 click()方法实现如图 5-12 所示的效果，示例代码如下。

```
from selenium import webdriver
from selenium.webdriver import ActionChains
driver = webdriver.Chrome()
driver.get('https://www.baidu.com/')
driver.maximize_window()
# 定位到“登录”按钮对应的元素
element = driver.find_element_by_id('s-top-loginbtn')
ActionChains(driver).click(on_element=element).perform()
```

图 5-12　页面中间弹出登录框

（2）鼠标指针悬停。

在某些页面中，鼠标指针悬停到某个内容上方时会展开一个新面板。例如，打开传智教育官网，将鼠标指针悬停在左侧菜单的 JavaEE 上方，展开了 JavaEE 对应的面板，具体如图 5-13 所示。

图 5-13　JavaEE 对应的面板

接下来，使用 ActionChains 类的 move_to_element()方法实现图 5-13 所示的效果，示例代码如下。

```
from selenium.webdriver import ActionChains
driver = webdriver.Chrome()
driver.get('http://www.itcast.cn/')
# 定位到 JavaEE 对应的元素
element = driver.find_element_by_class_name('a_gd')
# 将鼠标指针移动到指定的元素位置后悬停并执行
ActionChains(driver).move_to_element(element).perform()
```

（3）鼠标拖曳。

当网站的登录页面中出现了滑动验证码时，我们需要通过鼠标拖曳滑块完成验证。GitHub 网站上某个登录页面中的滑动验证码如图 5-14 所示。

图 5-14　滑动验证码

接下来，使用 ActionChains 类的 drag_and_drop_by_offset()方法实现拖曳图 5-14 中滑块的效果，具体代码如下。

```
from selenium import webdriver
from selenium.webdriver import ActionChains
import time
driver = webdriver.Chrome()
driver.get('https://portal.fuyunfeng.top/plugins_v2'
         '/index.html#/slider-verify-example')
# 定位元素
element = driver.find_element_by_xpath("//div[@id='circle']")
# 创建鼠标移动对象
action = ActionChains(driver)
# 按住鼠标左键
action.click_and_hold(element)
# 向右拖曳 100px
action.drag_and_drop_by_offset(element, 100, 0)
# 等待 2s
time.sleep(2)
action.perform()
```

运行代码，可以看到浏览器中显示了登录页面，并且验证码上方的滑块向右移动了一段距离后，出现“请正确拼合图像”的提示信息。

5.3.4　下拉列表框操作

在某些网页中，我们可能会碰到下拉列表框，此时可以根据自己的需求在下拉列表框中选择某一选项。在 HTML 中，元素<select>用于定义单选或多选的菜单，<select>中的元素<option>用于定义菜单中的可用选项。例如，下面是一个包含 4 个选项的下拉列表框示例，具体代码如下。

```
<!DOCTYPE html>
<html lang="en">
<body>
    <select>
        <option value="volvo">比亚迪</option>
```

```
        <option value="saab">奇瑞</option>
        <option value="opel">一汽红旗</option>
        <option value="audi">荣威</option>
    </select>
</body>
</html>
```

上述代码运行后，页面中会显示一个下拉列表框，如图 5-15 所示。

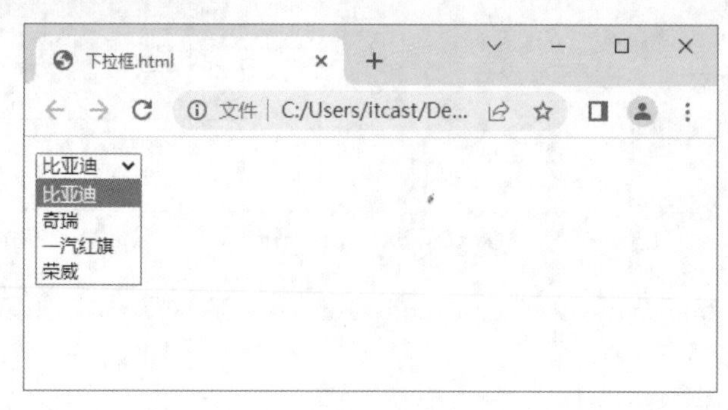

图 5-15 下拉列表框

在 Selenium 中，Select 类专门用于处理下拉列表框，该类提供了以下几个方法从下拉列表框中选择选项或取消选项。

- select_by_index()：根据索引选择下拉列表框中的选项，且索引是从 0 开始的。
- select_by_value()：根据值选择下拉列表框中的选项，这里的值是<option>元素中 value 属性的值，而不是下拉列表框中选项的值。
- select_by_visible_text()：根据文字选择下拉列表框中的选项，这里的文字是<option>元素的文本内容。
- deselect_all()：取消全部选择。

接下来，通过一个示例演示选择图 5-15 中下拉列表框的第 2 个选项，具体代码如下。

```
from selenium import webdriver
from selenium.webdriver.support.ui import Select
driver = webdriver.Chrome()
driver.get('C:/Users/sun/Desktop/下拉列表框.html')
# 找到下拉列表框元素
element = driver.find_element_by_tag_name('select')
select = Select(element)
# 选择下拉列表框的第 2 个选项
select.select_by_index(1)                          # 根据索引选择
```

5.3.5 弹出框处理

在一些网页中，我们执行诸如单击按钮等操作后会出现一个弹出框，弹出框中会有一些提示用户的信息与按钮。此时若对该弹出框不做任何处理，则无法对页面继续操作。使用 JavaScript 可以实现 3 种类型的弹出框，分别为警告框、确认框和提示框。Selenium 中的 Alert 类用于处理这 3 类弹出框。不过在处理弹出框之前，需要先使用 WebDriver 类的对象的 switch_to.alert 选中弹出框。关于警告框、确认框和提示框的处理介绍如下。

1. 警告框

警告框通常用于向用户发出警告消息。例如，某个文本框要求用户输入的内容不能为空，但用户在该文本框中未输入任何内容，此时网页会使用警告框发出警告消息。为保证用户看过警告消息，警报框仅给出一个“确定”按钮供用户单击以继续进行操作。警告框如图 5-16 所示。

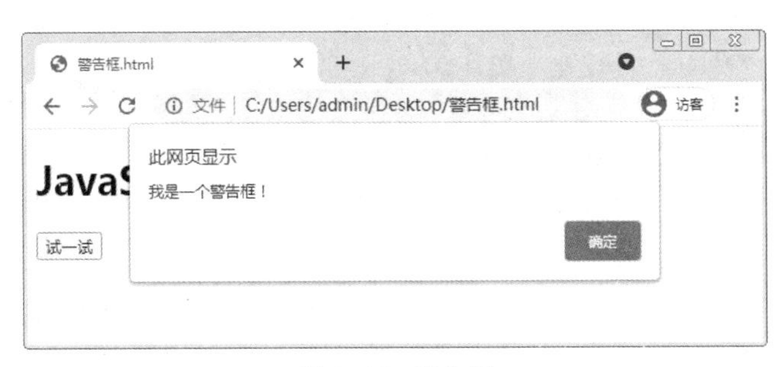

图 5-16　警告框

要想处理警告框，Selenium 的 Alert 类提供了 text 属性和 accept()方法，其中 text 属性用于获取警告框的警告消息；accept()方法用于单击“确定”按钮。接下来，通过一个示例实现图 5-16 所示的警告框效果，具体代码如下。

```
from selenium import webdriver
import time
driver = webdriver.Chrome()
driver.get('C:/Users/admin/Desktop/警告框.html')
element = driver.find_element_by_tag_name('button').click()
alert = driver.switch_to.alert                    # 选中警告框
print(alert.text)                                 # 输出警告框的文本内容
time.sleep(1)                                     # 等待页面加载
alert.accept()                                    # 单击“确认”按钮
```

运行代码，输出如下结果。

```
我是一个警告框!
```

与此同时，浏览器打开“警告框.html”，单击“试一试”按钮弹出警告框，之后单击警告框中的“确定”按钮后警告框消失。

2. 确认框

确认框通常用于验证是否接受用户操作。与警告框不同的是，确认框提供“确定”和“取消”两个按钮。确认框如图 5-17 所示。

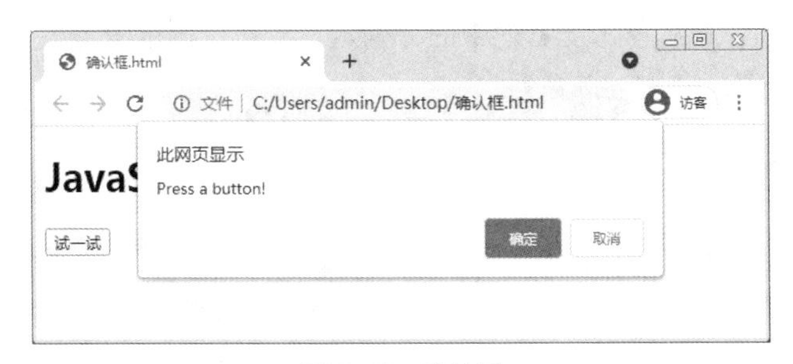

图 5-17　确认框

要想处理确认框，Selenium 的 Alert 类中提供了 text 属性、accept()方法和 dismiss()方法。其中，text 属性和 accept()方法与警告框的作用相同，dismiss()方法用于单击“取消”按钮。接下来，通过一个示例实现如图 5-17 所示的确认框效果，具体代码如下。

```
driver.get('C:/Users/admin/Desktop/确认框.html')
element = driver.find_element_by_tag_name('button').click()
alert = driver.switch_to.alert                        # 选中确认框
time.sleep(1)                                         # 等待页面加载
alert.dismiss()                                       # 单击“取消”按钮
```

运行代码，浏览器首先打开“确认框.html”，然后单击“试一试”按钮弹出确认框，最后单击确认框中的“取消”按钮后确认框消失，并在按钮下方显示提示信息“您按了取消。”

3. 提示框

提示框经常用于提示用户在进入页面前输入某个值。当提示框出现后，用户需要输入某个值，之后单击“确认”或“取消”按钮才能继续执行下一步操作。与确认框的不同之处在于，提示框需要用户输入文本内容。提示框如图 5-18 所示。

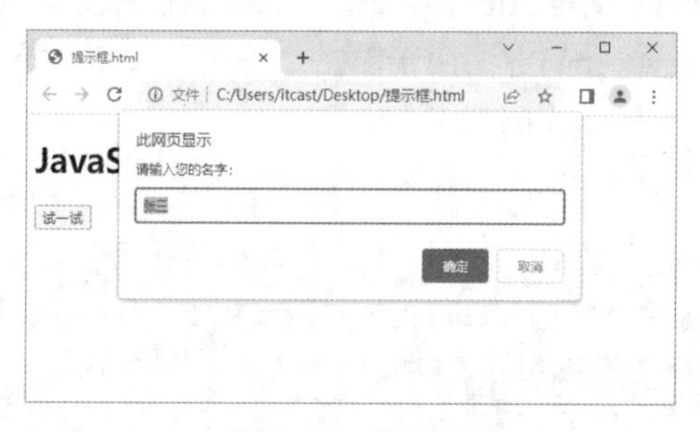

图 5-18　提示框

要想处理提示框，Selenium 的 Alert 类提供了 text 属性、accept()方法、dismiss()方法和 send_keys()方法。前 3 个属性或方法的作用与确认框的作用相同，send_keys()方法用于接收用户输入的内容。接下来，通过一个示例实现如图 5-18 所示的提示框效果，具体代码如下。

```
driver.get('C:/Users/admin/Desktop/提示框.html')
element = driver.find_element_by_tag_name('button').click()
alert = driver.switch_to.alert                        # 选中提示框
time.sleep(1)                                         # 等待页面加载
alert.send_keys('张三')                               # 接收用户输入的内容
alert.accept()                                        # 单击“确定”按钮
```

运行代码，浏览器首先打开“提示框.html”，然后单击“试一试”按钮弹出提示框，在提示框中输入“张三”，最后单击提示框中的“确定”按钮，提示框消失，并在按钮下方显示提示信息“你好，张三！今天过得好吗？”。

5.3.6　页面切换

在浏览器中可以同时打开多个窗口，但每次只能显示一个窗口的页面。若希望显示其他窗口的页面，则需要单击窗口上方的选项卡，达到页面切换的效果。例如，在浏览器中同时打开两个窗口，分别展示百度首页和百度新闻页面，当前窗口展示的页面为百度首页。单击百度新闻选项卡后，当前窗口展示的页面变为百度新闻页面，具体如图 5-19 所示。

图 5-19　将当前窗口切换至百度新闻页面

Selenium 通过窗口句柄来区分浏览器的窗口，它为每个浏览器窗口分配了唯一的句柄 ID，通过这个句柄 ID 可以切换到指定的页面。Selenium 的 WebDriver 类提供了一些操作窗口句柄的属性和方法，具体内容如下。

- window_handles 属性：用于获取所有窗口的句柄 ID。
- current_window_handle 属性：用于获取当前窗口的句柄 ID。
- switch_to.window()方法：跳转到指定窗口。

接下来，通过一个示例演示如何使用 Selenium 实现图 5-19 中页面切换的效果，具体代码如下。

```
from selenium import webdriver
import time
driver = webdriver.Chrome()
driver.get('https://www.baidu.com/')
element = driver.find_element_by_link_text('新闻').click()
print(f'当前窗口句柄为：{driver.current_window_handle}')
# 获取所有窗口的句柄 ID
print(f'所有窗口句柄为：{driver.window_handles}')
time.sleep(1)
# 跳转到第一个窗口
driver.switch_to.window(driver.window_handles[0])
```

运行代码，可以看到浏览器首先在一个窗口中显示了百度首页，然后在新的窗口中显示了百度新闻页面，等待 1 秒再次切换至百度首页。

与此同时，控制台输出了如下信息。

```
当前窗口句柄为：CDwindow-6A34A0580C20283F946BDDC97B14828F
所有窗口句柄为：['CDwindow-6A34A0580C20283F946BDDC97B14828F',
              'CDwindow-27DAE7C934A3260EDCA536EA9632EEDF']
```

5.3.7　页面等待

现在的网页越来越多地采用了 AJAX 技术，这样网络爬虫程序在操作网页时便不能确定何时某个元素能被完全加载出来。实际页面响应的时间过长，导致页面中的某个元素迟迟显示不出来，此时它若被程序引用，就会抛出 NoSuchElementException 异常。

为了避免程序引发 NoSuchElementException 异常，网络爬虫程序需要等待页面元素显示完整，即实现页面等待的效果。Selenium 提供了两种实现页面等待的方式，它们分别是隐式等待和显式等待。其中，隐式等待是等待特定的时间；显式等待是指定某一条件，直到这个条件成立后才继续执行。下面分别对隐式等待和显式等待进行介绍。

1. 隐式等待

隐式等待是设置一个全局最大等待时间，单位为秒（s）。在使用 WebDriver 类的对象定位元素时，给页面上的所有元素设置超时时间，超出了设置的时间就抛出 NoSuchElement Exception 异常。

隐式等待可以使用 WebDriver 类的 implicitly_wait()方法实现。implicitly_wait()方法使 WebDriver 类的对象在定位元素时，每隔一段特定的时间就轮询一次节点树，直到元素被发现为止。它的声明如下。

```
implicitly_wait(self, time_to_wait)
```

implicitly_wait()方法有一个参数 time_to_wait，该参数表示等待的时长，单位为秒。需要注意的是，隐式等待的时间一经设置，这个设置就会在 WebDriver 类的对象的整个生命周期起作用。

假设某网站提供了一个在线聊天窗口，实现用户与客服实时交流，不过这个聊天窗口并不是访问页面后立即出现，而是在浏览页面一段时间后才弹出。在线聊天窗口如图 5-20 所示。

图 5-20 在线聊天窗口

接下来，通过一个示例演示如何利用隐式等待的方式获取在线聊天窗口中的第一段文字，具体代码如下。

```
from selenium import webdriver
driver = webdriver.Chrome()
driver.get('http://www.itcast.cn/')
# 隐式等待,设置等待时间为 10s
driver.implicitly_wait(10)
# 聊天窗口是通过<iframe>标签创建的，因此需要定位到<iframe>标签
driver.switch_to.frame('chatIframe')
element = driver.find_element_by_class_name('service')
print(element.text)
```

运行代码，等待 10 秒左右，发现控制台输出的内容正是在线聊天窗口中的第一段文字。

2. 显式等待

显式等待是设定等待条件并设置最长等待时间，如果超出等待时间还没有找到元素，便会抛出异常。

在 Selenium 中，webdriver.support.ui 模块的 WebDriverWait 类用于处理显式等待，WebDriverWait 类构造方法的声明如下。

```
WebDriverWait(driver, timeout, poll_frequency= POLL_FREQUENCY,
                                    ignored_exceptions=None)
```

上述方法的参数含义如下。

- driver：WebDriver 的驱动程序。
- timeout：最长超时时间，默认以秒为单位。
- poll_frequency：休眠的间隔时间，默认为 0.5s。
- ignored_exceptions：超时后的异常信息，默认情况下抛出 NoSuchElementException 异常。

WebDriverWait 类的对象通常和 until()方法或 until_not()方法配合使用，这两个方法的作用相同，都用于在指定的时间内调用 WebDriver 对象定位元素，直到返回值不为 False 为止。until()方法或 until_not()方法有 method、message 两个参数，其中参数 method 表示可调用的 WebDriver 对象；message 表示设置的异常提示信息。

接下来，通过一个示例来演示如何通过显式等待的方式获取在线聊天窗口中的第一段文字，具体代码如下。

```
from selenium import webdriver
from selenium.webdriver.support.ui import WebDriverWait
driver = webdriver.Chrome()
driver.get('http://www.itcast.cn/')
driver.switch_to.frame('chatIframe')
element = WebDriverWait(driver, 10).until(
   lambda x: x.find_element_by_class_name("service"))
print(element.text)
```

运行代码，等待 10 秒左右，发现控制台输出的信息正是在线聊天窗口中的第一段文字。

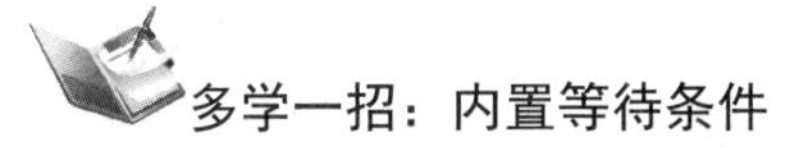

多学一招：内置等待条件

在 Selenium 中，webdriver.support.expected_conditions 模块提供许多内置等待条件，例如，判断页面元素是否加载到 DOM 中、元素是否可单击、标题内容是否包含预期内容等。内置等待条件如表 5-7 所示。

表 5-7　内置等待条件

等待条件	说明
title_is	判断页面标题是否为预期标题
title_contains	判断页面标题是否包含预期内容
presence_of_element_located	判断元素是否被加载到 DOM 中，传入定位元组，如(By.ID, "content")
visibility_of_element_located	判断元素是否可见，传入定位元组
visibility_of	判断元素是否可见，传入元素对象

续表

等待条件	说明
presence_of_all_elements_located	判断是否至少有一个元素加载到 DOM 中
text_to_be_present_in_element	判断某个元素的 text 是否包含预期的内容
text_to_be_present_in_element_value	判断某个元素的 value 属性是否包含预期的内容
frame_to_be_available_and_switch_to_it	判断 frame 是否可切换
invisibility_of_element_located	判断某个元素是否不在 DOM 中
element_to_be_clickable	判断某个元素是否可见并且可以单击
staleness_of	判断某个元素是否仍在 DOM 中
element_to_be_selected	判断某个元素是否被选中
alert_is_present	判断页面中是否存在警告

接下来，通过一个示例来演示如何使用 presence_of_element_located 等待聊天窗口加载，并获取在线聊天窗口中的第一段文字，具体代码如下。

```
from selenium import webdriver
from selenium.webdriver.support.ui import WebDriverWait
from selenium.webdriver.support import expected_conditions as EC
from selenium.webdriver.common.by import By
driver = webdriver.Chrome()
driver.get('http://www.itcast.cn/')
driver.switch_to.frame('chatIframe')
element = WebDriverWait(driver, 10).until(
    EC.presence_of_element_located((By.CLASS_NAME,"service")))
print(element.text)
```

运行代码，等待 10 秒左右，发现控制台输出的信息正是在线聊天窗口中的第一段文字。

5.4 实践项目：采集集信达平台的短信服务日志信息

随着企业业务扩张、短信规模化使用、传统短信平台的接入方式和单一的信息发送功能已不能满足现代企业管理的需求。入口统一、对接成本较小、操作与维护简单易行、稳定性和可靠性高的移动信息化应用成为短信平台发展趋势。

集信达平台就是融入这种趋势的一个简单易用的短信平台，能够保证短信准确且高效地发送。它提供多种对接方式，能够满足企业内部的各种需求。接下来，本节将使用 Selenium 抓取集信达平台上的短信服务日志信息。

【项目目标】

访问集信达平台的登录页面，此时可以使用平台上默认填写的账号密码进行登录。集信达平台的登录页面如图 5-21 所示。

在图 5-21 中，单击“登录”按钮进入集信达平台的项目课程简介页面，在该页面中单击“体验项目”按钮进入集信达平台的首页。在集信达平台首页的左侧菜单栏中选择“短信服务”→“服务日志”，进入短信服务日志页面，如图 5-22 所示。

图 5-21　集信达平台的登录页面

首页
短信服务
签名管理
模板管理
通道管理
应用管理
服务日志
营销短信
业务统计
Jackie Chan

接收日志　发送日志

签名名称：请输入　模板名称：请输入　创建时间：2021-0 - 2021-0　应用名称：请输入

搜索　重置

序号	创建时间	通道名称	签名名称	模板名称	应用	耗时（秒）	状态
1	2021-08-22 18:00:24	京东	企业云	集信达验证码	TMS	18	失败
2	2021-08-22 18:00:24	京东	企业云	集信达验证码	TMS	16	失败
3	2021-08-22 18:00:24	京东	企业云	集信达验证码	TMS	41	失败
4	2021-08-22 18:00:24	京东	闲云旅游	集信达验证码	黑马头条	24	失败
5	2021-08-22 18:00:23	京东	企业云	集信达验证码	TMS	35	失败
6	2021-08-22 18:00:23	京东	企业云	集信达验证码	TMS	40	失败

图 5-22　短信服务日志页面

在图 5-22 所示的页面中，默认显示的是接收日志的数据。我们可以通过设置签名名称、模板名称、创建时间以及应用名称这 4 个筛选条件来搜索指定的数据。在这里，我们设置搜索签名名称和应用名称均为“黑马头条”，此时单击“搜索”按钮后搜索到的部分数据如图 5-23 所示。

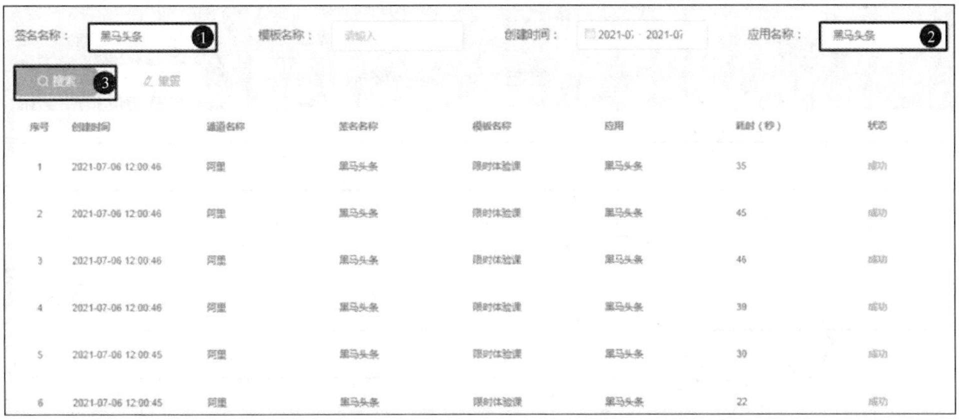

签名名称：黑马头条 ❶　模板名称：请输入　创建时间：2021-07 - 2021-07　应用名称：黑马头条 ❷

搜索 ❸　重置

序号	创建时间	通道名称	签名名称	模板名称	应用	耗时（秒）	状态
1	2021-07-06 12:00:46	阿里	黑马头条	限时体验课	黑马头条	35	成功
2	2021-07-06 12:00:46	阿里	黑马头条	限时体验课	黑马头条	45	成功
3	2021-07-06 12:00:46	阿里	黑马头条	限时体验课	黑马头条	46	成功
4	2021-07-06 12:00:46	阿里	黑马头条	限时体验课	黑马头条	39	成功
5	2021-07-06 12:00:45	阿里	黑马头条	限时体验课	黑马头条	30	成功
6	2021-07-06 12:00:45	阿里	黑马头条	限时体验课	黑马头条	22	成功

图 5-23　签名名称和应用名称均为“黑马头条”的部分数据

从图 5-23 所示页面可以看出，搜索结果中默认显示了第 1 页上面的 15 条短信服务日志信息，这些日志信息便是我们即将抓取的数据。

【项目分析】

明确了需要抓取的数据后，我们一起分析如何使用 Selenium 抓取这些数据，具体内容如下。

1. 登录集信达平台

在浏览器中访问集信达平台，首先会看到该平台的登录页面。由于登录页面中的账号与密码是默认显示的，无须用户手动输入，所以我们只需要通过 XPath 的路径表达式定位到“登录”按钮对应的元素，再使用 Selenium 执行单击“登录”按钮的操作，即可进入集信达平台的项目课程简介页面。

“登录”按钮对应的元素代码如图 5-24 所示。

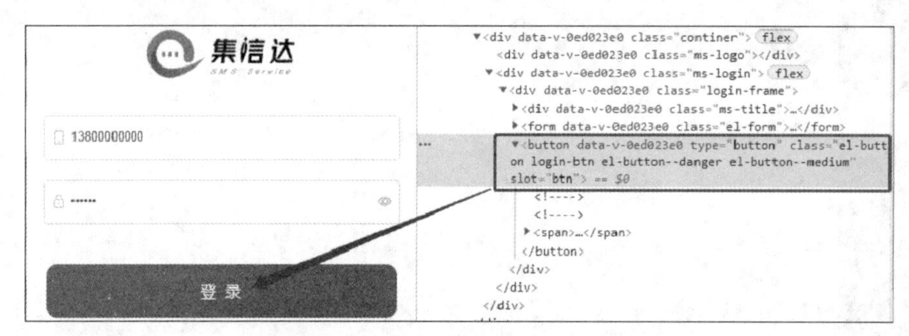

图 5-24　“登录”按钮对应的元素代码

2. 单击体验项目

在集信达平台的项目课程简介页面单击“体验项目”按钮即可进入集信达平台的首页。我们需要通过 XPath 的路径表达式定位到“体验项目”按钮对应的标签，然后使用 Selenium 执行单击“体验项目”按钮的操作。

“体验项目”按钮对应的元素代码如图 5-25 所示。

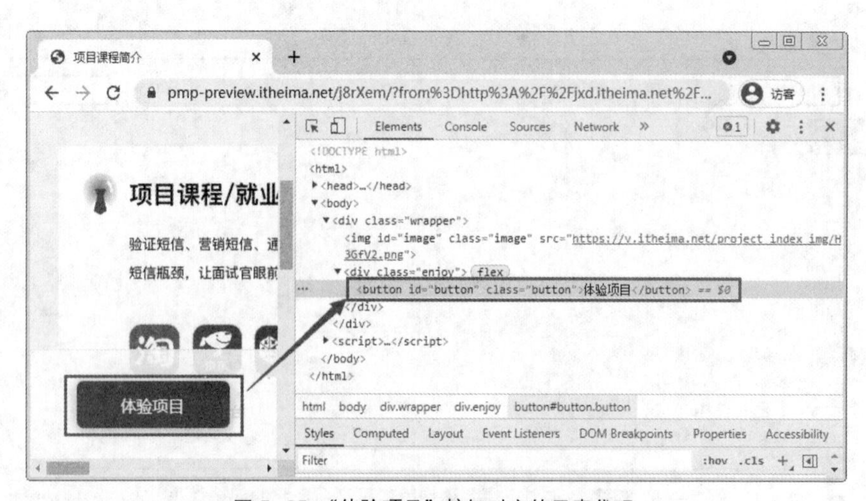

图 5-25　“体验项目”按钮对应的元素代码

3. 单击“短信服务”和“服务日志”选项

由于抓取的数据在服务日志页面中，所以打开集信达平台首页后，还需要通过 XPath 的路径表达式分别定位到“短信服务”和“服务日志”选项对应的元素，再使用 Selenium 依次执行单击这两个选项的操作，即可打开短信服务日志页面。

“短信服务”和“服务日志”选项对应的元素代码如图 5-26 所示。

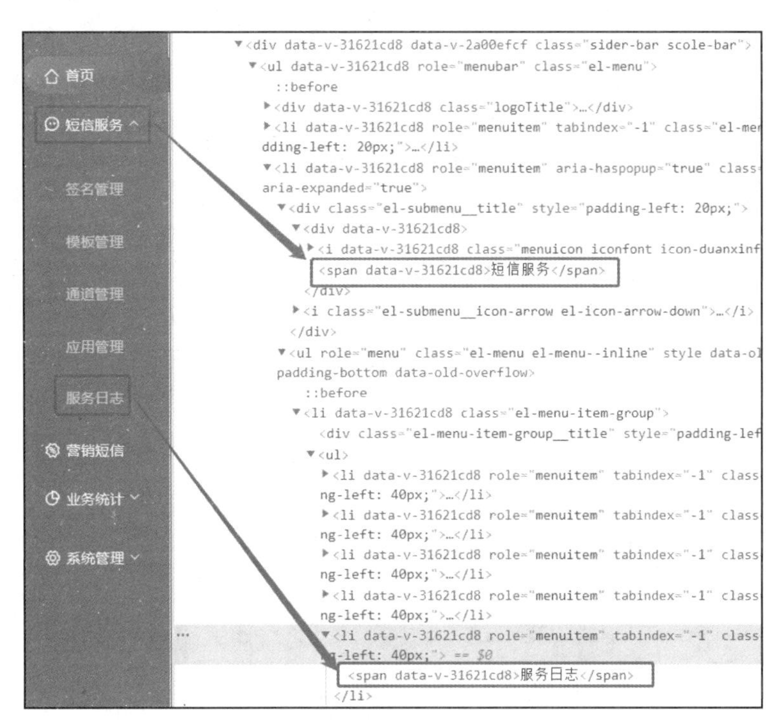

图 5-26　“短信服务”和“服务日志”选项对应的元素代码

4. “签名名称”文本框和“应用名称”文本框中输入“黑马头条”

打开短信服务日志页面后，还需要通过 XPath 的路径表达式确定“签名名称”和“应用名称”文本框的位置。确定位置之后使用 Selenium 执行输入“黑马头条”的操作。

“签名名称”文本框对应的元素代码如图 5-27 所示。

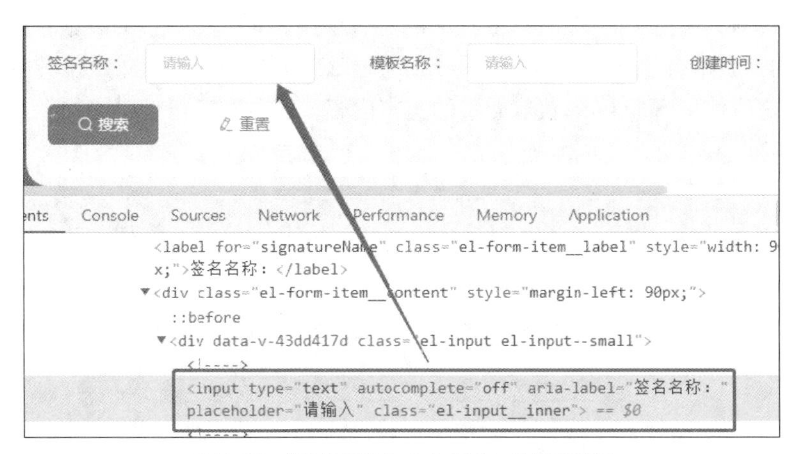

图 5-27　“签名名称”文本框对应的元素代码

“应用名称”文本框对应的元素代码如图 5-28 所示。

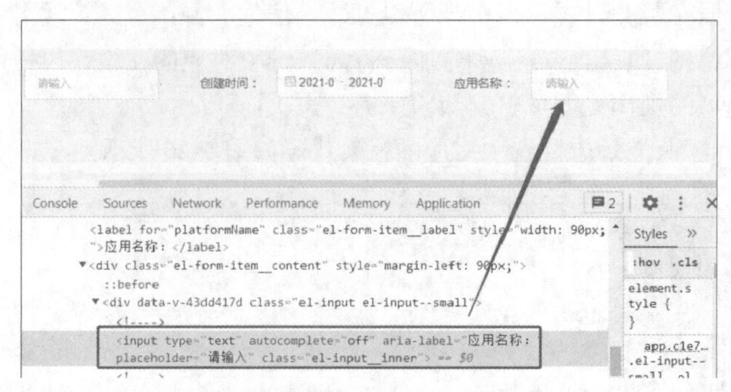

图 5-28 “应用名称”文本框对应的元素代码

5. 单击短信服务日志页面的搜索按钮

在“签名名称”和“应用名称”的文本框中依次输入“黑马头条”之后，单击“搜索”按钮后发现，短信服务日志页面显示需要抓取的数据。我们需要先通过 XPath 的路径表达式定位到“搜索”按钮对应的元素，之后使用 Selenium 实现单击“搜索”按钮的操作。

“搜索”按钮对应的元素代码如图 5-29 所示。

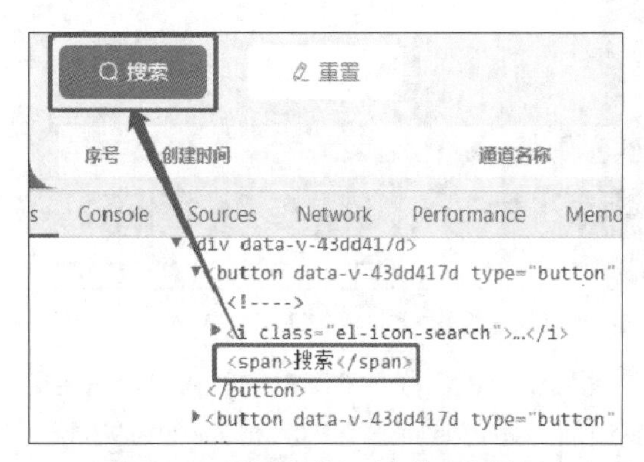

图 5-29 “搜索”按钮对应的元素代码

6. 抓取表格数据

搜索后的数据其实位于一个 16 行 8 列的网页表格中，其中第一行的数据对应着表头，剩余的 15 行数据是表格行。我们在这里需要分别通过 XPath 的路径表达式定位到表头和表格行对应的元素，之后使用 Selenium 获取元素的文本内容。表头和表格行对应的元素代码分别如图 5-30 和图 5-31 所示。

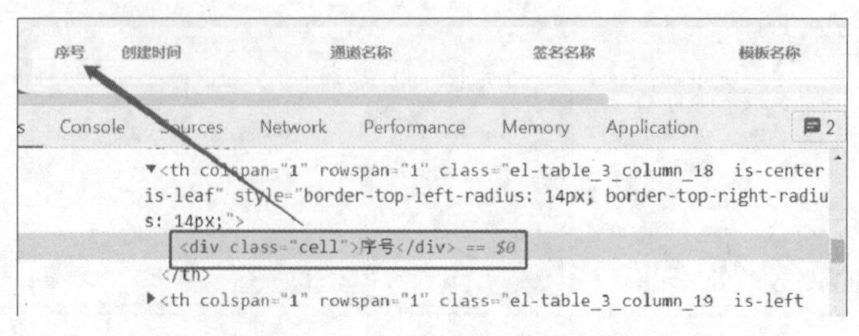

图 5-30 表头对应的元素代码

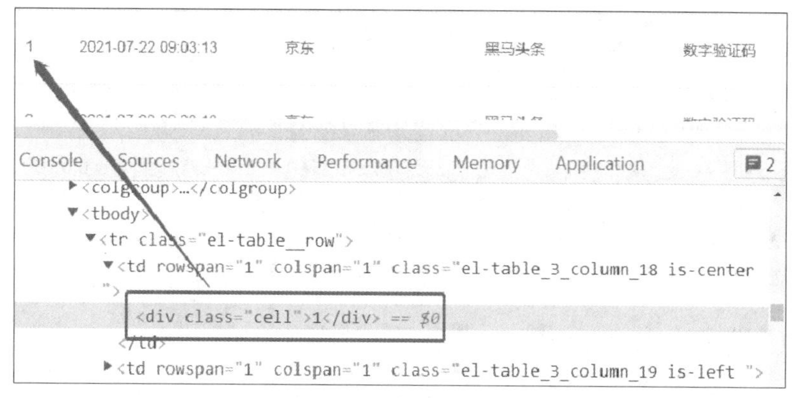

图 5-31　表格行对应的元素代码

7. 单击“下一页”按钮

因为需要抓取的数据并不只在一页中显示，所以需要单击“下一页”按钮进行翻页操作。当翻到最后一页时，该页面中的“下一页”按钮不可以被单击。要想实现翻页操作，我们同样需要通过 XPath 的路径表达式定位到“下一页”按钮对应的元素，之后使用 Selenium 执行单击按钮的操作。

“下一页”按钮对应的元素代码如图 5-32 所示。

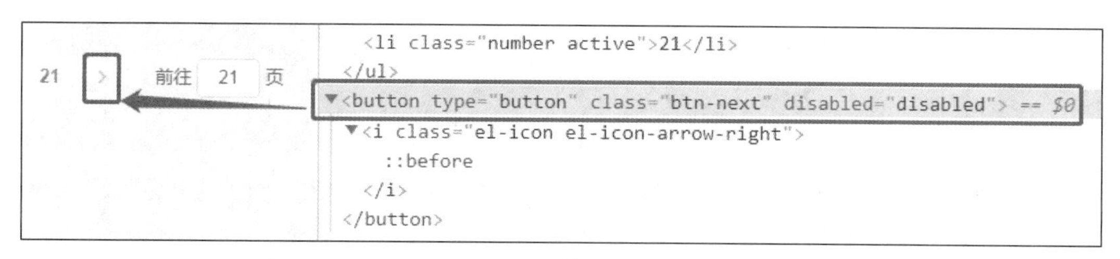

图 5-32　“下一页”按钮对应的元素代码

值得一提的是，“下一页”按钮是否可用可以作为程序的终止条件。也就是说，一旦某个页面上“下一页”按钮不可用，网络爬虫程序便可以在抓取完该页面的数据后停止抓取。

【项目实现】

分析完如何抓取数据后，使用 Selenium 库抓取集信达平台上的短信服务日志信息，具体步骤如下。

（1）导入程序中所需使用的库或模块，具体代码如下。

```
from selenium import webdriver
import time
import json
from selenium.webdriver.support.wait import WebDriverWait
from selenium.webdriver.support import expected_conditions as EC
from selenium.webdriver.common.by import By
```

（2）定义 JiXinDa 类，并在该类中添加两个属性。这两个属性分别是 url 和 driver，其中 url 表示访问的集信达平台登录页面的 URL，driver 表示浏览器，具体代码如下。

```
class JiXinDa:
    def __init__(self):
```

```
        self.url = 'http://jxd.itheima.net/#/login'
        self.driver = webdriver.Chrome()
```

（3）在 JiXinDa 类中，定义 login_to_find()方法，用于处理从访问登录页面到搜索短信服务日志页面的整个操作过程。login_to_find()方法的代码如下。

```
    def login_to_find(self):
        # 发送请求
        self.driver.get(self.url)
        # 设置窗口最大化
        self.driver.maximize_window()
        # 登录
        self.driver.find_element_by_class_name('el-button').click()
        # 体验项目
        self.driver.find_element_by_id('button').click()
        # 定位短信服务元素
        sms_service_element = self.driver.find_element_by_xpath(
            '//div[contains(@class,"sider-bar") and
             contains(@class,"scole-bar")]/ul/li[2]/div/div/span')
        webdriver.ActionChains(self.driver).move_to_element(
            sms_service_element).click(sms_service_element).perform()
        # 单击“服务日志”
        service_log = self.driver.find_element_by_xpath(
            '//div[contains(@class,"sider-bar") and
            contains(@class,"scole-bar")]/ul/li[2]/ul/li/ul/li[5]')
        webdriver.ActionChains(self.driver).move_to_element(
            service_log).click(service_log).perform()
        # 显示等待<input>标签加载
        WebDriverWait(self.driver, 20).until(
            EC.presence_of_element_located((By.XPATH,
                '//div[@class="ReceiveLog"]/div/form/div/div[1]//div/input')))
        # 输入签名名称为“黑马头条”
        self.driver.find_element_by_xpath(
            '//div[@class="ReceiveLog"]/div/form/
            div/div[1]//div/input').send_keys('黑马头条')
        # 应用名称，显示等待<input>标签加载
        WebDriverWait(self.driver, 20).until(
            EC.presence_of_element_located((By.XPATH,
              '//div[@class="ReceiveLog"]/div/form/div/div[4]//div/input')))
        self.driver.find_element_by_xpath(
              '//div[@class="ReceiveLog"]/div/form/div/
              div[4]//div/input').send_keys('黑马头条')
        # 单击“搜索”按钮
        WebDriverWait(self.driver, 20).until(
            EC.presence_of_element_located((By.XPATH,
                '//div[@class="el-row"]/div[5]//div/button[1]/span[1]')))
        self.driver.find_element_by_xpath(
            '//div[@class="el-row"]/div[5]//div/button[1]/span[1]').click()
```

在上述代码中，首先调用 Chrome 浏览器访问集信达平台的登录页面，其次单击“登录”按钮、体验项目后进入集信达平台的首页页面，然后依次定位并单击“短信服务”和“服务日志”选项进入短信服务日志页面，接着依次定位“签名名称”“应用名称”文本框，输入“黑

马头条”，最后定位并单击“搜索”按钮，筛选出抓取的目标数据。

（4）筛选出目标数据后，我们便可以抓取网页表格中的数据。在 JiXinDa 类中，定义 get_data()方法，该方法用于分别从网页表格的表头和表格行中提取数据，并将表头数据和表格行数据组合成字典后返回。get_data()方法的代码如下。

```
1    def get_data(self):
2        # 提取网页表格的数据
3        title_li = []
4        for i in range(1, 9):
5            title = self.driver.find_element_by_xpath(
6                f'//div[@class="ReceiveLog"]/div[2]//thead//th[{i}]').text
7            title_li.append(title)
8        # 保存表头与表格行组合后的数据
9        content_info = []
10       # 获取每页表格行的数量
11       num = self.driver.find_elements_by_xpath(
12           '//div[@class="ReceiveLog"]//table[@class="el-table__body"]//tr')
13       for i in range(1, len(num) + 1):
14           content = self.driver.find_element_by_xpath(
15               f'//div[@class="ReceiveLog"]//'
16               f'table[@class="el-table__body"]//tr[{i}]').text
17           content_info.append(dict(zip(title_li, content.splitlines())))
18       return content_info
```

在上述代码中，第4～7行代码通过 for 循环获取了全部的标题文本，并将获取的标题文本添加到 title_li 列表中；第11～17行代码先获取每一页内容的条数，然后通过 for 循环获取全部数据。由于数据中包含换行符，所以我们这里使用 splitlines()方法去掉内容文本数据中的换行符，最后通过 zip()函数和 dict()函数将标题数据与文本数据保存到字典中。

（5）抓取完数据后，需要将数据保存到本地文件中。在 JiXinDa 类中，定义 save_data()方法，该方法会将抓取的网页数据保存到本地的 jixinda.json 文件中。若保存的过程中出现任何问题，则输出错误信息。get_data()方法的代码如下。

```
def save_data(self, data):
    try:
        with open('jixinda.json', mode='a+', encoding='utf-8')as file:
            file.write(json.dumps(data, ensure_ascii=False))
    except Exception as e:
        print(e)
    return False
```

（6）在 JiXinDa 类中，定义用于启动网络爬虫程序的 run()方法，具体代码如下。

```
def run(self):
    self.login_to_find()
    num = 1
    while True:
        button = self.driver.find_element_by_xpath(
            '//div[@class="ReceiveLog"]//div/button[@class="btn-next"]')
        # 判断“下一页”按钮是否可用，如果可用，则单击“下一页”按钮
        if button.is_enabled():
            data = self.get_data()
            self.save_data(data)
            print(f'正在保存第{num}页数据')
```

```
                print(data)
                num += 1
                button.click()
            else:
                end_data = self.get_data()
                print(f'正在保存第{num}页数据')
                self.save_data(end_data)
                print(end_data)
                self.driver.close()
                break
```

在 run()方法中，首先调用了 login_to_find()方法，从短信服务日志页面中筛选出要抓取的所有数据，然后使用 while 循环来判断“下一页”按钮是否可用。如果可用，则执行“抓取数据”→“ 保存数据”→“单击下一页”操作；如果不可用，则执行“抓取数据”→“保存数据”→“退出程序”操作。

（7）在 main 语句中创建 JiXinDa 类的对象，并调用 run()方法启动网络爬虫，具体代码如下。

```
if __name__ == '__main__':
    jixinda = JiXinDa()
    jixinda.run()
```

运行代码，程序启动了浏览器抓取集信达平台中的目标数据，并将这些数据保存到当前路径的 jixinda.json 文件中。jixinda.json 文件的内容如图 5-33 所示。

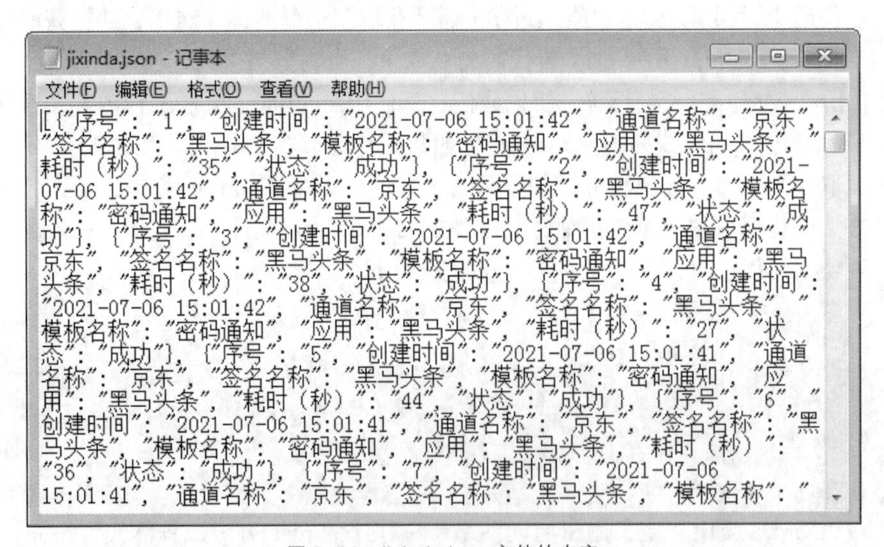

[{"序号": "1", "创建时间": "2021-07-06 15:01:42", "通道名称": "京东", "签名名称": "黑马头条", "模板名称": "密码通知", "应用": "黑马头条", "耗时（秒）": "35", "状态": "成功"}, {"序号": "2", "创建时间": "2021-07-06 15:01:42", "通道名称": "京东", "签名名称": "黑马头条", "模板名称": "密码通知", "应用": "黑马头条", "耗时（秒）": "47", "状态": "成功"}, {"序号": "3", "创建时间": "2021-07-06 15:01:42", "通道名称": "京东", "签名名称": "黑马头条", "模板名称": "密码通知", "应用": "黑马头条", "耗时（秒）": "38", "状态": "成功"}, {"序号": "4", "创建时间": "2021-07-06 15:01:42", "通道名称": "京东", "签名名称": "黑马头条", "模板名称": "密码通知", "应用": "黑马头条", "耗时（秒）": "27", "状态": "成功"}, {"序号": "5", "创建时间": "2021-07-06 15:01:41", "通道名称": "京东", "签名名称": "黑马头条", "模板名称": "密码通知", "应用": "黑马头条", "耗时（秒）": "44", "状态": "成功"}, {"序号": "6", "创建时间": "2021-07-06 15:01:41", "通道名称": "京东", "签名名称": "黑马头条", "模板名称": "密码通知", "应用": "黑马头条", "耗时（秒）": "36", "状态": "成功"}, {"序号": "7", "创建时间": "2021-07-06 15:01:41", "通道名称": "京东", "签名名称": "黑马头条", "模板名称": "

图 5-33　jixinda.json 文件的内容

从图 5-33 中可以看出，jixinda.json 文件中保存了签名名称和应用名称均为“黑马头条”的服务日志数据，说明使用 Selenium 成功抓取了集信达平台上的短信服务日志信息。

5.5 本章小结

在本章中，我们首先介绍了抓取动态网页的实现技术，然后介绍了 Selenium 和 WebDriver

的安装与配置，接着介绍了 Selenium 的基本使用，包括定位元素、鼠标和键盘操作、下拉列表框操作等，最后运用本章知识开发了一个采集集信达平台短信服务日志信息的项目。希望读者通过本章内容的学习，能够熟练使用 Selenium 抓取动态网页的数据。

5.6　习题

一、填空题

1. Selenium 为每个浏览器窗口分配了唯一的________，用于切换到指定的页面。
2. 使用 WebDriver 类中的________属性可以获取当前页面的 URL 地址。
3. ________和 Head Chrome 是无界面浏览器。
4. Selenium 中的________类负责管理鼠标操作。
5. Selenium 中的________类用于处理页面中的警告框、确认框和提示框。

二、判断题

1. 使用 Selenium 可以抓取动态网页中的数据。(　　)
2. WebDriver 必须配置到系统环境变量中才能使用。(　　)
3. 安装的 WebDriver 版本可以与浏览器的版本不同。(　　)
4. Splash 用于 JavaScript 渲染服务，它是一个带有 HTTP API 的轻量级 Web 浏览器。(　　)
5. Selenium 自身携带浏览器。(　　)

三、选择题

1. 下列选项中，关于 Selenium 描述错误的是（　　）。
   A. Selenium 是一个开源的便携式自动化测试工具
   B. Selenium 可以直接在浏览器上运行
   C. Selenium 自身携带浏览器，并支持浏览器的功能
   D. Selenium 可以根据指令自动加载网页或判断网页上是否发生动作
2. 下列选项中，属于 Chrome 浏览器驱动程序的是（　　）。
   A. ChromeDriver　　B. geckodriver
   C. operachromiumdriver　　D. IEDriverServer
3. 下列选项中，用于根据指定 URL 地址访问页面的方法是（　　）。
   A. get()　　B. post()　　C. head()　　D. put()
4. 下列选项中，通过类名定位元素的方法是（　　）。
   A. find_element_by_ name()　　B. find_element_by_class_name()
   C. find_element_by_id()　　D. find_element_by_tag_name()
5. 下列选项中，关于显式等待和隐式等待描述错误的是（　　）。
   A. 隐式等待就是设置一个全局的最大等待时间
   B. 显式等待会先指定某个条件，再设置最长等待时间
   C. 隐式等待可作用于单个元素
   D. 显式等待只能作用于单个元素

四、简答题

1. 请简述什么是 Selenium。

2. 请简述什么是隐式等待和显式等待。

五、程序题

1. 编写程序，使用 Selenium 访问百度翻译页面，将“人生苦短，我用 Python”这句话翻译成英文并输出翻译结果。

2. 编写程序，使用 Selenium 访问某电商网站（http://tpshop-test.itheima.net/Home/Index/index.html）并使用指定的账号和密码（账号为 13012345678，密码为 123456）进行登录。

第6章

提升网络爬虫速度

学习目标

- 了解网络爬虫速度的提升方案，能够说出多线程和协程的区别
- 熟悉多线程爬虫的运行流程，能够归纳多线程爬虫的运行流程
- 掌握多线程爬虫的实现技术，能够使用 threading 和 queue 模块实现多线程爬虫
- 熟悉协程爬虫的运行流程，能够归纳协程爬虫的运行流程
- 掌握协程爬虫的实现技术，能够使用 asyncio 和 aiohttp 库实现协程爬虫

网络环境不稳定导致如下情况出现：当基于单线程的网络爬虫采集网页数据时，如果有一个网页的响应速度慢或者网页一直处于加载状态中，那么网络爬虫需要等待该网页加载完才能继续采集。这显然降低了网络爬虫的运行速度。为解决此问题，提升网络爬虫的运行速度，我们可以在网络爬虫程序中使用多线程、协程等技术，实现同时抓取或解析多个网页的数据。本章将围绕提升网络爬虫速度的相关内容进行讲解。

拓展阅读

6.1 网络爬虫速度提升方案

速度是衡量网络爬虫是否优秀的条件之一，它直接关系到网络爬虫为用户提供的服务质量，也在一定程度上决定了网络爬虫的存在价值。由此可见，提升网络爬虫的速度是非常有必要的。

影响网络爬虫速度的因素主要是网络 I/O 操作，原因在于网络 I/O 操作的速度赶不上 CPU 的处理速度。网络 I/O 操作可以理解为在网络协议的支持下，一个主机通过网络与其他主机进行数据传输的过程。例如，下载图片就是一个网络 I/O 操作。试想一下，网络爬虫正在执行下载大量图片的任务，它在下载图片的过程中会一直处于阻塞状态。这会导致 CPU 当前处于空闲状态，直到下载完图片后才能让 CPU 调度其他任务。这就造成了 CPU 的浪费。

前面我们编写的网络爬虫程序在抓取和解析网页数据时，都是同步执行任务的，即抓取和解析完一个网页之后再抓取和解析另一个网页。这就像接力赛一样，下一个选手只有拿到交接棒才能跑，效率是非常低的。为了提升网络爬虫的速度，需要对网络爬虫程序进行修改，

将抓取和解析网页数据的任务改为异步执行任务，即同时抓取或解析多个网页，像百米赛跑一样，每个跑道的选手不受其他人的影响。

在 Python 中，提升网络爬虫程序运行速度的方案主要有 3 种，分别是多进程、多线程和协程。关于这 3 种方案的介绍如下。

- 多进程可以利用多核 CPU，将任务运行到不同的 CPU 上，实现同时执行多个任务。进程的数量取决于计算机 CPU 的处理器个数。
- 多线程是以并发（一个时间段内发生若干事情的情况）的方式执行任务的，它不能实现真正地同时执行多个任务，而是通过线程的快速切换提升程序的运行速度。
- 协程是以异步并发的方式执行任务的。由于协程无须系统内核的上下文切换，所以程序在执行过程中可以避免大量的等待时间。

那么，在 Python 网络爬虫程序中应该如何选择多进程、多线程和协程呢？一般来说，多进程适用于 CPU 密集型的代码，如各种循环处理、大量的密集并行计算等；多线程适用于 I/O 密集型的代码，如文件处理、网络交互等；协程无须通过操作系统调度，没有进程、线程之间的切换和创建等开销，适用于大量不需要 CPU 的操作（如网络 I/O 操作）。结合多线程、多进程和协程的特点及用途，我们一般会选择多线程和协程技术开发网络爬虫程序。

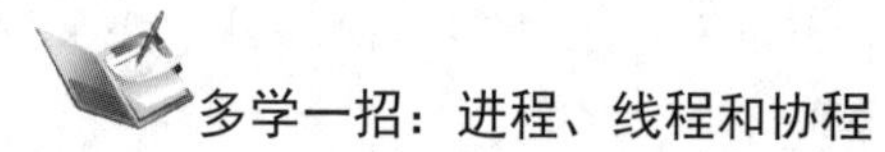

进程是系统进行资源分配的最小单位，拥有自己的内存空间。每个进程之间的数据不共享。线程是系统调度执行的最小单位，不能独立存在，必须依赖进程。每个线程之间的数据可以共享。协程是用户态的轻量级线程，调度由用户控制，拥有自己的寄存器上下文和栈。

进程、线程和协程之间的关系如图 6-1 所示。

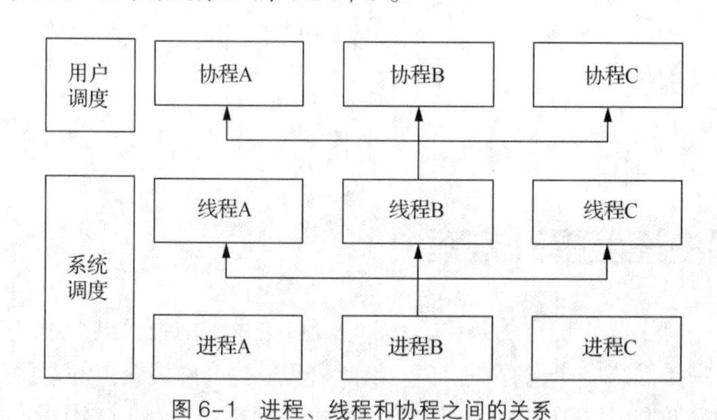

图 6-1 进程、线程和协程之间的关系

6.2 多线程爬虫

6.2.1 多线程爬虫流程分析

多线程爬虫会将多线程技术运用在抓取网页和解析网页上，它的运行流程如图 6-2 所示。

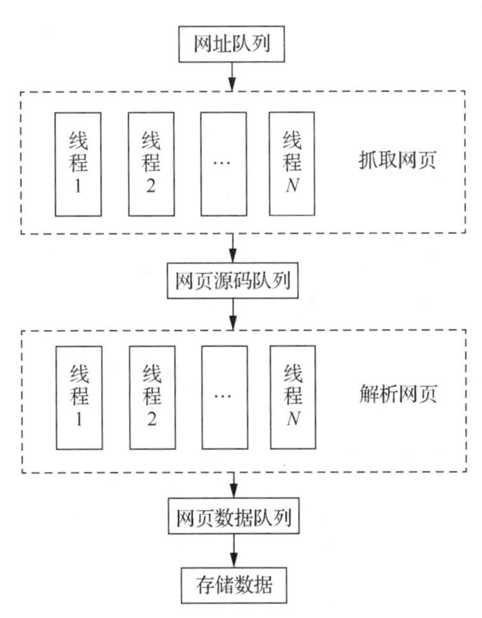

图 6-2　多线程爬虫的运行流程

关于如图 6-2 所示运行流程的介绍如下。

（1）构建一个网址队列，用于存放网络爬虫待抓取数据的所有网址。与单线程爬虫相比，多线程爬虫需要分配多个线程抓取网页数据，这里需要准备一个网址队列对所有网址进行统一管理与分配。

（2）开启多个线程抓取网页的数据。一般开启固定数量的线程，一个线程抓取完一个网页的数据之后，紧接着抓取下一个网页的数据。需要注意的是，线程的数量不宜过多，否则线程调度时间太长会降低抓取效率；线程的数量也不宜过少，否则不能最大限度地提高速度。

（3）将抓取到的网页源代码存储到网页源码队列中。

（4）开启多个线程对网页源码队列中的网页数据进行解析。

（5）将解析之后的数据存储到网页数据队列中。

（6）对网页数据队列中的数据进行存储。

至此，多线程爬虫完成了网页数据的采集。

6.2.2　多线程爬虫实现技术

由于线程具有独立运行、状态不可预测、执行顺序随机的特点，当多个线程同时访问同一份资源时，容易导致程序产生不可预料的结果，所以多线程爬虫使用队列管理网址或网页源代码。Python 中分别提供了支持多线程和队列的内置模块 threading 和 queue，关于这两个模块的介绍如下。

1. threading 模块

模块 threading 中定义了 Thread 类，该类专门用于管理线程。若希望在程序中创建一个线程（也称子线程），则需要实例化一个 Thread 类的对象。Thread 类的构造方法声明如下。

```
Thread(group=None, target=None, name=None, args=(), kwargs={},
        *, daemon=None)
```

以上方法中各参数的含义如下。

- group：必须为 None，目前未实现，是为以后的扩展功能保留的预留参数。
- target：表示子线程的功能函数，用于为子线程分派任务。
- name：线程的名称，默认由“Thread-N”形式组成，其中 N 为十进制数。
- args：target 指定函数的位置参数。
- kwargs：target 指定函数的关键字参数。
- daemon：表示是否将线程设为守护线程（在后台运行的一类特殊线程，用于执行特定的任务）。

例如，创建一个 Thread 类的对象 thread_one，指定该对象要执行的任务函数 task()，具体代码如下。

```
from threading import Thread
# 任务函数
def task():
    print('线程运行')
thread_one = Thread(target=task)          # 创建线程
```

除了使用上述方式创建线程之外，我们还可以自定义一个继承自 Thread 类的子类，在该子类中重写 run()方法，之后通过子类的构造方法创建线程，示例代码如下。

```
class MyThread(Thread):
    def __init__(self, num):
        super().__init__()                    # 调用父类的构造方法完成初始化
        self.name = '线程' + str(num)         # 设置线程的名称
    def run(self):                            # 重写的 run()方法
        message = self.name + '运行'
        print(message)
thread_two = MyThread(1)                      # 创建线程
```

线程创建完成之后，需要调用 start()方法开启。例如，开启刚刚创建的线程 thread_two，具体代码如下。

```
if __name__ == '__main__':
    thread_two.start()                # 启动线程
```

程序执行的结果如下。

```
线程 1 运行
```

2. queue 模块

Python 的 queue 模块中提供了 3 个表示同步的、线程安全的队列类，这些队列类包括 Queue 类、LifoQueue 类和 PriorityQueue 类。队列是线程间常用的交换数据的形式。关于这 3 个类的介绍如下。

（1）Queue 类。

Queue 类表示一个基本的 FIFO（First In First Out）队列，即先进先出，也就是说先存入队列中的元素先取出来。以下是使用了 Queue 类的示例代码。

```
from queue import Queue
queue_object = Queue(10)
for i in range(4):
    queue_object.put(i)
```

```
while not queue_object.empty():
    print(queue_object.get())
```

在上述示例中，首先向 FIFO 队列中依次存入 0、1、2、3 共 4 个元素，然后依次取出这 4 个元素。示例代码的运行结果如下。

```
0
1
2
3
```

（2）LifoQueue 类。

LifoQueue 类表示一个 LIFO（Last in First Out）队列，与栈类似，即后进先出，也就是说后存入队列中的元素先取出来。以下是使用了 LifoQueue 类的示例代码。

```
from queue import LifoQueue
lifo_queue = LifoQueue()
for i in range(4):
    lifo_queue.put(i)
while not lifo_queue.empty():
    print(lifo_queue.get())
```

在上述示例代码中，同样往 FIFO 队列中依次存入 0、1、2、3 共 4 个元素，然后依次取出这 4 个元素。示例代码的运行结果如下。

```
3
2
1
0
```

（3）PriorityQueue 类。

PriorityQueue 类表示优先级队列，它按级别顺序取出元素，级别最低的最先取出。以下是使用了 PriorityQueue 类的示例代码。

```
from queue import PriorityQueue
class Job:
    def __init__(self, level, description):
        self.level = level
        self.description = description
        return
    def __lt__(self, other):
        return self.level < other.level
priority_queue = PriorityQueue()
priority_queue.put(Job(5, '中级别工作'))
priority_queue.put(Job(10, '低级别工作'))
priority_queue.put(Job(1, '重要工作'))
while not priority_queue.empty():
    next_job = priority_queue.get()
    print('开始工作：', next_job.description)
```

在上述示例代码中，首先定义一个表示任务的类 Job，该类包含 level 属性和__lt__()方法，其中 level 属性表示任务的优先级，__lt__()方法用于比较任务的 level 值，值越小则代表优先级越高；然后往 PriorityQueue 队列中加入 3 个指定优先级的 Job 类的对象；最后按照优先级从高到低的顺序依次从 PriorityQueue 队列中取出那 3 个对象。示例代码的运行结果如下。

```
开始工作： 重要工作
```

```
开始工作： 中级别工作
开始工作： 低级别工作
```

在上述 3 个类中，Queue 类是 LifoQueue 和 PriorityQueue 的父类，它提供了创建队列的构造方法，该方法的声明如下。

```
Queue(maxsize)
```

在上述方法中，maxsize 参数表示放入队列元素数量的上限。如果达到上限，再向队列中添加元素则会产生阻塞，直到队列中的一个元素被取出才能添加成功。若 maxsize 参数的值小于或等于 0（默认值），则表明队列的大小没有限制。

如在上面的 Queue 类示例中，创建一个长度为 10 的队列，具体代码如下。

```
queue_object = Queue(10)
```

为了便于管理队列的元素，Queue 类中提供了一些常用方法，这些方法的说明如表 6-1 所示。

表 6-1　Queue 类的常用方法

方法	说明
qsize()	返回队列的大小
empty()	如果队列为空，返回 True，否则返回 False
full()	如果队列满了，返回 True，否则返回 False
get()	从队列开头获取并删除第一个元素
put()	将一个元素放入队列末尾
join()	阻塞线程，直至队列中所有元素被处理完
task_done()	在完成一项工作之后，task_done() 函数向任务已经完成的队列发送一个信号
get_nowait()	立即取出一个元素，无须额外等待
put_nowait()	立即放入一个元素，无须额外等待

如在前面的 Queue 类示例中，先向队列中插入 4 个元素，再依次取出 4 个元素。具体代码如下。

```
for i in range(4):
    # 向队列中插入元素
    queue_object.put(i)
while not queue_object.empty():
    # 从队列中取出元素
    print(queue_object.get())
```

6.2.3 多线程爬虫基本示例

本节以黑马程序员论坛网站为例，带领大家使用 threading 模块和 queue 模块实现多线程爬虫，并让多线程爬虫采集 Python+人工智能技术交流版块中所有帖子的文章标题、文章作者、文章链接以及发布时间，具体步骤如下。

（1）新建一个 heima.py 文件，在该文件中导入相关模块，定义一个 HeiMa 类。在该类的构造方法中添加分别表示请求头、网址队列、网页源代码队列、网页数据队列的 4 个属性，具体代码如下。

```
from lxml import etree
```

```
import requests
import json
import threading
from queue import Queue
import time
class HeiMa:
    def __init__(self):
        # 请求头
        self.headers = {
            'User-Agent': 'Mozilla/5.0 (Windows NT 6.1; WOW64) '
                          'AppleWebKit/537.36 (KHTML, like Gecko)'
                          'Chrome/90.0.4430.212 Safari/537.36'}
        self.url_queue = Queue()          # 网址队列
        self.html_queue = Queue()         # 网页源代码队列
        self.content_queue = Queue()      # 网页数据队列
```

（2）定义构建请求网址的 get_url_queue()方法。在该方法中使用列表推导式生成需要抓取的 URL 地址，并将 URL 地址添加到网址队列中，具体代码如下。

```
def get_url_queue(self):
    url_temp = "http://bbs.itheima.com/forum-231-{}.html"
    # 构造请求 URL
    url_list = [url_temp.format(i) for i in range(1, 201)]
    for url in url_list:
        self.url_queue.put(url)    # 将构造的请求 URL 添加到网址队列中
```

（3）定义抓取网页数据的 get_html_queue()方法。在该方法中首先使用无限循环从网址队列中逐个取出 URL，然后向黑马程序员论坛网站发送 GET 请求，接着将网站返回的响应数据添加到网页源码队列中，最后向网址队列发送完成信号，具体代码如下。

```
def get_html_queue(self):
    while True:
       # 从网址队列中取出请求 URL
        url = self.url_queue.get()
        html_source_page = requests.get(url, headers=self.headers).text
        self.html_queue.put(html_source_page)
       # 向网址队列发送完成信号
        self.url_queue.task_done()
```

（4）定义提取数据的 parse_html()方法。在该方法中首先使用无限循环获取网页源代码队列中的数据，然后使用 XPath 路径表达式从网页源代码中提取文章标题、文章链接、文章作者和发布时间，将提取的这些数据添加到网页数据队列中，最后向网页源码队列发送完成信号，具体代码如下。

```
def parse_html(self):
    while True:
        content_list = []
        html = self.html_queue.get()
        html_str = etree.HTML(html)
        node_list = html_str.xpath(
            '//th[contains(@class,"new") and contains(@class,"forumtit")]')
        title_num = 0
        for node in node_list:
            # 文章标题
```

```
            title = node.xpath('./a[1]/text()')[0]
            # 文章链接
            url = node.xpath('./a[1]/@href')[0]
            # 文章作者
            author = node.xpath(
                './div[@class="foruminfo"]//a/span/text()')[0]
            # 发布时间（具体日期）
            release_time = node.xpath(
                './div[2]/i/span[1]/text()')[0].strip().replace('@', '')
            # 发布时间（某天前）
            one_page = node.xpath('//div[2]/i/span[1]/span/@title')

            if one_page:
                if title_num < len(one_page):
                    release_time = node.xpath(
                        '//div[2]/i/span[1]/span/@title')[title_num]
            else:
                release_time = node.xpath(
                    './div[2]/i/span[1]/text()')[0].strip().replace('@', '')
            # 构建 JSON 格式的字符串
            item = {
                "文章标题": title,
                "文章链接": url,
                "文章作者": author,
                '发布时间': release_time,
            }
            content_list.append(item)
            title_num += 1
        self.content_queue.put(content_list)
        self.html_queue.task_done()
```

（5）定义用于存储数据的 save_data()方法。在该方法中用无限循环的方式获取网页数据队列中的数据，将获取的数据写入 thread-heima.json 文件中，然后向网页数据队列发送完成信号，具体代码如下。

```
def save_data(self):
    while True:
        content_list = self.content_queue.get()
        with open("thread-heima.json", "a+", encoding='utf-8')as f:
            f.write(json.dumps(content_list, ensure_ascii=False, indent=2))
        self.content_queue.task_done()
```

（6）定义启动爬虫的 run()方法。在该方法中分别创建 1 个构造 URL 地址线程、9 个抓取网页线程、9 个解析网页线程和 1 个保存数据线程，具体代码如下。

```
def run(self):
    thread_list = []
    # 构造 URL 地址线程
    t_url = threading.Thread(target=self.get_url_queue)
    thread_list.append(t_url)
    # 获取网页源代码
    for page in range(9):
        t_content = threading.Thread(target=self.get_html_queue)
```

```
            thread_list.append(t_content)
        # 解析网页数据队列
        for j in range(9):
            t_content = threading.Thread(target=self.parse_html)
            thread_list.append(t_content)
        t_save = threading.Thread(target=self.save_data)
        thread_list.append(t_save)
        for t in thread_list:
            t.setDaemon(True)
            t.start()
        for q in [self.url_queue, self.html_queue, self.content_queue]:
            q.join()
```

（7）在 main 语句中，创建 HeiMa 类的对象 heima，使用该对象调用 run()方法启动多线程爬虫，具体代码如下。

```
if __name__ == '__main__':
    heima = HeiMa()
    heima.run()
```

运行代码后，可以看到在代码文件同级目录下添加了一个新的文件 thread-heima.json，该文件中存储了 Python 技术交流版块中所有贴子的文章标题、文章链接、文章作者和发布时间。

6.2.4　多线程爬虫性能分析

在 4.6 节中，我们编写了一个单线程爬虫采集 Python+人工智能技术交流版块中所有贴子的文章标题、文章作者、文章链接和发布时间。这里以 4.6 节的项目和 6.2.3 节的项目为例，分别在这两个项目中增加网络爬虫耗时计算的代码，用于计算单线程爬虫和多线程爬虫在采集相同数据时总共耗费的时间，比较两者之间的性能。

1. 单线程爬虫耗时计算

在 4.6 节的项目中，导入 time 模块，并在 main 语句中添加网络爬虫耗时计算的代码，修改后的代码如下。

```
if __name__ == "__main__":
    begin_page = int(input("请输入起始页码: "))
    end_page = int(input("请输入结束页码: "))
    s_time = time.time()
    heima_forum(begin_page, end_page)
    e_time = time.time()
    print(f'总用时: {e_time-s_time}秒')
```

运行代码，在控制台中输入起始页码为 1，结束页码为 70，按 Enter 键后输出的结果如下。

```
总用时: 17.572004795074463 秒
```

从输出结果可以看出，单线程爬虫采集 70 页数据总共耗费了约 17.57 秒（具体时间会根据每个人的计算机和网络情况而有出入）。

2. 多线程爬虫耗时计算

在 6.2.3 节项目的 main 语句中添加网络爬虫耗时计算的代码，修改后的代码如下。

```
if __name__ == '__main__':
    s_time = time.time()
    heima = HeiMa()
    heima.run()
```

```
    e_time = time.time()
    print(f'总用时：{e_time - s_time}秒')
```

运行代码，输出如下结果。

```
总用时：3.3751931190490723 秒
```

从输出结果可以看出，多线程爬虫采集 70 页数据总共耗费了约 3.38 秒（具体时间会根据每个人的计算机和网络情况而有出入）。

通过比较单线程爬虫和多线程爬虫耗费的时长可知，在相同的条件下，多线程爬虫的性能优于单线程爬虫的性能。

6.3　协程爬虫

6.3.1　协程爬虫流程分析

由于协程的切换不像多线程调度那样耗费资源，所以我们不用严格限制协程的数量。协程爬虫的运行流程如图 6-3 所示。

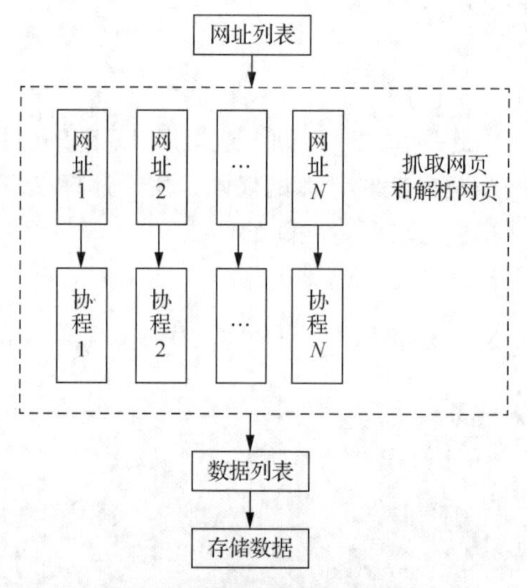

图 6-3　协程爬虫的运行流程

关于图 6-3 的运行流程介绍如下。

（1）构建一个网址列表，由于要为每个网址分配一个协程，所以需要准备一个网址列表。

（2）为每个网址分配一个协程，每个协程负责先抓取源代码，再对这些源代码进行解析并从中提取出目标数据。协程启动后会依次执行，如果一个协程在执行过程中出现网络阻塞或其他异常情况，则立即执行下一个协程。

（3）将提取的目标数据存储到数据列表中。

（4）遍历步骤（3）的数据列表，对取出的数据进行存储。

至此，协程爬虫完成了网页数据的采集。

6.3.2　协程爬虫实现技术

Python 中提供了支持协程的内置库 asyncio，该库经常会与第三方库 aiohttp 配合使用，以帮助开发人员快速实现协程爬虫。另外，我们也可以使用 aiofiles 库将爬虫解析完的数据实现异步写入。接下来，我们分别对 asyncio 库、aiohttp 库和 aiofiles 库进行介绍。

1. asyncio 库

在 asyncio 库中，async/await 关键字用于定义协程。其中，关键字 async 位于关键字 def 的前面，表明 async 修饰的函数是一个协程函数，而不是普通函数；关键字 await 位于协程函数内部，该关键字的后面需要跟可等待对象（协程对象、协程任务和 Future 类的对象），表明当前协程会被挂起并主动让出执行权。

定义协程的示例代码如下。

```
import asyncio
async def main():                  # 定义协程
    print('hello')
    await asyncio.sleep(1)         # 阻塞等待 1 秒
    print('world')
```

上述示例代码定义了一个协程 main()。main()中首先使用 print()函数输出了 hello，然后使用关键字修饰了 asyncio.sleep(1)，说明当前协程会被挂起 1 秒，最后使用 print()函数输出了 world。

如果这时直接调用 main()函数，并不能运行协程，而是返回一个协程对象 main。要想真正运行刚刚创建的协程，可以通过 asyncio 库的 run()或 run_until_complete()方法实现。

（1）使用 asyncio.run()函数运行刚刚创建的协程 main()，具体代码如下。

```
asyncio.run(main())                # 运行协程
```

（2）修改前面定义的协程 main()，然后调用 run_until_complete()方法运行该协程，具体代码如下。

```
import asyncio
async def coroutine_one():                   # 定义协程函数
    print('hello')
async def coroutine_two():                   # 定义协程函数
    print('world')
async def main():
    # 使用 create_task()函数将协程封装成任务
    task1 = asyncio.create_task(coroutine_one())
    task2 = asyncio.create_task(coroutine_two())
    await task1
    await task2
loop = asyncio.get_event_loop()              # 获取当前事件循环
loop.run_until_complete(main())              # 运行协程
```

2. aiohttp 库

aiohttp 库是一个为 Python 提供的异步 HTTP 客户端/服务端编程的第三方库，在使用之前需要先进行安装。安装 aiohttp 库的具体命令如下。

```
pip install aiohttp
```

aiohttp 库中提供了一个 status 属性，status 属性用于获取请求的状态码。另外，aiohttp 库中还提供了很多方法，常用方法如表 6-2 所示。

表 6-2 aiohttp 库的常用方法

方法	说明
ClientSession()	用于创建客户端会话
text()	以字符串形式显示服务器内容
json()	以 JSON 形式响应服务器内容
read()	返回二进制文本
post()	发送 POST 请求
get()	发送 GET 请求

接下来，使用 aiohttp 库的 get()方法请求百度首页，具体代码如下所示。

```
import asyncio,aiohttp
async def main():
    # 使用 with 语句的上下文管理器，保证处理 session 之后正确关闭
    async with aiohttp.ClientSession() as session:
        # 使用 get()方法发送 GET 请求
        async with session.get('https://www.baidu.com/') as resp:
            print(resp.status)        # 输出响应状态码
loop = asyncio.get_event_loop()
loop.run_until_complete(main())
```

运行代码，输出如下结果。

```
200
```

3. aiofiles 库

前面编写的爬虫程序解析完网页中的数据后，会将数据写入到本地文件中，但写入文件这一过程属于同步操作，并且会造成线程阻塞，也就是说程序在没有完成写入文件之前无法执行后续操作。对于此种情况，我们可以通过非阻塞的异步方式将数据写入文件中。

aiofiles 库提供了以非阻塞的异步方式操作文件写入，由于该库不是 Python 的标准库，在使用之前需要先进行安装。aiofiles 库的安装命令如下。

```
pip install aiofiles
```

aiofiles 库中提供了许多与处理 Python 文件相似的方法，常用方法如表 6-3 所示。

表 6-3 aiofiles 库的常用方法

方法	说明
open()	使用协程打开一个文件
close()	使用协程关闭文件
read()	使用协程读取文件，可设置读取的字节数
realall()	使用协程读取文件所有内容
write()	使用协程写入文件数据，可设置写入的字符长度
writelines()	使用协程写入文件数据，每次写入一行数据

接下来，使用 aiofiles 库向文件写入并读取数据，具体代码如下。

```
import asyncio,aiofiles
async def wirte_demo():
    async with aiofiles.open("text.txt","w",encoding="utf-8") as fp:
```

```
        await fp.write("hello world ")
        print("数据写入成功")
async def read_demo():
    async with aiofiles.open("text.txt","r",encoding="utf-8") as fp:
        content = await fp.read()
        print(content)
if __name__ == "__main__":
    asyncio.run(wirte_demo())
    asyncio.run(read_demo())
```

运行代码，输出如下结果。

```
数据写入成功
hello world
```

多学一招：可等待对象和事件循环

事件循环是每个 asyncio 应用的核心。事件循环会运行异步任务和回调，执行网络 I/O 操作，以及运行子程序。简单来说，我们将协程任务（Task）注册到事件循环（Loop）上，事件循环会循环遍历协程任务的状态，当任务触发条件发生时就会执行对应的协程任务。

await 语句后需要跟随可等待对象。“可等待”可理解为跳转到等待对象，并将当前任务挂起，当等待对象的任务处理完成，再跳回当前任务继续执行。asyncio 库中的可等待对象包括协程对象、协程任务和 Future 对象。协程对象可理解为调用协程函数所返回的对象；协程任务是将协程包装成一个 Task 对象，用于注册到事件循环中；Future 对象是一种特殊的低层级可等待对象，表示一个异步操作的最终结果。

6.3.3　协程爬虫基本示例

本节使用协程爬虫抓取黑马程序员论坛中的文章标题、文章链接、文章作者以及发布时间，具体步骤如下。

（1）导入相关模块，定义协程函数 main()，用于构建网址列表和添加解析网页的任务，具体代码如下。

```
import aiohttp
import asyncio
import aiofiles
from lxml import etree
import json
async def main():
    url_temp = "http://bbs.itheima.com/forum-425-{}.html"
    url_list = [url_temp.format(i) for i in range(1, 71)]
    tasks = [] # 任务列表
    for url in url_list:
        tasks.append(parse_html(url))
    await asyncio.wait(tasks)
```

上述代码定义了协程函数 main()。在该函数中，首先构建了 1～70 页的请求 URL，然后将请求 URL 作为参数传递到协程函数 parse_html()中，最后将 parse_html()函数返回的协程对象添加到任务列表 tasks 中。

（2）定义请求网址并提取网页数据的 parse_html()函数，具体代码如下。

```
async def parse_html(url):
```

```
    print('正在请求：', url)
    headers = {"User-Agent": "Mozilla/5.0 (compatible; MSIE 9.0; "
                             "Windows NT 6.1; Trident / 5.0;"}
    async with aiohttp.ClientSession()as session:
        async with session.get(url, headers=headers) as resp:
            html_str = await resp.text(errors='ignore')
    content_list = []
    html = etree.HTML(html_str)
    node_list = html.xpath('//th[contains(@class,"new") and '
                           'contains(@class,"forumtit")]')
    for node in node_list:
        title_num = 0
        item = dict()
        item['文章标题'] = node.xpath('./a[1]/text()')[0]
        item['文章链接'] = node.xpath('./a[1]/@href')[0]
        item['文章作者'] = node.xpath(
            './div[@class="foruminfo"]//a/span/text()')[0]
        # 发布时间（具体日期）
        release_time = node.xpath(
            './div[2]/i/span[1]/text()')[0].strip().replace('@', '')
        # 发布时间（某天前）
        one_page = node.xpath('//div[2]/i/span[1]/span/@title')
        if one_page:
           if title_num < len(one_page):
               release_time = node.xpath(
                   '//div[2]/i/span[1]/span/@title')[title_num]
        item['发布时间'] = release_time
        content_list.append(item)
    async with aiofiles.open("coroutine-heima.json", "a+",
                             encoding='utf-8') as fp:
        await fp.write(json.dumps(content_list, ensure_ascii=False,
                                  indent=2))
        print("数据写入成功")
```

上述代码定义协程函数 parse_html()。在该函数中，首先使用 aiohttp 模块发送异步请求；然后提取网页中的文章标题、文章链接、文章作者和发布时间数据；最后使用 aiofiles 模块将数据以异步方式写入 heima.json 文件中。

（3）创建事件循环，启动协程函数，具体代码如下。

```
if __name__ == '__main__':
    loop = asyncio.get_event_loop()  # 创建事件循环
    loop.run_until_complete(main())
```

在程序运行后，可以看到代码文件同级目录下添加了新的文件 coroutine-heima.json。该文件存储了黑马程序员论坛中 1～70 页的文章标题、文章作者、文章链接和发布时间。

6.3.4　协程爬虫性能分析

为了对协程爬虫的性能进行分析，在 6.3.3 节的示例的基础上，增加网络爬虫耗时计算的代码，比较单线程爬虫和协程爬虫在采集相同数据时总共耗费的时长。在 6.3.3 节的 main 语句中添加网络爬虫耗时计算的代码，改后的代码如下。

```
if __name__ == '__main__':
    s_time = time.time()
    loop = asyncio.get_event_loop()  # 创建事件循环
    loop.run_until_complete(main())
    e_time = time.time()
    print(f'总用时: {e_time-s_time}秒')
```

运行代码，输出如下结果。

```
总用时: 3.2851879596710205 秒
```

从输出结果可以看出，协程爬虫采集 70 页数据总共耗费了约 3.29 秒（具体时间会根据每个人的计算机和网络情况而有出入）。

通过比较单线程爬虫和协程爬虫耗费的时长可知，在相同的条件下，协程爬虫的性能优于单线程爬虫的性能。

6.4　实践项目：采集黑马头条的评论列表

黑马头条是一个新闻资讯类项目，由用户端、自媒体端、管理后台端组成完整的业务闭环，通过大数据平台分析用户喜好，为用户精准推送新闻资讯。本节将运用多线程的知识开发一个多线程爬虫项目，采集黑马头条自媒体端指定页面范围的评论列表。

【项目目标】

访问黑马头条自媒体端登录页面，使用默认的账号和密码登录后，在左侧的菜单栏中选择“内容管理”→“评论列表”，进入评论列表页面，如图 6-4 所示。

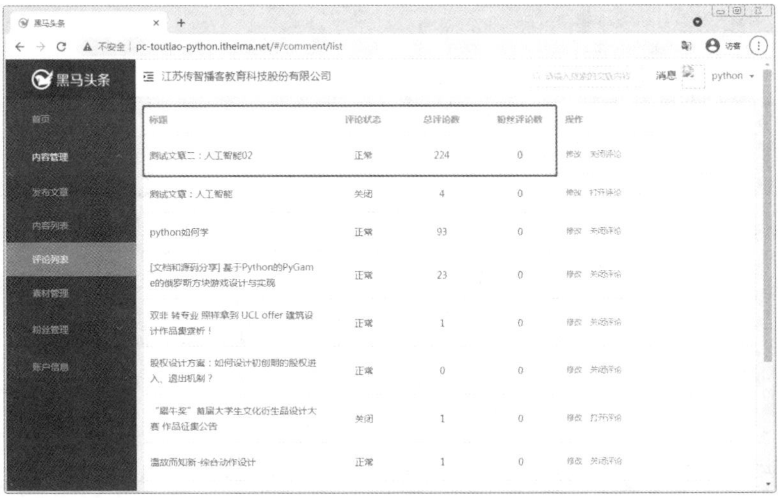

图 6-4　评论列表页面

在图 6-4 中，评论列表页面以表格形式罗列了标题、评论状态、总评论数、粉丝评论数、操作 5 列数据。本项目要求采集评论列表页面中指定页码范围的标题、评论状态、总评论数和粉丝评论数。

【项目分析】

在了解了项目目标之后，我们已经知道要采集网页上的哪些数据。接下来，我们分析一下如何提取数据。

首先需要判断待提取的数据是否为动态加载的。如果数据是动态加载的，那么我们可以先尝试查找数据请求的 URL；如果数据是静态加载的，那么我们需要通过 XPath 提取网页数据。

在图 6-4 所示的页面中单击鼠标右键，选择查看网页源代码，搜索不到任何关于评论的数据，由此可以推断出待提取的数据是动态加载的。接下来，尝试查找数据请求的 URL。通过浏览器的开发者工具，我们找到了评论列表页面的请求 URL 及其参数，如图 6-5 所示。

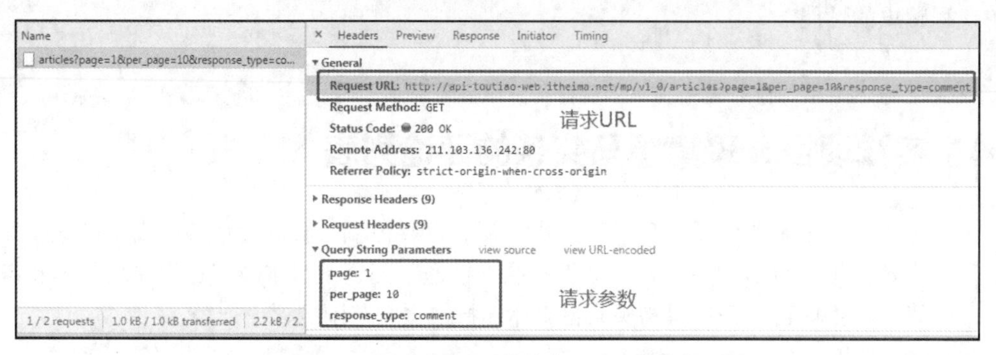

图 6-5 评论列表页面的请求 URL 及其参数

在图 6-5 中，URL 参数中的 page 表示当前的页码，per_page 表示每页显示的数据条数，response_type 表示响应的类型。

在开发者窗口预览基于 AJAX 技术请求的响应数据，如图 6-6 所示。

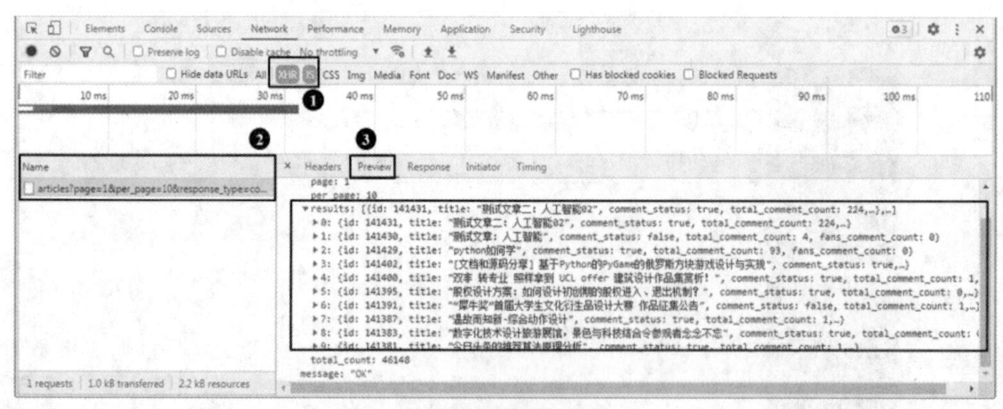

图 6-6 预览响应数据

从图 6-6 中可以看出，响应数据是 JSON 格式的，只包含评论列表页面中第 1 页的评论信息。为了便于查找请求 URL 中的规律，我们对前 5 页的请求 URL 进行罗列，具体结果如下。

```
第 1 页：
http://api-toutiao-web.itheima.net/mp/v1_0/articles?page=1&per_page= 10&re
sponse_type=comment
第 2 页：
http://api-toutiao-web.itheima.net/mp/v1_0/articles?page=2&per_page= 10&res
```

```
ponse_type=comment
    第 3 页：
    http://api-toutiao-web.itheima.net/mp/v1_0/articles?page=3&per_page=10&response
_type=comment
    第 4 页：
    http://api-toutiao-web.itheima.net/mp/v1_0/articles?page=4&per_page=10&
response_type=comment
    第 5 页：
    http://api-toutiao-web.itheima.net/mp/v1_0/articles?page=5&per_page=10&res
ponse_type=comment
```

通过观察上述请求 URL，我们可以得知第 2 页的请求 URL 与第 1 页的请求 URL 只有请求参数 page 不同。当页码为 2 时，请求参数 page 为 2。所有页码的请求 URL 同样遵循此规律。

由于评论列表中的数据需要用户登录后才能获取，所以在发送获取评论数据的请求时，需要携带用户认证字段，如图 6-7 所示。

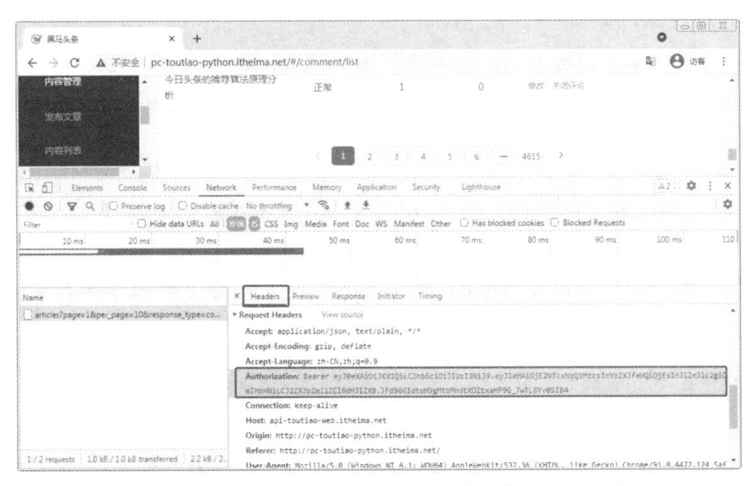

图 6–7　使用登录之后的用户访问评论列表页面的请求头

通过观察图 6-7 可以发现，请求头包含 Authorization 字段，该字段含有服务器用于验证用户代理身份的凭证。我们向评论列表页面发送请求时，在请求头中携带这个字段便能获取评论列表页的数据。

【项目实现】

了解了网页 URL 变化的规律之后，使用多线程采集黑马头条自媒体端评论列表的相关数据，具体内容如下。

（1）在 PyCharm 工具中，创建 heimatoutiao.py 文件，用于编写爬虫的相关功能。在编写爬虫之前，我们需要导入使用的模块和库，具体代码如下。

```
import requests
import json
import threading
from queue import Queue
import time
```

（2）定义表示多线程爬虫的 HeiMaTouTiao 类，在该类的构造方法中添加表示请求头、网址队列和内容队列的属性，具体代码如下。

```
class HeiMaTouTiao:
    def __init__(self):
        self.headers = {
            "User-Agent": "Mozilla/5.0 (Windows NT 6.1; WOW64) "
                          "AppleWebKit/537.36 (KHTML, like Gecko) "
                          "Chrome/92.0.4515.107 Safari/537.36",
            'Authorization': 'Bearer eyJ0eXAiOiJKV1QiLCJhbGciOiJIU'
            'zI1NiJ9.eyJleHAiOjE2NTY2NTk3NjcsInVzZXJfaWQiOjEsInJlZn'
            'Jlc2giOmZhbHNlLCJ2ZXJpZmllZCI6dHJ1ZX0.ZSdV5mT6w_yhEKLg'
            'qcvWNln2GKHBxfxK7d8YXaoCMYg'}
        # URL 队列
        self.url_queue = Queue()
        # 提取的内容队列
        self.content_queue = Queue()
```

（3）定义用于构造网址列表的 get_url_list()方法。该方法会将根据页码拼接好的 URL 添加到 URL 队列中，具体代码如下。

```
def get_url_list(self, start_page, end_page):
    url_temp = 'http://api-toutiao-web.itheima.net/mp/v1_0/articles?' \
            'page={}&per_page=10&response_type=comment'
    url_list = [url_temp.format(i) for i in range(start_page, end_page + 1)]
    for url in url_list:
        print('正在请求：', url)
        self.url_queue.put(url)
```

（4）定义用于发送请求并提取数据的 get_data()方法。该方法会获取网址队列中的 URL 并发送 GET 请求。服务器返回响应数据后将在 JSON 数据中提取目标数据，并将目标数据添加到之前提取的内容队列中，具体代码如下。

```
def get_data(self):
    content_li = []
    while True:
        url = self.url_queue.get()
        comment = requests.get(url=url, headers=self.headers).text
        data = json.loads(comment)
        data = data['data']['results']
        for index in range(len(data)):
            content = dict()
            content['标题'] = data[index]['title']
            if data[index]['comment_status'] is True:
                content['评论状态'] = '正常'
            else:
                content['评论状态'] = '关闭'
            content['总评论数'] = data[index]['total_comment_count']
            content['粉丝评论数'] = data[index]['fans_comment_count']
            content_li.append(content)
        self.content_queue.put(content_li)
        self.url_queue.task_done()
```

（5）定义用于保存网页数据的 save_data()方法。该方法会从内容队列中取出数据，并将数据写入指定的 JSON 文件中，具体代码如下。

```
def save_data(self):
    while True:
```

```
            content_list = self.content_queue.get()
            with open('toutiao.json', mode='a+', encoding='utf-8')as f:
                f.write(json.dumps(content_list, ensure_ascii=False, indent=2))
            self.content_queue.task_done()
```

（6）定义用于控制网络爬虫运行流程的 run()方法。该方法会根据用户输入的起始页和结束页，开启多个线程提取网页数据、1 个线程构造请求 URL、1 个线程保存网页数据，具体代码如下。

```
    def run(self):
        start_page = int(input('请输入抓取的起始页：'))
        end_page = int(input('请输入抓取的结束页：'))
        # 线程列表
        t_list = []
        if start_page <= 0:
            print('抓取的起始页从 1 开始。')
        else:
            t_url = threading.Thread(target=self.get_url_list, args=(
                                                    start_page, end_page))
            t_list.append(t_url)
        # 提取内容线程
        for i in range(9):
            t_content = threading.Thread(target=self.get_data)
            t_list.append(t_content)
        # 保存数据
        t_save = threading.Thread(target=self.save_data)
        t_list.append(t_save)
        for t in t_list:
            t.setDaemon(True)
            t.start()
        for q in [self.url_queue, self.content_queue]:
            q.join()
```

（7）在 main 语句中创建 HeiMaTouTiao 类的对象，让该对象调用 run()方法运行网络爬虫，并根据输入的起始页码和结束页码抓取指定页码范围的网页数据，具体代码如下。

```
if __name__ == '__main__':
    heimatoutiao = HeiMaTouTiao()
    heimatoutiao.run()
```

运行程序，输入起始页码为 1，结束页码为 5，可以看到控制台输出了如下信息。

```
请输入抓取的起始页：1
请输入抓取的结束页：5
正在请求：http://api-toutiao-web.itheima.net/mp/v1_0/articles?page=1
                                     &per_page=10&response_type=comment
正在请求：http://api-toutiao-web.itheima.net/mp/v1_0/articles?page=2
                                     &per_page=10&response_type=comment
正在请求：http://api-toutiao-web.itheima.net/mp/v1_0/articles?page=3
                                     &per_page=10&response_type=comment
正在请求：http://api-toutiao-web.itheima.net/mp/v1_0/articles?page=4
                                     &per_page=10&response_type=comment
正在请求：http://api-toutiao-web.itheima.net/mp/v1_0/articles?page=5
                                     &per_page=10&response_type=comment
```

与此同时，在程序所在目录下创建了 toutiao.json 文件，使用记事本打开后的内容如图 6-8 所示。

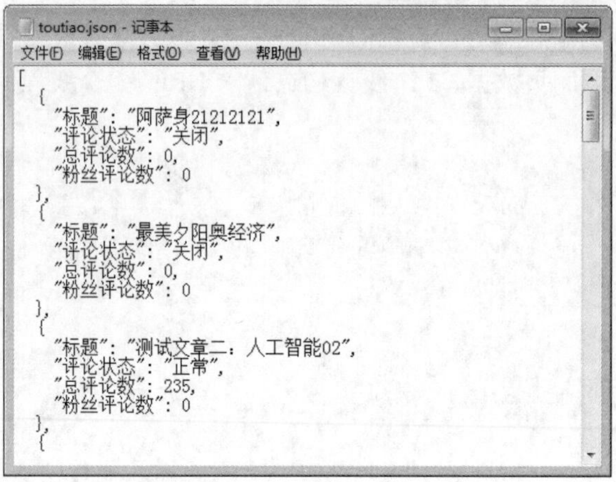

```
toutiao.json - 记事本
文件(F) 编辑(E) 格式(O) 查看(V) 帮助(H)
[
  {
    "标题": "阿萨身21212121",
    "评论状态": "关闭",
    "总评论数": 0,
    "粉丝评论数": 0
  },
  {
    "标题": "最美夕阳奥经济",
    "评论状态": "关闭",
    "总评论数": 0,
    "粉丝评论数": 0
  },
  {
    "标题": "测试文章二：人工智能02",
    "评论状态": "正常",
    "总评论数": 235,
    "粉丝评论数": 0
  },
  {
```

图 6-8 toutiao.json

至此，使用多线程抓取黑马头条评论列表信息完成。

6.5 本章小结

在本章中，我们首先介绍了网络爬虫速度提升方案，然后介绍了多线程爬虫，最后介绍了协程爬虫。希望读者通过本章内容的学习能够熟练地在网络爬虫程序中使用多线程和协程技术，提升网络爬虫程序采集数据的效率。

6.6 习题

一、填空题

1. 协程是________的轻量级线程。
2. 在 asyncio 库中，________关键字用于定义协程。
3. queue 模块中提供了 3 种队列，它们唯一的区别是元素取出的________不同。
4. 多线程适用于________的代码。
5. ________是线程间常用的交换数据的形式。

二、判断题

1. 影响网络爬虫速度的因素主要是网络 I/O 操作。(　　)
2. 线程具有独立运行、状态不可预测、执行顺序随机的特点。(　　)
3. 线程是系统进行资源分配的最小单位。(　　)
4. 线程共享同一进程中的数据。(　　)
5. 协程由操作系统进行调度。(　　)

三、选择题

1. 下列选项中，关于进程的描述错误的是（　　）。
   A. 进程是系统进行资源分配的最小单位
   B. 进程拥有自己的内存空间
   C. 进程之间不共享数据
   D. 进程的存在必须依赖线程
2. 下列选项中，关于多线程爬虫的描述错误的是（　　）。
   A. 开启的线程数量越多，程序运行速度越快
   B. 多线程爬虫将多线程技术运用到网络爬虫中
   C. 多线程爬虫使用队列是为了保证安全地使用多线程采集网页数据
   D. 通常情况下，多线程爬虫会开启多个线程抓取网页和解析网页
3. 下列选项中，表示先进先出队列的类是（　　）。
   A. Queue　　B. LifoQueue　　C. PriorityQueue　　D. EmptyQueue
4. 下列选项中，关于协程爬虫的描述错误的是（　　）。
   A. 每个网址都会分配一个协程运行
   B. 使用 asyncio 编写网络爬虫，需要使用 requests 模块发送请求
   C. 协程爬虫可通过 asyncio 库和 aiohttp 库实现
   D. 协程爬虫在执行过程中出现网络阻塞或其他异常情况，则会立即执行下一个协程
5. 下列选项中，用于在 aiohttp 库中创建客户端会话的是（　　）。
   A. Session()　　B. ClientSession()　　C. Client()　　D. get()

四、简答题

1. 请简述多线程爬虫的运行流程。
2. 请简述协程爬虫的运行流程。

五、程序题

编写程序，使用多线程技术抓取豆瓣电影排行榜（网址为 https://movie.douban.com/top250）中的电影名称和评分信息。

第7章 存储数据

学习目标

◆ 了解数据存储的两种方式，能够说出文件存储和数据库存储的利弊

◆ 掌握 MongoDB 数据库的安装，能够独立安装 MongoDB 数据库

◆ 掌握使用 Python 操作 MongoDB 数据库的方式，能够使用 pymongo 模块操作 MongoDB 数据库的数据

◆ 掌握 Redis 数据库的安装，能够独立安装 Redis 数据库

◆ 掌握使用 Python 操作 Redis 的方式，能够使用 redis 模块操作 Redis 数据库的数据

在实际应用中，网络爬虫在对网页的数据进行抓取、解析之后，便可以获得最终要采集的目标数据，然后对这些目标数据进行持久化存储，以便后期投入数据研究工作中。数据存储主要有文件存储和数据库存储两种存储方式。我们在前面的项目开发中已经接触过文件存储。在本章中，我们着重介绍如何使用数据库来存储网络爬虫采集的数据。

拓展阅读

7.1 数据存储的方式

存储数据是实现网络爬虫的最后一个环节。我们在这个环节中主要做的事情便是将解析后的数据进行持久化存储，为后期的数据研究工作做好准备。我们可以采用两种方式存储网络爬虫采集的数据：文件存储和数据库存储，关于这两种方式的介绍如下。

1. 文件存储

文件存储是一种基础的数据存储方式，这种方式会将数据以文件的形式存储到本地计算机中，前文中涉及的案例都是采用这种方式存储数据的。对于中小型网络爬虫来说，它们适合使用文件的方式存储数据。

2. 数据库存储

文件存储方式虽然能够对采集的数据进行存储，但会将数据存储成一堆零散的文件。这导致数据不仅没有清晰的结构，而且不利于后续在程序中使用。当采集的数据量较大时，可

以使用数据库存储。数据库不仅可以对数据进行分类保存，而且可以有效地避免存储重复的数据，甚至可以提供高效的检索和访问方式，比较适合大型网络爬虫。

根据存储数据时所用数据模型的不同，当今互联网中的数据库主要分为关系型数据库、非关系型数据库两种，分别介绍如下。

- 关系型数据库是指采用关系模型（二维表格形式）组织数据的数据库系统，它由数据表和数据表之间的关系组成，主要包含数据行、数据列、数据表、数据库 4 个核心元素。
- 非关系型数据库也被称为 NoSQL（Not Only SQL）数据库，是指非关系型的、分布式的数据存储系统。与关系型数据库相比，非关系型数据库无须事先为要存储的数据建立字段。它没有固定的结构，既可以拥有不同的字段，也可以存储各种格式的数据。

非关系型数据库种类繁多。按照不同的数据模型，非关系型数据库又可以分为列存储数据库、键值存储数据库、文档型数据库 3 种类型。其中键值存储数据库采用键值结构存储数据，每个键分别对应一个特定的值，典型代表有 Redis；文档型数据库的结构与键值存储数据库类似，它采用文档（如 JSON 或 XML 等格式）结构存储数据，每个文档中包含多个键值对，典型代表有 MongoDB。

在实际应用中，文件存储和数据库存储各有利弊。文件存储比较适合中小型网络爬虫，数据库存储比较适合大型网络爬虫，大家可以根据自己的需求进行选择。本书主要以 MongoDB、Redis 为例，为大家介绍如何在 Python 中操作 MongoDB 和 Redis 数据库。

7.2 存储至 MongoDB 数据库

MongoDB 属于典型的文档型数据库，它采用文档的形式存储数据，每个文档中包含多个键值对。这类数据库对数据结构的要求并不严格，具有结构可变、查询速度快的特点。本节将围绕 MongoDB 数据库的相关知识进行介绍。

7.2.1 下载与安装 MongoDB

在使用 MongoDB 数据库之前，我们需要确保自己的计算机中已经安装了 MongoDB 数据库。本节以 Windows 7 操作系统为例，分别为大家介绍如何在计算机中下载并安装 MongoDB 数据库。

1. 下载 MongoDB

在浏览器中访问 MongoDB 社区版的下载页面，该页面中展示支持 Windows 系统的所有可用版本，具体如图 7-1 所示。

由图 7-1 可知，目前支持 Windows 平台下载的最新安装包版本是 5.0.2，但该版本不支持 Windows 7 操作系统。因此，我们在这里下载支持 Windows 7 操作系统的 4.2.15 版本。

单击图 7-1 中的“Version”弹出下拉列表框，在该菜单中选择 4.2.15，单击下方的“Download”按钮将相应的安装包 mongodb-win32-x86_64-2012plus-4.2.15-signed.msi 下载到本地。

2. 安装 MongoDB

下载完安装包以后，我们便可以开始安装 MongoDB，具体步骤如下。

（1）双击刚刚下载的安装包 mongodb-win32-x86_64-2012plus-4.2.15-signed.msi 启动安装

程序，进入 Welcome to the MongoDB 4.2.15 界面，如图 7-2 所示。

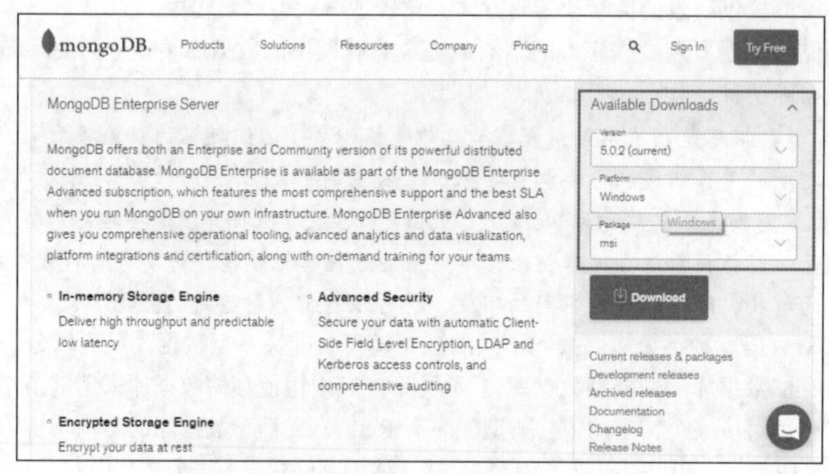

图 7-1 MongoDB 社区版的下载页面

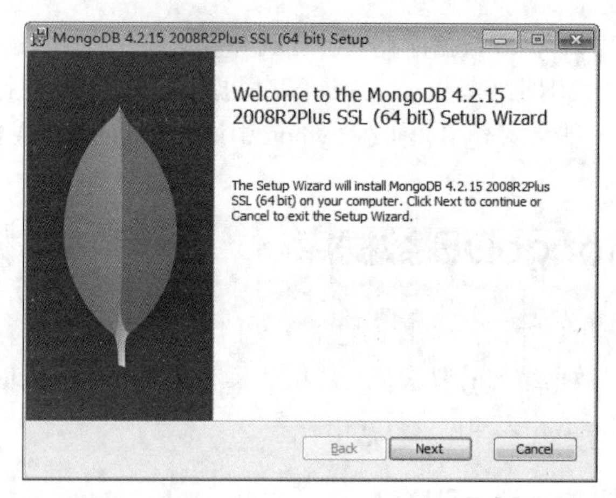

图 7-2 Welcome to the MongoDB 4.2.15 界面

（2）单击图 7-2 中的“Next”按钮，进入 End-User License Agreement 界面，如图 7-3 所示。

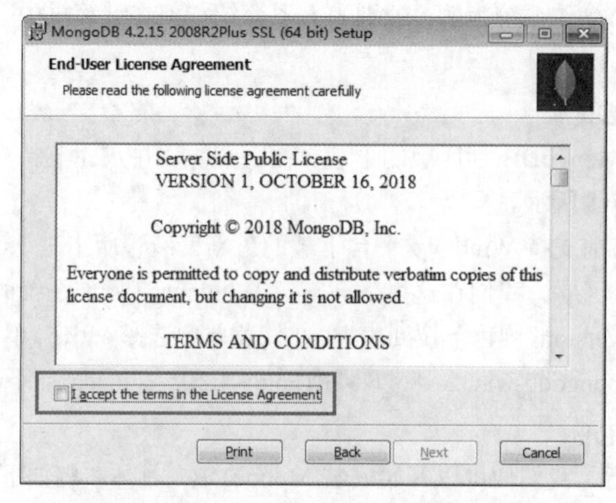

图 7-3 End-User License Agreement 界面

（3）勾选图 7-3 中标注的“I accept the terms in the License Agreement”复选框，单击“Next”按钮进入 Choose Setup Type 界面，如图 7-4 所示。

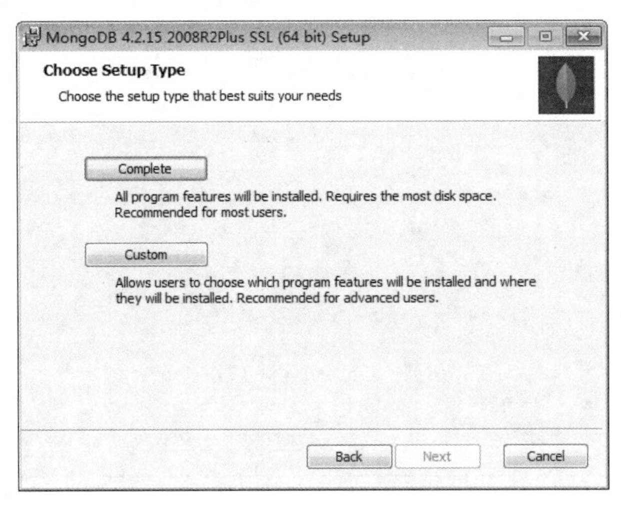

图 7–4　Choose Setup Type 界面

图 7-4 中包含两种安装类型，具体介绍如下。

- Complete：此类型将安装所有程序功能，需占用较多的磁盘空间，建议大多数用户使用。
- Custom：此类型允许用户自行选择要安装的程序功能及安装位置，建议高级用户使用。

（4）在这里，我们选择单击“Complete”按钮，进入 Service Configuration 界面，如图 7-5 所示。

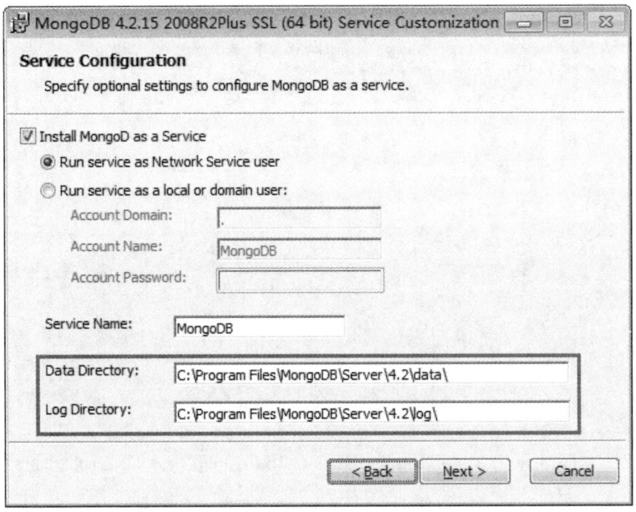

图 7–5　Service Configuration 界面

图 7-5 中标注了 data 和 log 文件夹的路径，其中 data 文件夹用于存放创建的数据库，log 文件夹用于存放数据库的日志文件。

（5）单击图 7-5 中的“Next”按钮，进入 Install MongoDB Compass 界面，如图 7-6 所示。

MongoDB Compass 是 MongoDB 数据库的 GUI 管理系统，默认会选择安装，但是安装速度非常慢。

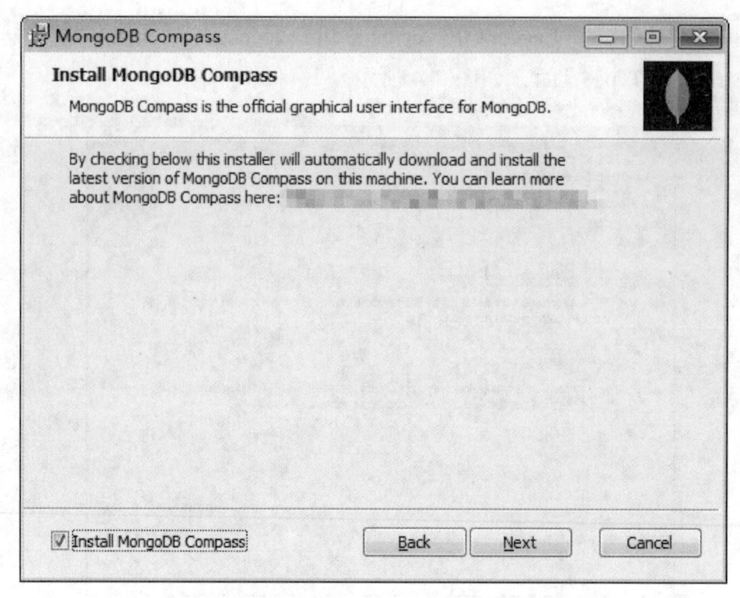

图 7-6　Install MongoDB Compass 界面

（6）取消勾选“Install MongoDB Compass”复选框，单击“Next”按钮进入 Ready to install MongoDB 4.2.15 2008R2Plus SSL(64 bit)界面，如图 7-7 所示。

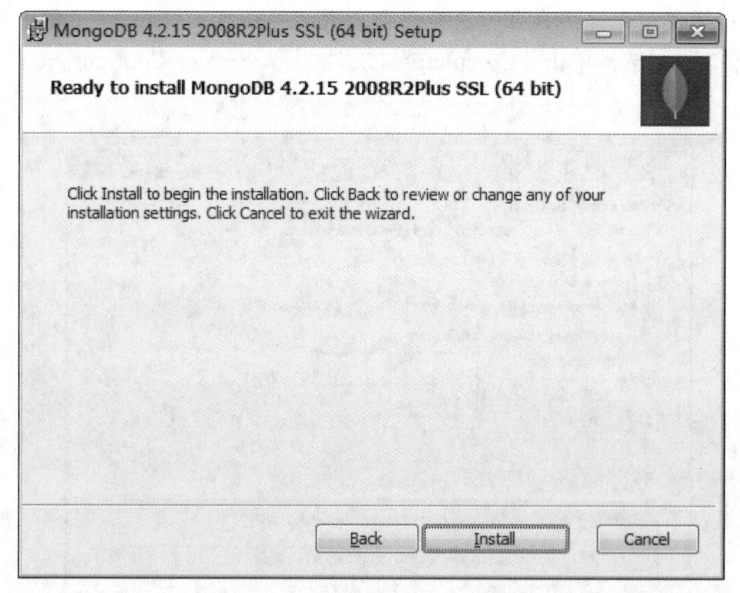

图 7-7　Ready to install MongoDB 4.2.15 2008R2Plus SSL(64 bit)界面

（7）单击图 7-7 中的“Install”按钮开始安装 MongoDB，会显示当前安装的进度，安装完成后进入 Completed the MongoDB 4.2.15 界面，如图 7-8 所示。

（8）单击图 7-8 中的“Finish”按钮完成安装。

值得一提的是，MongoDB 默认会将创建的数据库文件存储在 db 目录下，但是这个目录不会被主动创建，需要用户在 MongoDB 安装完成后自己创建 db 文件夹。在“C:\Program Files\MongoDB\Server\4.0\data\”目录下创建一个文件夹 db，此时的 data 目录结构如图 7-9 所示。

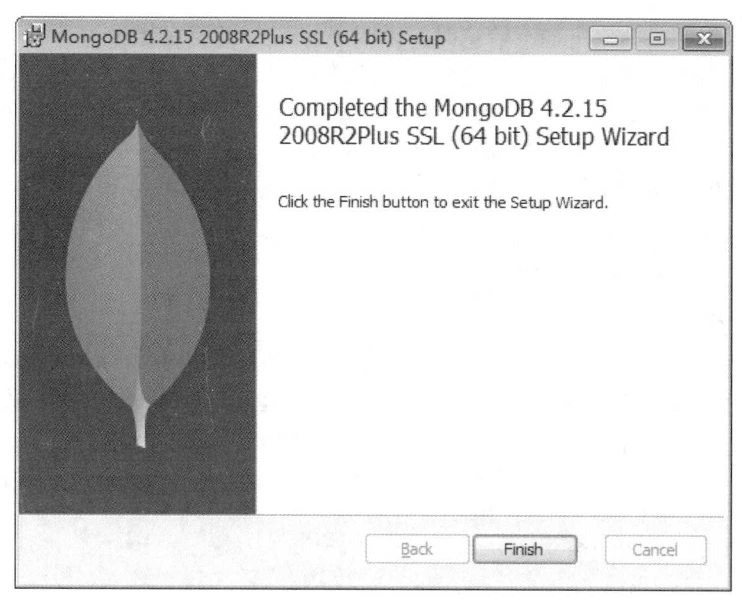

图 7-8　Completed the MongoDB 4.2.15 界面

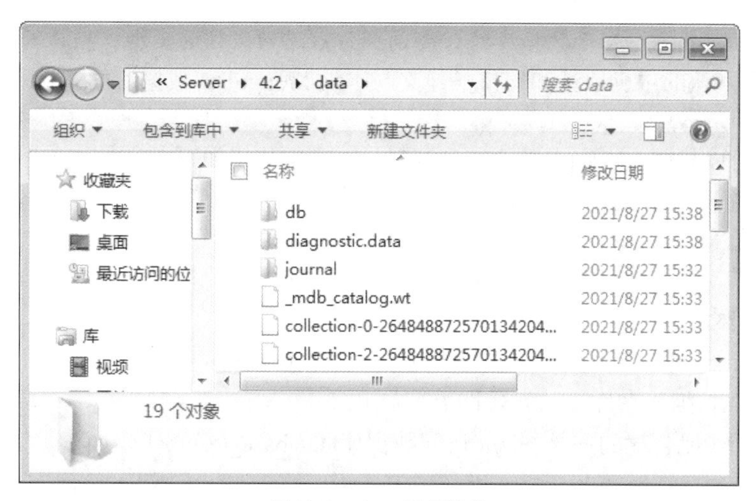

图 7-9　data 目录结构

打开命令提示符窗口，使用 cd 命令切换当前工作路径为 MongoDB.exe 所在的安装目录（本书安装的路径为“C:\Program Files\MongoDB\Server\4.2\bin”），之后输入如下命令指定 MongoDB 数据库文件的位置为刚刚新建的 db 目录。

```
mongod --dbpath "C:\Program Files\MongoDB\Server\4.2\data\db"
```

为了避免后续重复切换至 MongoDB.exe 的安装目录，可以将以上路径添加到环境变量中。

7.2.2　使用 Python 操作 MongoDB

为方便开发者操作 MongoDB 数据库中的数据，Python 提供了一个第三方模块 pymongo。该模块定义了连接和操作 MongoDB 数据库的功能。使用 pymongo 模块之前，我们需要在当前的 Python 环境中安装 pymongo 模块。pymongo 模块的安装命令如下。

```
pip install pymongo
```

当命令提示符窗口中输出如下信息时，说明 pymongo 模块安装成功。

```
......
Installing collected packages: pymongo
Successfully installed pymongo-3.12.0
```

安装好 pymongo 模块以后，我们就可以使用 pymongo 模块操作 MongoDB 数据库了。接下来，分别从创建连接、访问数据库、创建集合、插入文档、查询文档、更新文档、删除文档这几个方面介绍 pymongo 模块的基本操作。

1. 创建连接

在对 MongoDB 数据库的数据进行操作之前，我们需要先与本地的 MongoDB 数据库建立连接。在 pymongo 模块中，MongoClient 类的对象用于建立与 MongoDB 数据库的连接，它可以通过如下构造方法进行创建。

```
__init__(self, host=None, port=None, document_class=dict, tz_aware=None,
         connect=None, type_registry=None, **kwargs)
```

上述方法中常用参数的含义如下。

- host：表示主机地址，默认为 localhost。
- port：表示连接的端口号，默认为 27017。
- document_class：表示数据库执行查询操作后返回文档的类型，默认为 dict。

例如，使用默认的主机地址和端口号建立与本地 MongoDB 数据库的连接。代码如下所示。

```
client = MongoClient()
```

此外，也可以显式地指定主机地址和端口号，示例代码如下。

```
client = MongoClient('localhost', 27017)
```

还可以使用 MongoDB 的 URL 路径形式传入参数，示例代码如下。

```
client = MongoClient('mongodb://localhost:27017')
```

2. 访问数据库

在 pymongo 模块中，DataBase 对象表示一个数据库。访问数据库的方式比较简单，直接使用“连接对象.数据库名称”的方式即可。

例如，使用刚刚创建的连接 client 访问数据库 database_test，代码如下。

```
db = client.database_test
```

此外，还可以使用字典的形式进行访问，示例代码如下。

```
db = client['database_test']
```

值得一提的是，使用以上两种方式访问数据库时，若指定的数据库已经存在，则会直接访问该数据库，否则会新创建一个数据库。

3. 创建集合

在 pymongo 模块中，Collection 对象代表集合。集合类似于关系数据库中的表，但是它没有固定的结构。创建集合与访问数据库的方式类似，直接通过“数据库名称.集合名称”的方式实现。

例如，在数据库 database_test 中创建集合 student，代码如下。

```
coll = db.student
```

也可以采用访问字典值的形式创建集合，示例代码如下。

```
coll = db['student']
```

4．插入文档

有了集合之后，便可以向集合中插入文档。文档是 MongoDB 数据库的基本数据组织单元，类似于 MySQL 数据库中的记录。pymongo 使用字典来表示 MongoDB 数据库的文档，每个文档中都有一个_id 属性，用于保证文档的唯一性。当文档插入集合中时，若未提供_id，会被 MongoDB 自动设置专属的_id 值。

pymongo 模块提供了两个向集合中插入文档的方法，它们分别是 insert_one()和 insert_many()。其中，insert_one()用于一次向集合中插入一条文档；insert_many()用于一次向集合中插入多条文档。

例如使用 insert_one()方法向集合 student 中插入一条文档，代码如下。

```
result = coll.insert_one({'name':'zhaoliu', 'age':23})
print(result)
```

运行代码，输出如下结果。

```
<pymongo.results.InsertOneResult object at 0x00000000034CFF88>
```

例如使用 insert_many()方法向集合 student 中插入 3 条文档，代码如下。

```
result = coll.insert_many([{'name': 'zhangsan', 'age': 20},
                           {'name': 'lisi', 'age': 21},
                           {'name': 'wangwu', 'age': 22}])
print(result)
```

运行代码，输出如下结果。

```
<pymongo.results.InsertManyResult object at 0x0000000002ED3E00>
```

观察两次运行结果可知，程序第 1 次输出一个 InsertOneResult 对象，说明成功插入了一条文档；程序第 2 次输出一个 InsertManyResult 对象，说明成功插入了多条文档。

5．查询文档

pymongo 模块提供了两个查询文档的方法，它们分别是 find_one()方法和 find()方法。其中，find_one()方法用于查询集合中的一条文档，若找到匹配的文档，则返回单个文档，否则返回 None；find()方法用于查询集合中的多条文档，若找到匹配项，则返回一个 Cursor 对象。

例如使用 find()方法查询集合 student 中 age 值为 20 的所有文档，代码如下。

```
result = coll.find({'age': 20})
print(result)
```

运行代码，输出如下结果。

```
<pymongo.cursor.Cursor object at 0x00000000038F89B0>
```

此时，还可以使用 for 循环遍历查找的结果，具体代码如下。

```
for doc in result:
    print(doc)
```

运行代码，输出如下结果。

```
{'_id': ObjectId('59f420f386d7080f1824d8c1'), 'name': 'zhangsan',
'age': 20}
```

6．更新文档

pymongo 模块提供了两个更新文档的方法，它们分别是 update_one()和 update_many()。其中，update_one()方法用于更新集合中的一条文档；update_many()方法用于更新集合中的多条文档。

例如使用 update_one()方法更新 name 为 zhaoliu 的文档，将该文档的 age 值设为 25，并查看修改后的结果，示例代码如下。

```
coll.update_one({'name': 'zhaoliu'}, {'$set': {'age': 25}})
result_update = coll.find({'name': 'zhaoliu'})
for doc in result_update:
    print(doc)
```

运行代码，输出如下结果。

```
{'_id': ObjectId('6129bb5bddbf2e7283146d53'), 'name': 'zhaoliu', 'age': 25}
```

7. 删除文档

pymongo 模块提供了两个删除文档的方法，它们分别是 delete_one()和 delete_many()。其中，delete_one()方法用于从集合中删除一条文档；delete_many()方法用于从集合中删除多条文档。

例如使用 delete_many()方法删除 coll 中的所有文档，并查找 name 为 zhaoliu 的文档，示例代码如下。

```
coll.delete_many({})                                # 删除集合中的所有文档
result_find = coll.find({'name': 'zhaoliu'}) # 查找 name 为'zhaoliu'的文档
for doc in result_find:
    print(doc)
```

运行代码，发现程序没有输出任何内容。

7.3 存储至 Redis 数据库

Redis 数据库属于典型的键值类型的数据库，它采用键值对的形式存储数据到内存中，具有容易部署、查询速度快、支持高并发操作等特点。由于 Redis 数据库会将数据存储到内存中，所以它读写数据的效率非常高，但不适合存储大量的数据，经常被应用到分布式网络爬虫的场景中。本节将围绕 Redis 数据库的相关知识进行介绍。

7.3.1 下载与安装 Redis

在使用 Redis 数据库之前，我们需要确保自己的计算机中已经安装了 Redis 数据库。Redis 官方网站为许多平台提供了安装包，但它并不支持 Windows 操作系统，原因在于 Linux 已经在服务器领域中得到了广泛的使用，在 Windows 上运行 Redis 相对显得没那么重要。尽管如此，GitHub 网站上还是提供了适合 Windows 平台使用的版本。下面以 Windows 7 操作系统为例，为大家演示如何下载和安装 Redis 到本地计算机中，具体内容如下。

1. 下载 Redis

在浏览器中访问 GitHub 网站上 Redis 数据库的下载页面，当前页面中显示了所有可以被用户下载的多个版本。本书要安装的版本是 3.2.100，具体如图 7-10 所示。

在图 7-10 中，页面下方标注出了 3.2.100 版本的安装文件和源代码。在这里，我们选择单击“Redis-x64-3.2.100.msi”链接文本，将 Redis-x64-3.2.100.msi 下载到计算机中。

2. 安装 Redis

安装文件下载完毕后，便可以直接进行安装，具体步骤如下。

（1）双击安装文件“Redis-x64-3.2.100.msi”启动安装程序，进入 Welcome to the Redis on Windows Setup Wizard 界面，如图 7-11 所示。

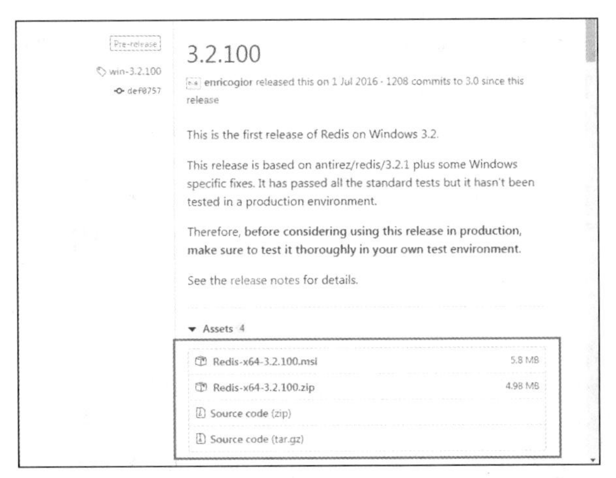

图 7-10　当前 Redis 的最新版本

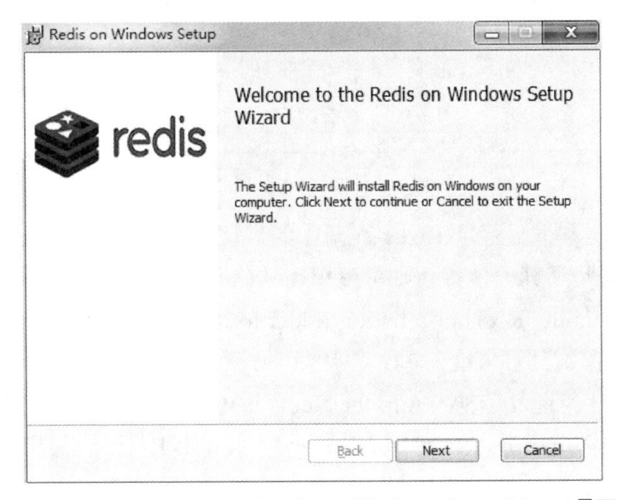

图 7-11　Welcome to the Redis on Windows Setup Wizard 界面

（2）在图 7-11 中，单击“Next”按钮进入 End-User License Agreement 界面，如图 7-12 所示。

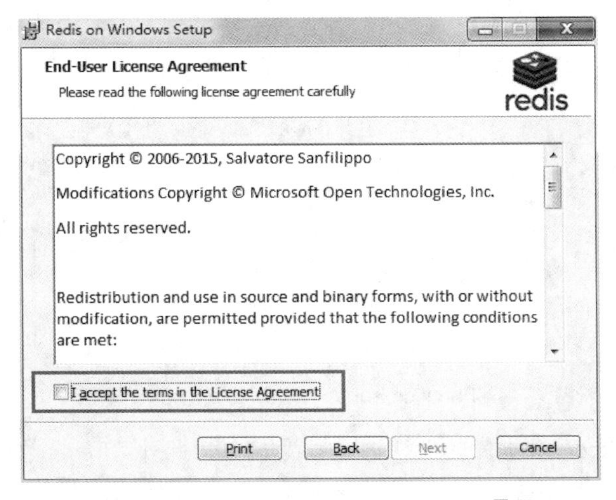

图 7-12　End-User License Agreement 界面

（3）在图 7-12 中，界面底部标注出了“I accept the terms in the License Agreement”复选框，提示用户接受许可协议中的条款。勾选“I accept the terms in the License Agreement”复选框，单击“Next”按钮进入 Destination Folder 界面，如图 7-13 所示。

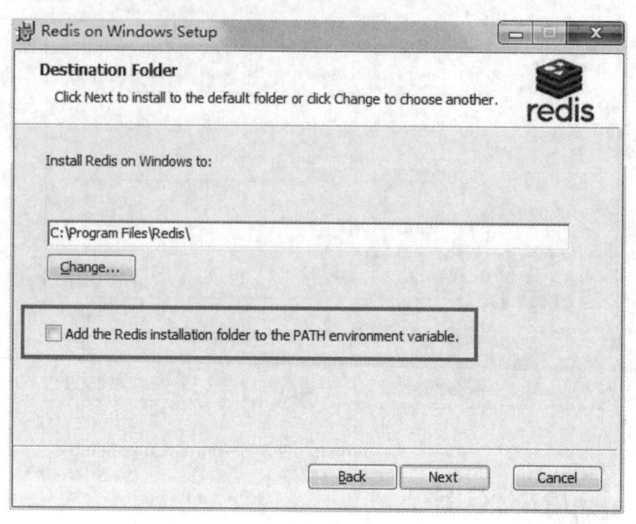

图 7-13　Destination Folder 界面

由图 7-13 可知，文本框显示了 Redis 数据库的默认安装路径 C:\Program Files\Redis\。若希望将 Redis 数据库安装到其他位置，则可以单击“Change...”按钮重新选择安装的路径。文本框下方的复选框“Add the Redis installation folder to the PATH environment variable”表示将 Redis 的安装路径自动添加到环境变量中，以更好地运行 Redis 数据库。

（4）在图 7-13 中，勾选复选框“Add the Redis installation folder to the PATH environment variable”，单击“Next”按钮进入 Port Number and Firewall Exception 界面，用于设置端口号和为 Redis 添加防火墙提醒，如图 7-14 所示。

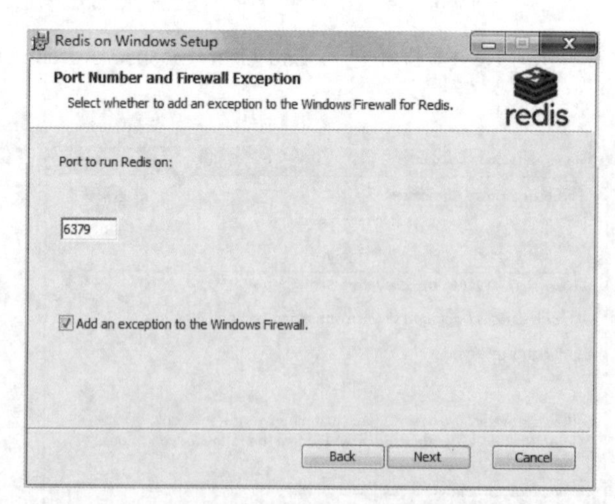

图 7-14　Port Number and Firewall Exception 界面

由图 7-14 可知，Redis 数据库的默认端口号为 6379。此外，Redis 数据库默认设置了防火墙提醒，以避免其他机器访问本机的 Redis 数据库，这里保持默认配置。

（5）在图 7-14 中，单击“Next”按钮进入 Memory Limit 界面，在该界面中可设置最大内存，具体如图 7-15 所示。

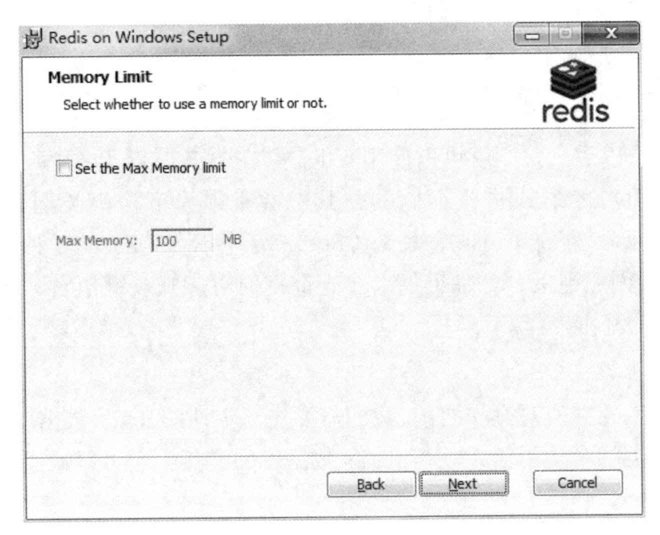

图 7-15　Memory Limit 界面

由图 7-15 可知，Redis 数据库默认设置的最大内存为 100MB，这里保持默认设置。

（6）在图 7-15 中，单击“Next”按钮进入准备安装的界面。在该界面中单击“Install”按钮开始安装，可以看到当前安装的进度。安装完成后进入 Completed the Redis on Windows Setup Wizard 界面，具体如图 7-16 所示。

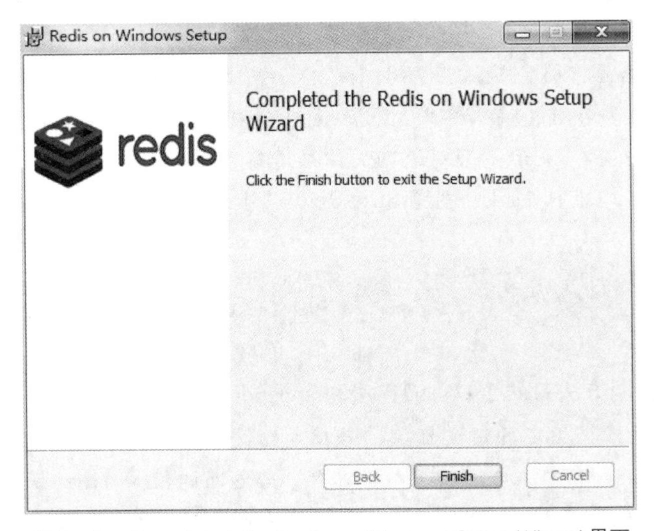

图 7-16　Completed the Redis on Windows Setup Wizard 界面

在图 7-16 中，单击“Finish”按钮完成安装。至此，Redis 数据库安装完成。

7.3.2　使用 Python 操作 Redis

为方便开发者操作 Redis 数据库中的数据，Python 提供了一个第三方模块 redis。该模块定义了连接和操作 Redis 数据库的功能。使用 redis 模块之前，我们需要在当前的 Python 环境中安装 redis 模块。redis 模块的安装命令如下。

```
pip install redis
```

当命令提示符窗口中输出如下信息时，说明 redis 模块安装成功。

```
......
Installing collected packages: redis
Successfully installed redis-3.5.3
```

安装好 redis 模块以后，我们就可以使用 redis 模块操作 Redis 数据库了。在 Redis 数据库中，数据都是以键值对的形式进行存储的，其中键必须为字符串类型，值可以为字符串（String）、哈希（Hash）、列表（List）、集合（Set）、有序集合（Zset）5 种类型。

接下来，分别从创建连接、增加键值对、查询键值对、修改键值对、删除键值对这几个方面介绍 redis 模块的基本操作。

1. 创建连接

在对 Redis 数据库的键值对操作之前，我们需要先与本地的 Redis 数据库建立连接。在 redis 模块中，StrictRedis 类的对象用于建立与 Redis 数据库的连接，它可以通过如下构造方法进行创建。

```
StrictRedis(host='localhost', port=6379, db=0, password=None,
    socket_timeout=None, socket_connect_timeout=None,
    socket_keepalive=None, socket_keepalive_options=None,
    connection_pool=None, unix_socket_path=None, encoding='utf-8',
    decode_responses=False, ...)
```

上述方法中常用参数的含义如下。

- host：表示待连接的 Redis 数据库所在主机的 IP 地址，默认值为 localhost。
- port：表示 Redis 数据库程序的端口，默认值为 6379。
- db：表示数据库索引，默认值为 0，最大值为 15，对应数据库的名称为 db0 和 db15。
- encoding：表示采用的编码格式，默认值为 utf-8。
- decode_responses：表示是否对返回的结果进行解码，默认值为 False。

例如使用默认 IP 地址和端口号创建 StrictRedis 类的对象，建立与本地 Redis 数据库的连接，具体代码如下。

```
import redis
sr_obj = redis.StrictRedis()
```

2. 增加键值对

增加键值对的常用方法有两个：set()方法和 append()方法。关于它们的介绍如下。

- set()方法用于根据指定的键设置值，若指定的键不存在，则会新建一个键值对，否则会修改该键对应的值。set()方法会返回一个布尔值，若返回的值为 True，则表示键值对创建或修改成功；若返回的值为 False，则表示创建或修改失败。
- append()方法用于为指定的键追加值，若指定的键存在，则新值会追加到原值的末尾，否则会创建一个新的键值对。

例如使用 set()方法向默认的数据库 db0 中增加键值对，具体代码如下。

```
# 增加键值对
result = sr_obj.set('py1', 'Tom')
print(result)
```

运行代码，输出如下结果。

```
True
```

从输出结果可以看出，数据库 db0 中成功增加了一个键为 py1、值为 Tom 的数据。

3. 查询键值对

get()方法用于根据指定的键查询该键对应的值，查询失败则会返回 None。例如，使用 get()方法查询刚刚添加的键值对，代码如下。

```
# 查询键为 py1 的值
result = sr_obj.get('py1')
print(result)
```

运行代码，输出如下结果。

```
b'Tom'
```

从输出结果可以看出，程序成功地找到了键 py1 对应的值。

4. 修改键值对

使用 set()方法可以对 Redis 数据库已经存在的键值对进行修改。例如使用 set()方法将键 py1 对应的值修改为 Jerry，并再次查询修改后的键值对，代码如下。

```
# 修改键 py1 对应的值
result = sr_obj.set('py1', 'Jerry')
print(result)
result = sr_obj.get('py1')
print(result)
```

运行代码，输出如下结果。

```
True
b'Jerry'
```

从查询后的结果可以看出，程序成功地将键 py1 对应的值由 Tom 修改为 Jerry。

5. 删除键值对

delete()方法会根据指定键删除其对应的值，并根据该方法返回的结果判定是否删除成功。若返回的结果为受影响键的数量，则表示删除成功；若返回的结果为 0，则表示删除失败。例如使用 delete()方法删除之前键为 py1 的值，代码如下。

```
# 删除键 py1 的值
result = sr_obj.delete('py1')
print(result)
```

运行代码，输出如下结果。

```
1
```

从输出结果可以看出，程序成功删除了一个键值对。

7.3.3 Redis 桌面管理工具

为了能直观地看到 Redis 数据库中数据的变化情况，这里推荐一个 Redis 数据库的桌面管理工具——Redis Desktop Manager。它为 Windows、macOS 等平台都提供了快速的支持，操作简单且使用方便。

下面以 Windows 7 操作系统为例，为大家介绍如何安装与使用 Redis Desktop Manager 2019.4.0 工具。具体步骤如下。

（1）打开 Redis Desktop Manager 安装包，按照安装向导的提示逐步进行安装，安装完成后进入 Redis Desktop Manager 的主界面，具体如图 7-17 所示。

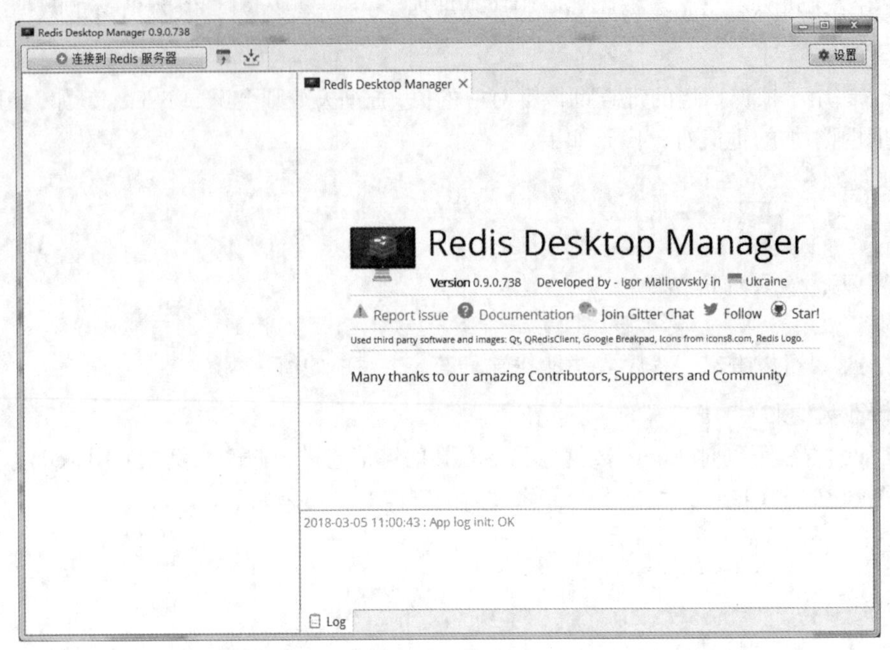

图 7-17 Redis Desktop Manager 的主界面

（2）单击图 7-17 左上角的“连接到 Redis 服务器”按钮，选择创建一个 Redis 连接，此时弹出新连接设置对话框。在该对话框中，填写新创建连接的名称、Redis 数据库 IP 地址，并使用默认的端口 6379。填写好的新连接设置界面如图 7-18 所示。

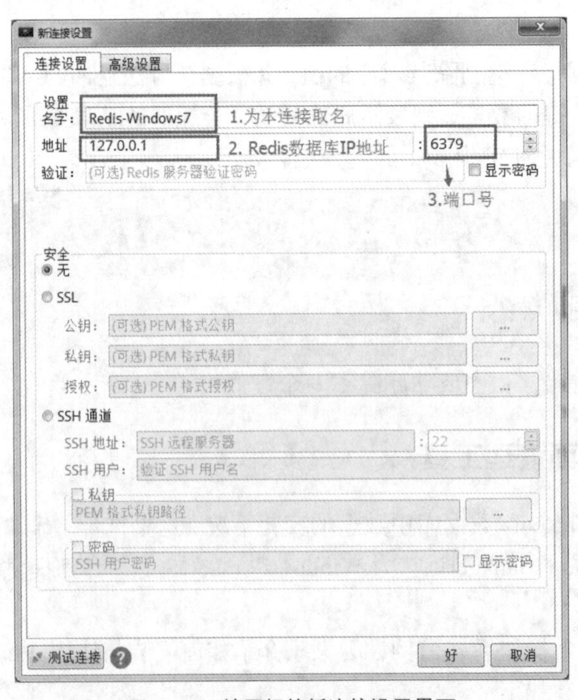

图 7-18 填写好的新连接设置界面

值得一提的是，若 Redis 数据库并没有在本地计算机中，应将图 7-18 中地址选项的值改为 Redis 数据库所在主机的 IP 地址。

（3）在图 7-18 中，单击“好”按钮保存新连接信息后会跳转回图 7-17 所示的界面，并在该界面左侧的导航窗口中可以看到增加的连接 Redis-Windows7。为了检测是否能正常访问 Redis 服务，此时我们可以通过 Redis 服务的命令进行验证。在 Redis-Windows7 的上方单击鼠标右键并选择“Console”，可以在界面右下方看到启动的 Redis 服务命令的控制台，具体如图 7-19 所示。

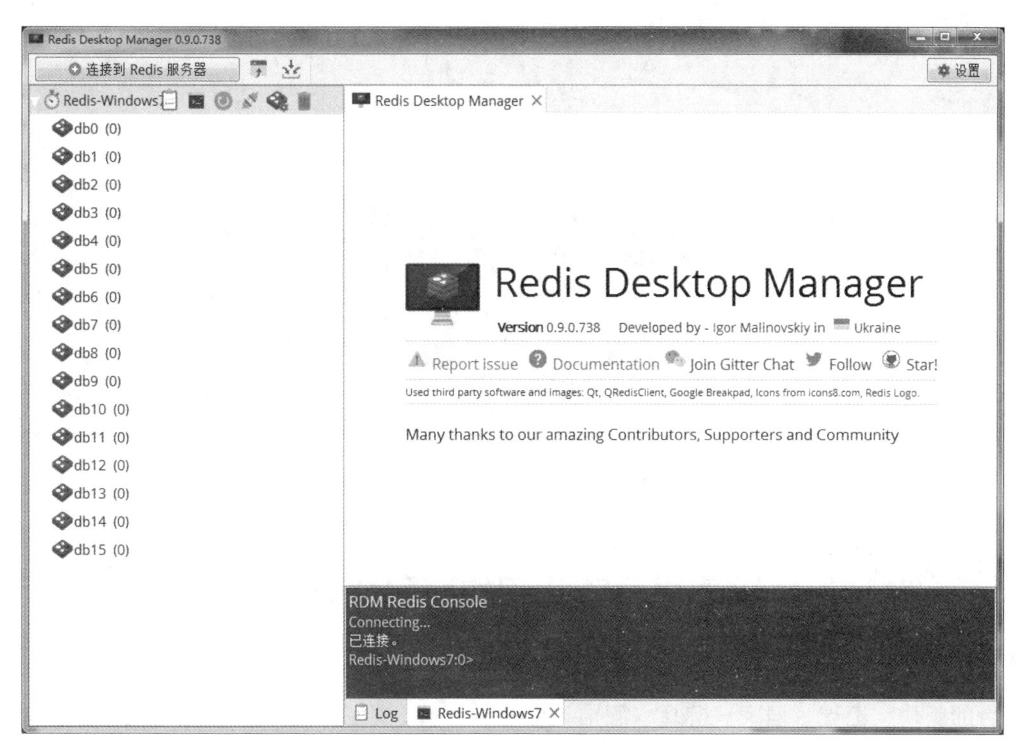

图 7-19　Redis 服务命令的控制台

（4）在图 7-19 所示的控制台中，先使用 set 命令设置一个键为 hello、值为 world 的键值对，再使用 get 命令查询键 hello 对应的值。输入的命令及其执行结果如图 7-20 所示。

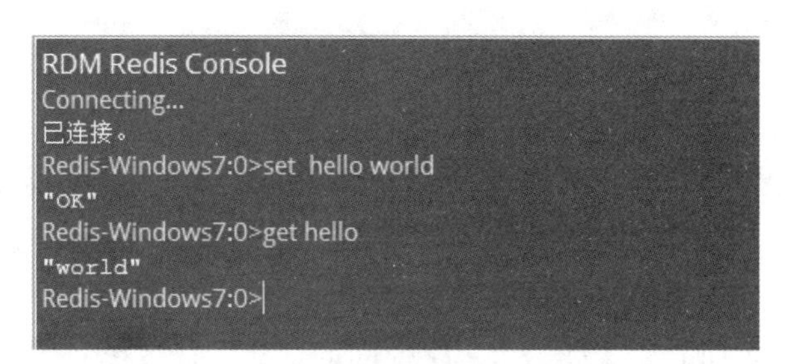

图 7-20　输入的命令及其执行结果

（5）设置完成后，在 Redis-Windows7 节点上单击鼠标右键，选择“Reload”进行刷新，刷新后可以看到数据库 db0 中多了一条数据。展开 db0 节点，可以看到刚刚添加的键值对，选中该键值对后可以在界面右侧显示键值对的详细信息，具体如图 7-21 所示。

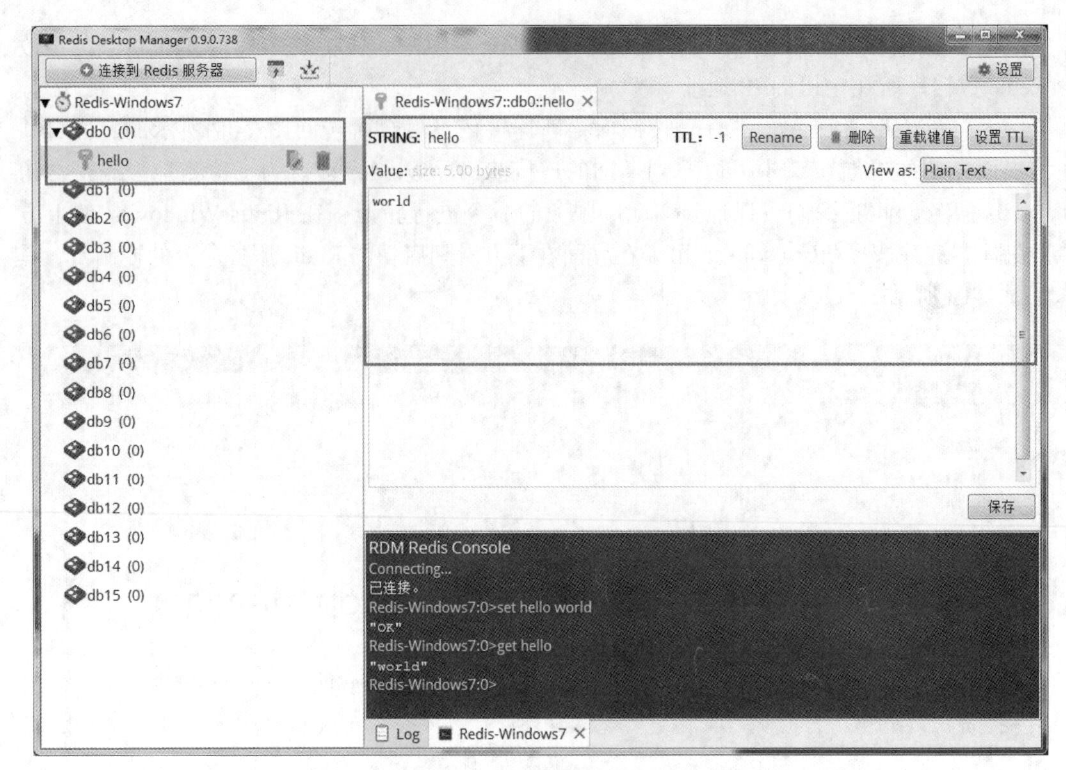

图 7-21　键值对的详细信息

7.4　实践项目：采集小兔鲜儿网的商品信息

小兔鲜儿网是一款由传智播客前端开发工程师打造的电商类的项目，它模仿其他商品交易平台的版块，汇聚了居家、美食、服饰、母婴、个护、严选、数码、运动等几个分类的商品。实践此项目旨在让读者体验到真实项目的开发过程。在本节中，我们将运用前面所学的知识开发一个完整的网络爬虫项目，用于采集小兔鲜儿网上车载用品分类下所有的商品信息，并将这些商品信息保存到 MongoDB 数据库中。

【项目目标】

在浏览器中访问小兔鲜儿网的首页（该页面中默认显示了多个版块），单击菜单栏中的“数码”选项进入数码分类的页面，在该页面中可以看到影音娱乐、乐器、车载用品、办公文具 4 个子分类，单击任意一个子分类就会进入该子分类对应的页面。例如，单击子分类“车载用品”进入车载用品类的商品页面，具体如图 7-22 所示。

图 7-22 中以相同布局的形式展示了多个商品的信息。需要注意的是，小兔鲜儿平台上展示的商品都是模拟数据，并没有按照商品所属的真实分类进行归类。

此时，我们可以通过单击任意一个商品进入该商品的详情页面。例如，单击图 7-22 中的第 3 个商品猫抓板，进入该商品的详情页面，具体如图 7-23 所示。

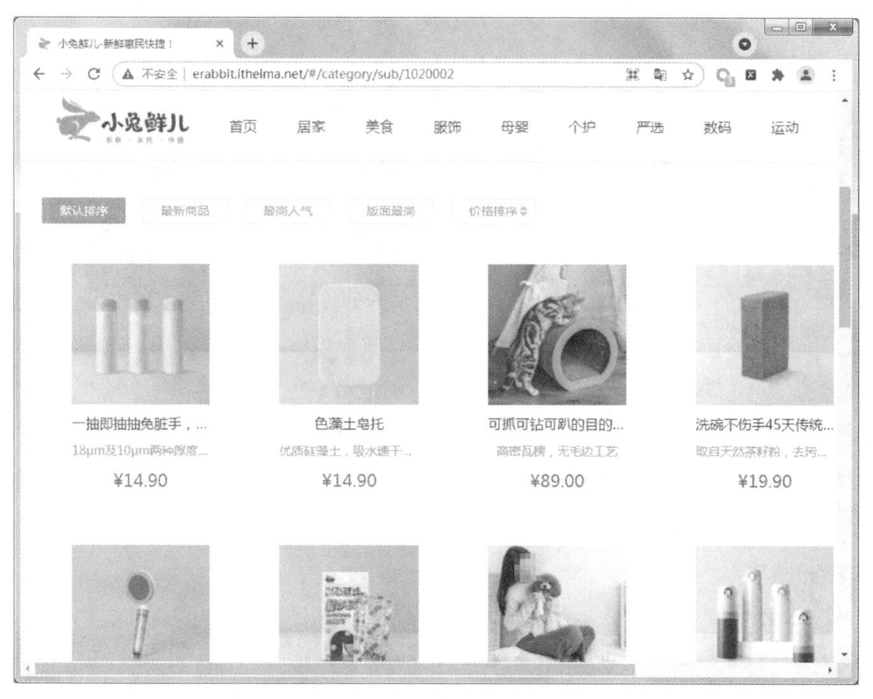

图 7-22　车载用品类的商品页面

图 7-23　第 3 个商品的详情页面

图 7-23 中展示了猫抓板的很多信息，其中标注出的信息由上至下分别是商品链接、商品名称、商品描述、商品价格、商品图片，这些商品信息都是我们要采集的数据。

另外，拖住竖向滚动条向下翻查，可以在图 7-23 所示页面中看到猫抓板的商品详情版块，具体如图 7-24 所示。

在图 7-24 中，商品详情版块展示了猫抓板的详细信息，包括适用对象、产地、净重、温馨提示等。这些详细信息也是我们要采集的数据。值得一提的是，由于商品所属的种类不同，所以它对应的商品详情也会有所不同。

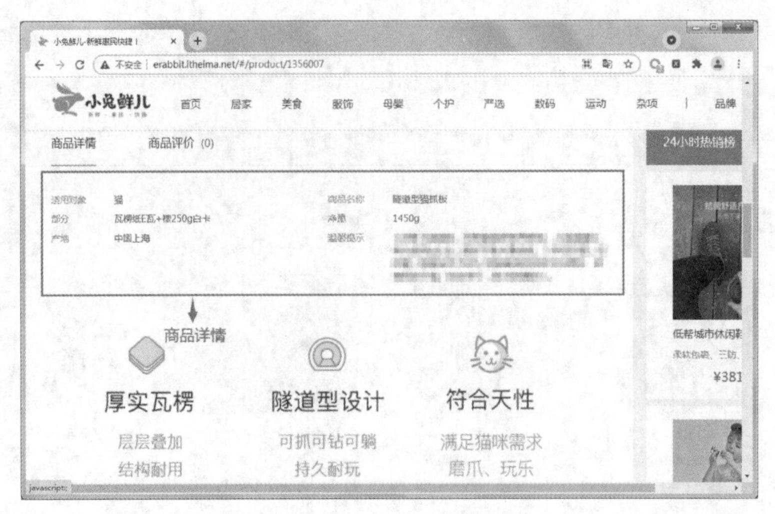

图 7-24 商品详情版块

【项目分析】

在了解了项目目标之后，我们已经知道从网页源代码中要提取哪些数据。那么，我们如何提取这些数据呢？接下来，我们可以从抓取网页和解析网页两个方面对网页进行分析。

1. 抓取网页

根据前面的项目目标可知，我们最终要采集的目标网页是商品详情页面。观察图 7-23 中地址栏的 URL 地址可知，URL 地址中除了 http://erabbit.itheima.net/#/product/外，还包含一组数字 1356007。如果想知道这组数字表示的含义，则需要先对图 7-22 所示的车载用品类的商品页面进行分析。具体分析步骤如下。

（1）在浏览器中访问车载用品类的商品页面，滚动至页面底部查看完展示的部分商品后继续滚动，可以看到该页面底部又展示了一部分商品。此时查看当前页面的源代码，可以看到源代码中搜索不到有关任何商品的数据。之所以出现这种情况，是因为所有商品数据都是通过 AJAX 技术动态加载的。因此，我们可对加载数据时发送的请求进行分析。

（2）打开浏览器的开发者窗口，在该窗口顶部的菜单栏中切换至“Network”选项，并将页面请求的筛选条件设置为 XHR，说明只展示通过 AJAX 技术动态加载数据时发送的请求。在车载用品类的商品页面中，滑动至页面底部，直到开发者窗口中出现请求信息时停止滑动。此时的开发者窗口如图 7-25 所示。

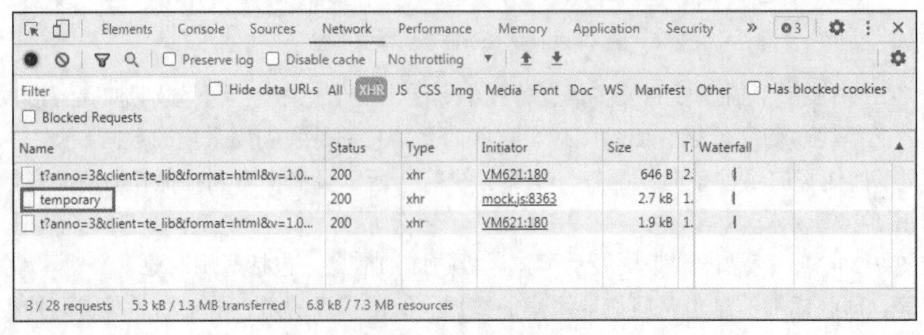

图 7-25 开发者窗口

（3）选中图 7-25 中标注的 temporary，窗口右侧弹出查看该请求的详细信息的界面。在该界面的上方选中“Preview”选项，采用预览模式展示当前请求发送后返回的响应信息，如图 7-26 所示。

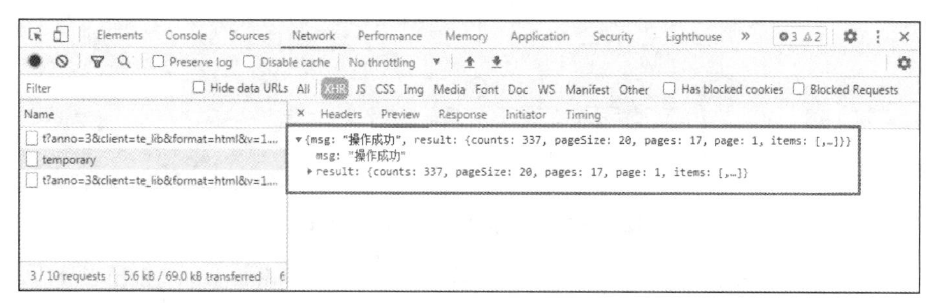

图 7-26　响应信息

（4）展开 result，可以看到 result 下的所有内容如图 7-27 所示。

```
× Headers  Preview  Response  Initiator  Timing
▾{msg: "操作成功", result: {counts: 337, pageSize: 20, pages: 17, page: 1,…}}
   msg: "操作成功"
  ▾result: {counts: 337, pageSize: 20, pages: 17, page: 1,…}
     counts: 337
    ▸items: [{id: "3411002", name: "17寸纯PC铝框拉杆箱", desc: "可装笔记本, 商旅出行新体验", price: "303.00",…},…]
     page: 1
     pageSize: 20
     pages: 17
```

图 7-27　result 下的内容

由图 7-27 展示的数据结构可知，服务器返回的结果 result 为 JSON 格式的数据。result 对应的值是一个 JSON 对象，该对象包含了多个键值对，其中 counts:337 代表车载用品类的商品页面中总共有 337 个商品；pages:1 代表当前展示的是第 1 页商品信息；pageSize:20 代表每页至多展示 20 个商品；pages:17 代表总共有 17 页。另外，items 的值是一个 JSON 数组。

（5）展开 items，可以看到 items 下的所有内容，具体如图 7-28 所示。

```
× Headers  Preview  Response  Initiator  Timing
▾{msg: "操作成功", result: {counts: 337, pageSize: 20, pages: 17, page: 1, items: [,…]}}
   msg: "操作成功"
  ▾result: {counts: 337, pageSize: 20, pages: 17, page: 1, items: [,…]}
     counts: 337
    ▾items: [,…]
      ▸0: {id: "1085007", name: "一抽即扔免脏手，加厚抽绳式垃圾袋3卷60只", desc: "18μm及10μm两种厚度，袋身不怕漏，3秒抽绳不脏手", price: "14.90",…}
      ▸1: {id: "1109014", name: "硅藻土皂托", desc: "优质硅藻土，吸水速干护皂防潮", price: "14.90",…}
      ▸2: {id: "1356007", name: "可抓可钻可躺的多功能猫抓板", desc: "高密瓦楞，精湛无毛边工艺", price: "89.00",…}
      ▸3: {id: "1108007", name: "洗碗不伤手。45天传统手工茶籽薄荷洗碗皂", desc: "取自天然茶籽粉，去污不伤手", price: "19.90",…}
      ▸4: {id: "1306026", name: "经典爆款，24寸纯PC铝框拉杆箱", desc: "铝制包角防冲撞，守护旅途", price: "319.00",…}
      ▸5: {id: "1389000", name: "净水看得见韩国负离子增压除氯花洒", desc: "三重过滤，增压节水新升级", price: "99.90",…}
      ▸6: {id: "1435017", name: "'嗖'一下就通了日本管道毛发溶解剂", desc: "溶解管道毛发，疏通除味清洁", price: "9.90",…}
      ▸7: {id: "1318005", name: "干净清新，何须洗澡，宠物湿巾100抽", desc: "洁肤无刺激，居家大容量", price: "9.90",…}
      ▸8: {id: "1327000", name: "万柿如意德式轻量316不锈钢保温杯", desc: "超强保温升级，经典器型热销", price: "86.90",…}
      ▸9: {id: "1435024", name: "瞬吸除臭，豆腐猫砂绿茶味2.6千克*4袋", desc: "抑菌除味，冲厕清理，高性价比", price: "95.00",…}
      ▸10: {id: "1436030", name: "40片超值囤货装蒸汽热敷眼罩经典条纹", desc: "给眼睛做个舒适的SPA", price: "159.00",…}
      ▸11: {id: "1446001", name: "起泡分装瓶", desc: "轻松起泡，清洗便捷", price: "9.90",…}
      ▸12: {id: "1486018", name: "5分钟99%除菌日本卫浴除菌除臭清洁剂380ml", desc: "卫浴除菌消臭，亲肤更健康", price: "19.90",…}
```

图 7-28　items 下的内容

由图 7-28 可知，items 下的内容就是车载用品类的商品页面上展示的商品信息，并且编号 2 对应的 id 值与商品详情页中 URL 地址的一组数字 1356007 完全相同。

（6）在图 7-27 中，切换至顶部的菜单栏中的 Headers 选项，分析车载用品类的商品页面的请求信息，如图 7-29 所示。

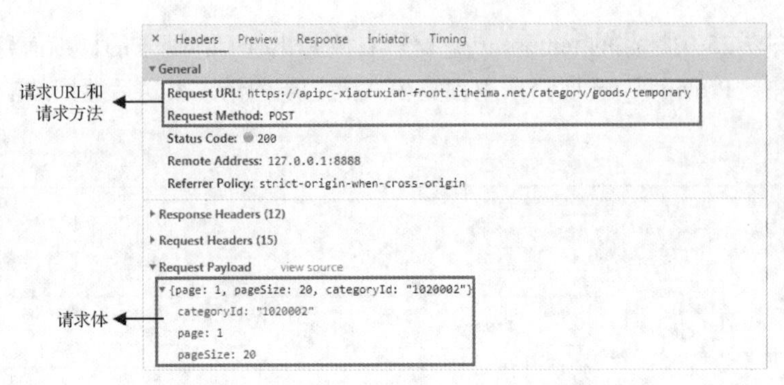

图 7-29 车载用品类的商品页面的请求信息

由图 7-29 可知，请求的 URL 地址为 https://apipc-xiaotuxian-front.itheima.net/ category/goods/temporary，请求方式为 POST，请求数据为{page: 1, pageSize: 20, categoryId: "1020002"}。

综上所述，我们首先需要以 POST 的方式请求车载用品类的商品页面，从服务器返回的 JSON 数据中提取 id 值；将 id 值与 http://erabbit.itheima.net/#/product/拼接成完整的 URL 地址后，就可以根据该地址请求每个商品的详情页面。

2. 解析网页

有了所有商品详情页面的 URL 地址后，便可以根据该 URL 地址请求数据，并接收由服务器返回的响应数据。接下来，以第 3 个商品猫抓板为例，带领大家一起分析响应数据。具体步骤如下。

首先，单击图 7-22 中的第 3 个商品猫抓板，进入该商品详情页面。刷新该页面后，可以在开发者窗口中看到通过 AJAX 技术加载数据时发送的所有请求，如图 7-30 所示。

Name	Status	Type	Initiator	Size	Time
head	200	xhr	mock.js:8363	9.4 kB	1.19 s
goods?id=1436030	200	xhr	mock.js:8363	2.2 kB	154 ms
relevant?id=1436030&limit=16	200	xhr	mock.js:8363	2.3 kB	297 ms
hot?id=1436030&limit=3&type=1	200	xhr	mock.js:8363	1.0 kB	353 ms
hot?id=1436030&limit=3&type=2	200	xhr	mock.js:8363	1.0 kB	351 ms

图 7-30 车载用品类的商品页面的请求信息

然后，选中图 7-30 中标注的请求后，在右侧弹出的界面中可以看到预览的响应数据。响应数据仍然是 JSON 格式的数据，并且包含在 result 字段对应的值中。result 字段展开后的内容如图 7-31 所示。

```
× Headers Preview Response Initiator Timing
▾{msg: "操作成功",…}
  msg: "操作成功"
 ▾result: {id: "1436030", name: "40片超值国货装蒸汽热敷眼罩经典条纹", spuCode: "1436030", desc: "给眼睛做个舒适的SPA", price: "159.00",…}
  ▸brand: {id: "spider99999999999", name: "自有品牌", nameEn: "chuanzhi", logo: null, picture: null, type: null,…}
  ▸categories: [{id: "109295009", name: "出行配件", layer: 2,…}, {id: "109243029", name: "运动", layer: 1, parent: null}]
   collectCount: 0
   commentCount: 0
   desc: "给眼睛做个舒适的SPA"
  ▸details: {pictures: [],…}
   discount: 1
   evaluationInfo: null
  ▸hotByDay: [{id: "3455013", name: "智能宠物喂食器mini", desc: "双重锁鲜，科学喂养，远程操控", price: "469.00",…},…]
   id: "1436030"
   inventory: 0
   isCollect: null
   isPreSale: false
  ▸mainPictures: ["https://yanxuan-item.nosdn.127.net/5f1536ea250f7055bdbd659e827a9bae.png",…]
   mainVideos: []
   name: "40片超值国货装蒸汽热敷眼罩经典条纹"
   oldPrice: "159.00"
   price: "159.00"
   recommends: null
```

图 7-31 result 字段展开后的内容

由图 7-31 可知，result 字段的值便是商品详情页面中的数据，其中 name 字段的值对应商品标题；price 字段的值对应商品价格；mainPictures 数组的第一个元素对应商品图片；id 字段的值与 https://apipc-xiaotuxian-front.itheima.net/category/goods 拼接后的结果对应商品链接；字段 desc 的值对应商品描述；字段 details 嵌套的 properties 数组对应商品详情。

综上所述，如果想要从响应数据中提取所需的商品数据，则需要结合 JSON 数据的结构特点，先获取 result 字段对应的值，再进一步根据其他字段获取相应的值。此操作可以通过借助 json 模块完成，先利用 json 模块将 result 字段的值转换成字典，再利用访问字典元素的方式获取 JSON 数据中相应字段对应的值。

【项目实现】

了解了如何抓取和解析网页数据后，运用前面所学的知识采集商品数据，并将商品数据保存到 MongoDB 数据库，具体步骤如下。

（1）在 PyCharm 中新建 rabbit.py 文件，用来编写网络爬虫相关的代码。打开 rabbit.py 文件，在该文件中定义 LittleRabbit 类。该类代表一个网络爬虫，负责采集小兔鲜儿网上的商品信息，具体代码如下。

```
import requests
import json
from pymongo import MongoClient
class LittleRabbit:
    pass
```

（2）在 LittleRabbit 类中添加 3 个属性，具体代码如下。

```
def __init__(self):
    # 准备车载用品类页面的 URL
    self.init_url = 'https://apipc-xiaotuxian-front.itheima.net'
                    '/category/goods/temporary'
    # 请求头
    self.headers = {
        "Content-Type": "application/json;charset=utf-8",
        'User-Agent': 'Mozilla/5.0 (Windows NT 6.1; WOW64)'
                      'AppleWebKit/537.36 (KHTML, like Gecko)'
                      'Chrome/90.0.4430.212 Safari/537.36'}
    # 连接 MongoDB 的客户端
    self.client = MongoClient('127.0.0.1', 27017)
```

（3）定义用于抓取车载用品类的商品页面数据的 load_category_page()方法。该方法会根据车载用品类的商品页面的 URL 构建并发送 POST 请求，返回请求到的 JSON 数据。load_category_page()方法的代码如下。

```
def load_category_page(self, page):
    """
    抓取车载用品类商品展示页面的数据
    :param page:待抓取的页码数
    :return:车载用品类下的所有商品
    """
    # 准备请求体
    request_payload = {"page": page, "pageSize": 20, "categoryId": "1005009"}
```

```
        # 将字典 form_data 转换为 JSON 字符串
        json_data = json.dumps(request_payload)
        response = requests.post(url=self.init_url, data=json_data,
                                 headers=self.headers)
        # 将服务器返回的 JSON 字符串先转换成字典，再获取字典中的商品信息
        all_goods = json.loads(response.text)["result"]["items"]
        return all_goods
```

（4）定义用于抓取商品详情页数据的 load_detail_page()方法。该方法会将商品的 ID 提取出来，使商品 ID 与基本 URL 构成完整的 URL，根据完整的 URL 发送 GET 请求，并将服务器返回的 JSON 数据转换为字典。load_detail_page()方法的代码如下。

```
    def load_detail_page(self, all_goods):
        """
        抓取商品详情页的数据
        :param all_goods: 车载用品类下的所有商品
        :return: 所有商品的详情信息
        """
        # 准备基本 URL
        base_url = 'https://apipc-xiaotuxian-front.itheima.net/goods?'
        # 定义一个数组，保存所有商品的详情信息
        goods_detail_info = []
        for good_info in all_goods:
            # 提取商品的 ID 标识
            good_id = dict(id=good_info['id'])
            # 根据拼接商品详情页的完整 URL，发送 GET 请求
            response = requests.get(url=base_url, params=good_id)
            # 将服务器返回的 JSON 数据转换为字典
            good_detail = json.loads(response.text)
            goods_detail_info.append(good_detail)
        return goods_detail_info
```

（5）定义用于解析商品数据的 parse_page()方法。该方法会根据字典中元素的嵌套关系，根据与目标字段名称相同的键获取值，并返回保存了这些值与新字符串组合的结果列表。parse_page()方法的代码如下。

```
    def parse_page(self, detail_data):
        """
        解析商品详情页的数据，提取目标数据
        :param detail_data:所有商品的详情数据
        :return:所有商品的信息
        """
        # 定义一个列表，保存所有商品的信息
        all_goods_info = []
        temp_url = 'http://erabbit.itheima.net/#/product/'
        for info in detail_data:
            dict_data = dict()
            dict_data['商品名称'] = info['result']['name']
            dict_data['商品描述'] = info['result']['desc']
            dict_data['商品链接'] = temp_url + info['result']['id']
            dict_data['商品价格'] = info['result']['price']
```

```
            # 获取详情页面中的第一张图片
            dict_data['商品图片'] = info['result']['mainPictures'][0]
            good_detail = info['result']['details']['properties']
            dict_data['商品详情'] = ''.join([':'.join(info.values())
                                            +'\n' for info in good_detail])
            all_goods_info.append(dict_data)
        return all_goods_info
```

（6）定义用于存储商品数据的 save_data()方法。该方法会将上一步骤解析的商品数据保存到 MongoDB 数据库中。若保存成功，则输出“保存成功”的提示信息，否则输出错误提示信息。save_data()方法的代码如下。

```
    def save_data(self, goods_info):
        """
        存储商品详情的数据
        """
        # 建立连接到本地的 MongoDB
        client = self.client
        # 访问/创建数据库 rabbit
        db = client.rabbit
        try:
            for good in goods_info:
                # 创建集合 little_rabbit，并在该集合中插入文档对象
                db.little_rabbit.insert_one(good)
            print('保存成功')
           # 访问集合中的文档对象
            result = db.little_rabbit.find()
            for doc in result:
                print(doc)
        except Exception as error:
            print(error)
```

（7）定义用于控制网络爬虫执行流程的 run()方法。该方法根据用户指定的页码范围，按照抓取车载用品类的商品页面、抓取商品详情页、解析商品数据、保存商品数据这几个步骤依次执行。run()方法的代码如下。

```
    def run(self):
        """
        启动网络爬虫，控制网络爬虫的执行流程
        """
        begin_page = int(input('起始页码:'))
        end_page = int(input('结束页码:'))
        if begin_page <= 0:
            print('起始页码从 1 开始')
        else:
            for page in range(begin_page, end_page + 1):
                print(f'正在抓取第{page}页')
                all_goods = self.load_category_page(page)
                goods_detail = self.load_detail_page(all_goods)
                goods_info = self.parse_page(goods_detail)
                self.save_data(goods_info)
```

（8）在 main 语句中，创建一个代表网络爬虫的 LittleRabbit 类的对象，并使用该对象调用 run()方法启动网络爬虫，具体代码如下。

```
if __name__ == '__main__':
    lr = LittleRabbit()
    lr.run()
```

（9）运行程序，输入起始页码为 1，结束页码为 1，可以看到控制台输出了如下信息。

```
请输入起始页码：1
请输入结束页码：1
正在抓取第 1 页
保存成功
{'_id': ObjectId('612caaf33153a33e698a4621'), '商品名称': '软糯治愈系擦手，雪尼尔擦手球', '商品描述': '吸水快干，不易掉屑', '商品链接': 'http://erabbit.itheima.net/#/product/1076004', '商品价格': '14.90', '商品图片': 'https://yanxuan-item.nosdn.127.net/43d99e9b97cc55033b0f59b95a91ae49.png', '商品详情': '材质描述:面料：100%聚酯纤维\n填充：聚氨酯\n尺寸:直径 15cm\n净重:约 65g/只\n安全类别:GB18401-2010B类\n垃圾分类提示:外包装塑料袋、标贴、使用后的抹布毛巾类：干垃圾/其他垃圾；\n（具体视当地垃圾分类实施细则为准）\n洗涤说明:1.该商品为异形，属于缝合处均为人工手工缝制，所以不可使用洗衣机清洗；\n2.建议洗涤方式如下：先放置少许中性纺织品清洁剂，加温水稀释后浸泡该商品片刻，再轻微搓洗，最后来回清水漂洗干净，平摊晾干即可。\n'}
{'_id': ObjectId('612caaf33153a33e698a4622'), '商品名称': '秋冬打底常备，儿童印花长袖T恤 73-130cm', '商品描述': '童趣印花，创意十足', '商品链接': 'http://erabbit.itheima.net/#/product/3994464', '商品价格': '69.00', '商品图片': 'https://yanxuan-item.nosdn.127.net/d425828ef7df33015f8bfc7e3299f5ec.jpg', '商品详情': '品牌:网易严选推荐选品，本产品为马克珍妮（marc&janie）品牌，由杭州紫音服饰有限公司生产\n适用年龄:1～7岁\n适用季节:秋季\n材质:纯棉\n童装品类:T恤/卫衣\n'}
……
```

7.5 本章小结

在本章中，我们主要围绕着存储数据的相关知识进行了讲解，包括数据存储的方式、存储至 MongoDB 数据库、存储至 Redis 数据库，并运用学过的知识点开发了一个采集小兔鲜儿网的商品信息的项目。希望读者通过本章内容的学习，能够掌握利用 Python 操作数据库的方式，并能够结合自己的需求选择合适的方式存储网络爬虫采集的数据。

7.6 习题

一、填空题

1. 数据存储主要有文件存储和________两种存储方式。
2. ________模块中定义了连接和操作 MongoDB 数据库的功能。
3. 在 pymongo 模块中，DataBase 对象表示一个________。
4. Redis 数据库的默认端口号为________。
5. Redis Desktop Manager 是________数据库的桌面管理工具。

二、判断题

1. 键值存储数据库采用文档结构存储数据。（　　）

2. redis 模块无须安装便可以直接操作 Redis 数据库。(　　)
3. MongoDB 属于关系型数据库。(　　)
4. Redis 数据库中的数据都是以键值对的形式进行存储的。(　　)
5. pymongo 模块 find_one()方法用于查询集合中的一条文档。(　　)

三、选择题

1. 下列选项中，属于文档型数据库的是（　　）。

A. MongoDB　　B. Redis　　C. MySQL　　D. SqlServer

2. 下列选项中，用于创建与 MongoDB 数据库连接的是（　　）。（多选）

A.

```
client = MongoClient()
```

B.

```
client = MongoClient('localhost', 27017)
```

C.

```
client = MongoClient('mongodb://localhost:27017')
```

D.

```
db = client.database_test
```

3. 下列选项中，表示 pymongo 模块中集合的是（　　）。

A. MongoClient 对象　　B. DataBase 对象

C. Collection 对象　　D. Cursor 对象

4. 下列选项中，用于向 Redis 数据库中增加键值对的方法是（　　）。（多选）

A. set()　　B. get()　　C. append()　　D. delete()

5. 下列选项中，属于非关系型数据库的是（　　）。（多选）

A. 列存储数据库　　B. 键值存储数据库

C. 文档型数据库　　D. 行存储数据库

四、简答题

请简述文件存储和数据库存储的特点。

五、程序题

编写程序，在第 6 章编程题的基础上，将采集的豆瓣电影排行榜的数据保存到 MongoDB 数据库中。

第8章

验证码识别

学习目标

- ◆ 了解验证码的分类，能够说出常见验证码的特点
- ◆ 掌握字符验证码的识别方法，能够使用 pytesseract 实现识别字符验证码的功能
- ◆ 熟悉滑动拼图验证码的识别方法，能够使用 Selenium 实现识别滑动拼图验证码的功能
- ◆ 熟悉点选验证码的识别方法，能够使用 Selenium 结合超级鹰平台实现识别点选验证码的功能

拓展阅读

随着大数据、机器学习、深度学习的兴起，越来越多的企业通过分析数据探索新的发展道路，如内容推荐、商品推荐、智慧城市等。虽然对大量数据进行分析可以带来一定的商业价值，但越来越多的网站为了保护网站中的数据不被网络爬虫采集，会在网站内容中加入一些防爬虫措施以干扰网络爬虫，例如，加入了验证码，此时网络爬虫如果想采集数据，则需要对验证码进行识别处理。本章将对验证码识别的相关知识进行介绍。

8.1 验证码识别

验证码是指能够区分用户是计算机还是人的公共全自动程序。它因为能够有效防止非人类的用户恶意注册网站、频繁采集网页数据等，所以成为很多网站防爬虫的首选方式。

起初，验证码只是一张带有随机字符的图片。用户只需要输入图片中的字符即可完成验证。这种验证码虽然便于使用，但很容易被网络爬虫识别。为了提升验证码的识别难度，设计人员在原先验证码的基础上添加了一些干扰元素，如斜线、杂点等。后来陆续出现了基于用户操作行为的验证码。本节将针对字符验证码、滑动拼图验证码和点选验证码的识别进行详细介绍。

8.1.1 字符验证码的识别

字符验证码是指根据一串随机产生的数字或字母生成的一张图片，图片中包含一些干扰元素（如数条直线、数个圆点、扭曲文字、杂点背景等）。由用户肉眼识别图片中的数字或字母后输入

表单并提交网站进行验证，验证成功后就可以使用某项功能。字符验证码如图 8-1 所示。

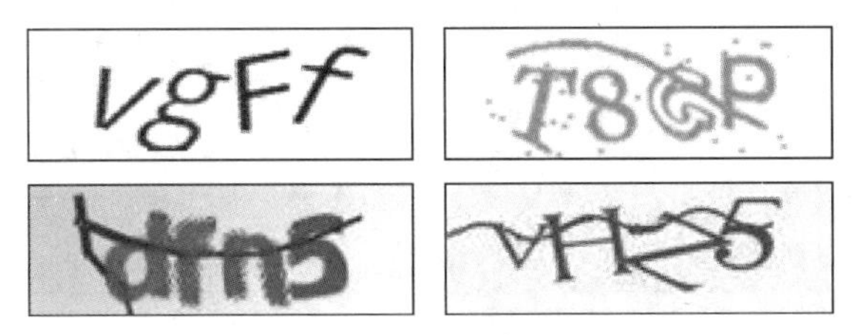

图 8-1　字符验证码

相比用户行为的验证码，字符验证码的识别相对简单一些。我们只需要通过字符识别技术获取图片中的字符即可。常见的字符识别技术是 OCR 技术。OCR（Optical Character Recognition，光学字符识别）是指电子设备检查纸上打印的字符，通过检测暗、亮的模式确定其形状，然后用字符识别方法将形状翻译成计算机文字的过程。

我们在 Python 程序中使用 OCR 技术识别字符验证码，可以通过如下两种方式实现：Tesseract-OCR（谷歌开发并开源的 OCR 引擎）和平台 OCR（如腾讯 OCR、百度 OCR 等）。下面分别为大家介绍 Tesseract-OCR 和百度 OCR。

1. Tesseract-OCR

Tesseract-OCR 是一个光学字符识别引擎，支持多种操作系统，具有精准度高、灵活性高等特点。它通过训练不仅可以识别出任何字体（只要字体的风格保持不变即可），而且可以识别出任何 Unicode 字符。下面分别对 Tesseract-OCR 的安装与配置、Tesseract-OCR 的使用进行介绍。

（1）Tesseract-OCR 的安装与配置。

下面以 Windows 7 操作系统为例，为大家演示如何安装与配置 Tesseract-OCR。具体步骤如下。

① 访问 Tesseract-OCR 下载页面，根据自己的计算机配置参数选择相应的安装包下载。我们在这里选择下载 Tesseract-OCR v5.0.0。完成程序下载后，双击安装包，进入 Welcome to Tesseract-OCR Setup 界面，如图 8-2 所示。

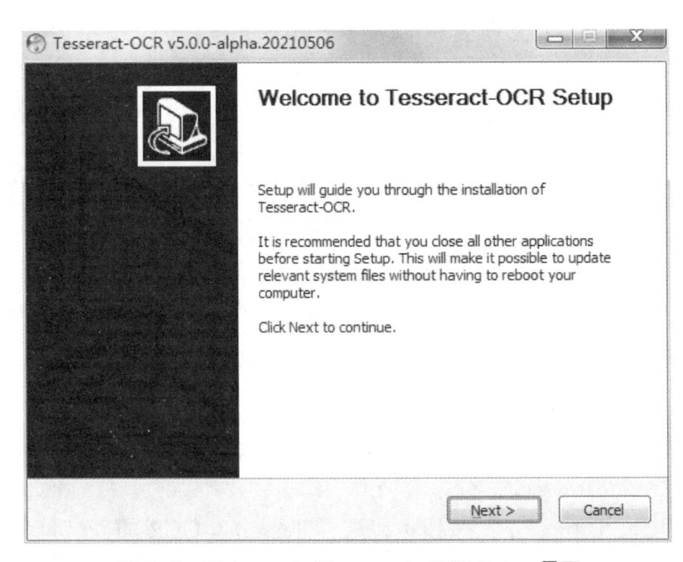

图 8-2　Welcome to Tesseract-OCR Setup 界面

② 单击图 8-2 中的“Next”按钮，进入 License Agreement 界面，如图 8-3 所示。

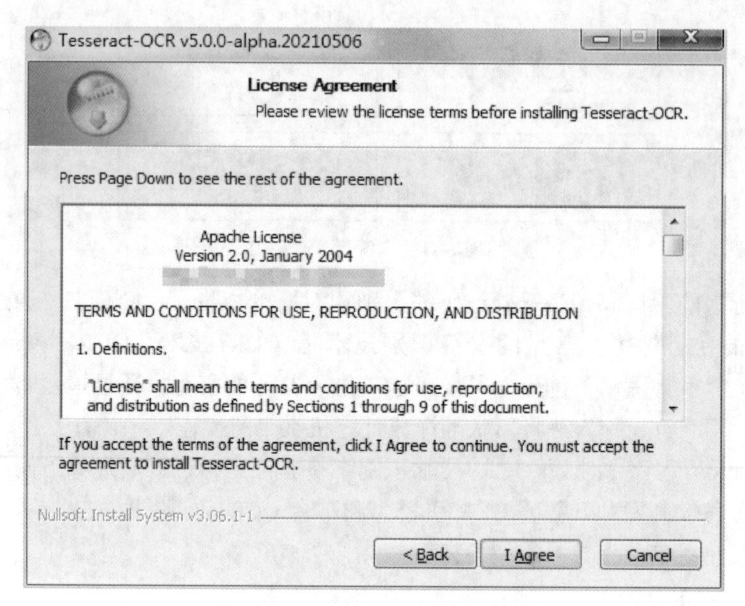

图 8-3　License Agreement 界面

③ 单击图 8-3 中的“I Agree”按钮，进入 Choose Users 界面，如图 8-4 所示。

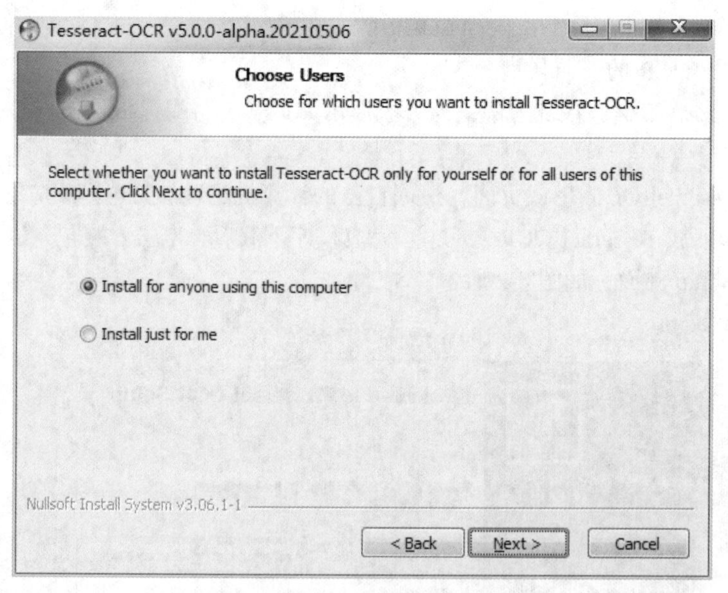

图 8-4　Choose Users 界面

④ 保持默认配置，单击图 8-4 中的“Next”按钮，进入 Choose Components 界面，如图 8-5 所示。

⑤ 保持默认配置，单击图 8-5 中的“Next”按钮，进入 Choose Install Location 界面，如图 8-6 所示。

在图 8-6 中，单击“Browse...”按钮可以选择 Tesseract-OCR 的安装位置。在这里，我们将 Tesseract-OCR 的安装位置改为 D:\ Tesseract-OCR。

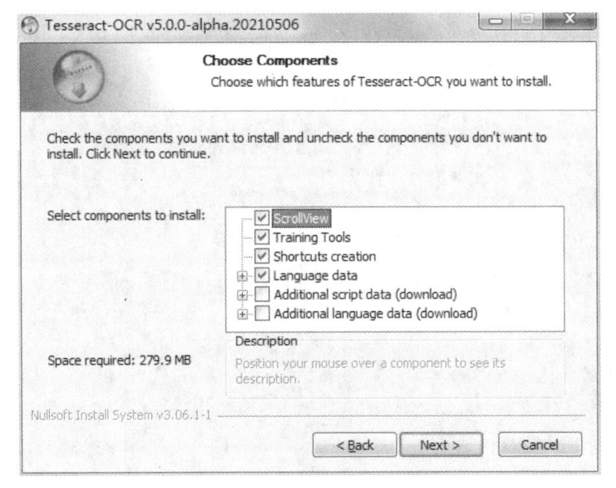

图 8-5　Choose Users 界面

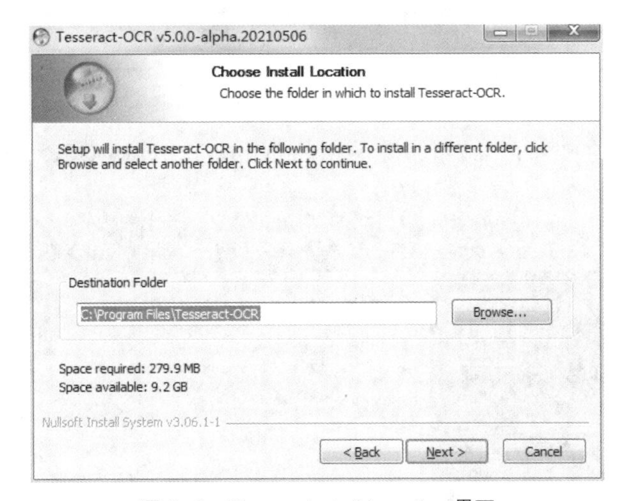

图 8-6　Choose Install Location 界面

⑥ 单击图 8-6 中的“Next”按钮，进入 Choose Start Menu Folder 界面，如图 8-7 所示。

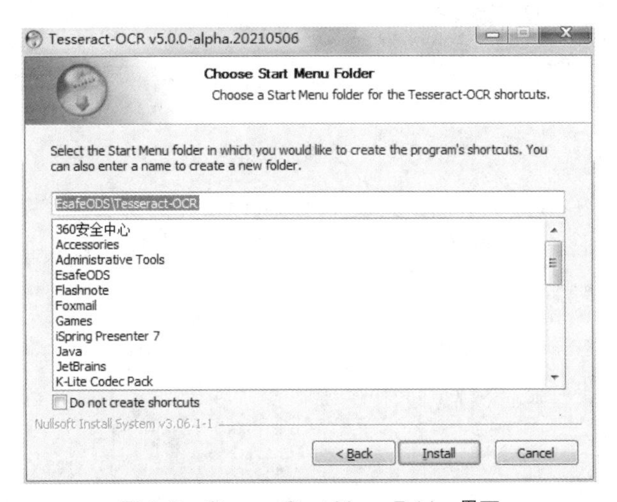

图 8-7　Choose Start Menu Folder 界面

⑦ 单击图 8-7 中的“Install”按钮开始安装，待安装完成后进入 Installation Complete 界面，如图 8-8 所示。

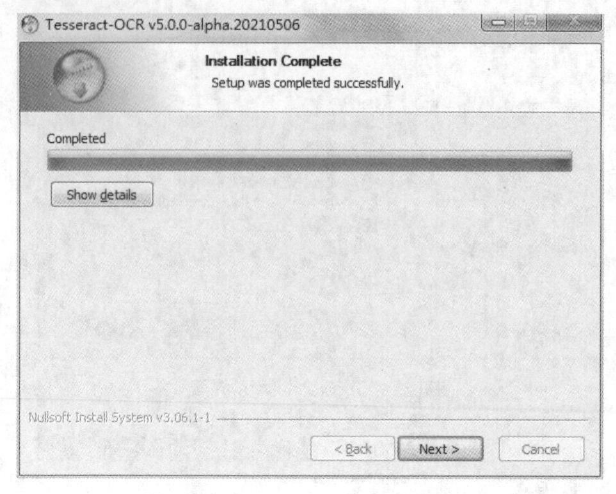

图 8–8　Installation Complete 界面

⑧ 单击图 8-8 中的“Next”按钮，进入 Completing Tesseract-OCR Setup 界面，如图 8-9 所示。

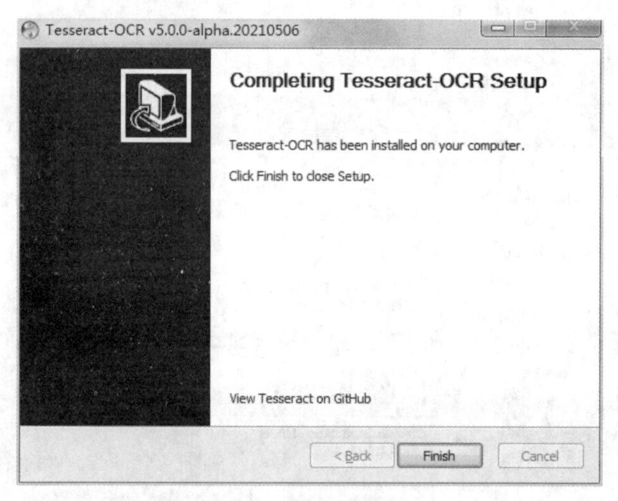

图 8–9　安装完成页面

⑨ 单击图 8-9 中的“Finish”按钮完成 Tesseract-OCR 的安装。在 Tesseract-OCR 安装完成之后，还需要将 Tesseract-OCR 的安装目录和语言包配置到环境变量中。配置完成的界面分别如图 8-10 和图 8-11 所示。

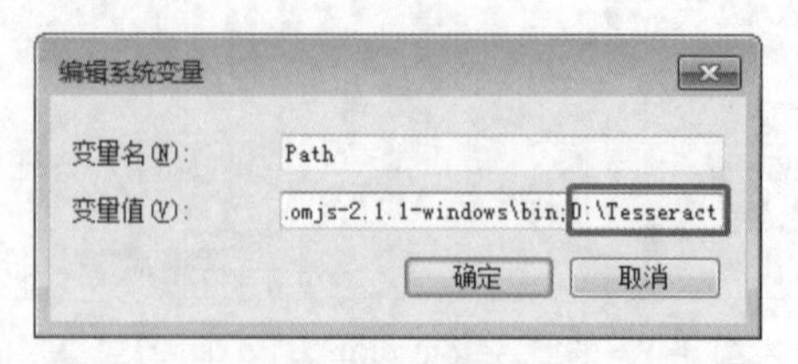

图 8–10　将安装目录配置到环境变量中

图 8-11　将语言包配置到环境变量中

⑩ 我们可以通过在命令提示符窗口中输入 tesseract -v 命令，查看当前 Tesseract-OCR 的版本号，以验证环境变量是否配置成功。命令及执行结果如图 8-12 所示。

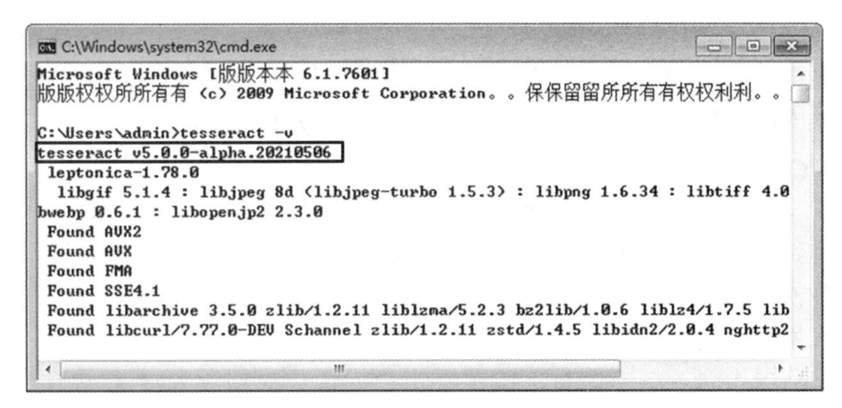

图 8-12　tesseract -v 命令及执行结果

由图 8-12 标注的信息可知，Tesseract 的版本号为 v5.0.0-alpha.20210506，说明 Tesseract-OCR 配置完成。

（2）Tesseract-OCR 的使用。

为了能够调用 Tesseract-OCR 引擎识别字符验证码，Python 中提供了 pytesseract 和 Pillow 两个库。其中，pytesseract 是对 Tesseract-OCR 的一层封装，可以单独作为 Tesseract-OCR 引擎的调用脚本；Pillow 是基于 PIL 库的一个派生分支，已经发展为比 PIL 本身更具活力的图像处理库。

需要说明的是，pytesseract 和 Pillow 都是第三方库，可以通过 pip 工具进行安装，具体安装命令如下。

```
pip install pytesseract
pip install Pillow
```

要使用 Tesseract-OCR 识别字符验证码，一般分为以下几个步骤。

- 使用 Pillow. Image 模块调用 open()函数加载图像文件，生成图像对象。

- 使用 pytesseract 库调用 image_to_string()函数对图像对象进行 Tesseract-OCR 识别，并将识别后的结果以字符串形式返回。

为了帮助大家更好地理解，接下来，通过一个示例演示如何使用 pytesseract 和 Pillow 库识别字符验证码。字符验证码的图片如图 8-13 所示。

W549

图 8-13　字符验证码的图片

编写代码，首先导入 pytesseract 库和 Pillow.Image 模块，然后通过 open()函数加载图像文件，最后使用 image_to_string()函数将识别结果转换为字符串并输出，具体代码如下。

```
from PIL import Image # 导入 Pillow 库中的 Image 类
from pytesseract import pytesseract
image = Image.open('W549.png')
text = pytesseract.image_to_string(image)
print(text)
```

运行代码，输出如下结果。

```
W549
```

从上述结果可以看出，程序成功识别了验证码中的字符。由此可见，如果字符验证码中没有干扰线或噪点，那么 Tesseract-OCR 识别的准确率还是很高的。

2. 百度 OCR

通常情况下，网页上的字符验证码中存在许多干扰线和噪点，因此在未训练的情况下使用 Tesseract-OCR 的识别效果并不理想。这时可以使用百度 OCR 识别带有一些干扰元素的字符验证码。在使用百度 OCR 之前，我们需要先在百度 AI 开放平台注册应用。下面分别为大家介绍注册应用和使用百度 OCR。

（1）注册应用。

首先，使用百度账号登录百度 AI 开放平台首页，在该页面顶部的菜单栏中选择“开放能力”→“文字识别”→“通用文字识别”，如图 8-14 所示。

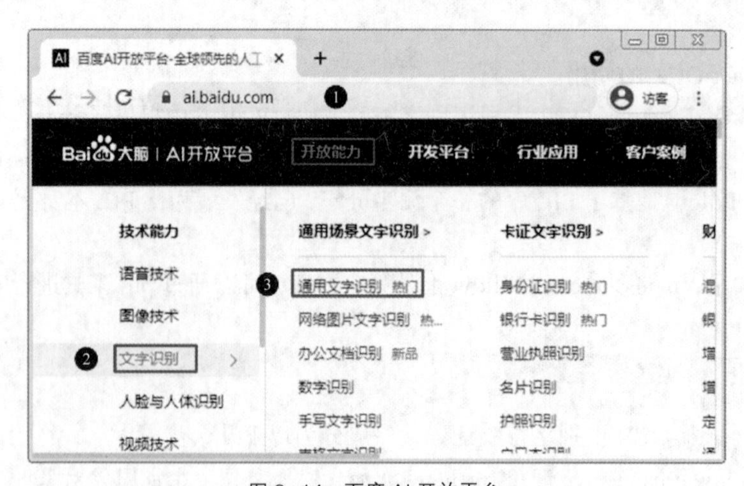

图 8-14　百度 AI 开放平台

然后进入通用文字识别页面，在该页面中单击“立即使用”按钮进入“百度智能云-管理中心”页面，如图 8-15 所示。

图 8-15 “百度智能云-管理中心”页面

最后，单击图 8-15 中的“创建应用”按钮跳转至创建新应用页面，在该页面中根据要求填写新应用的必选项，包括应用名称、接口选择、文字识别包名、应用归属、应用描述等。完成填写后，单击新应用页面底部的“立即创建”按钮可以看到创建完毕的提示信息。此时单击“查看应用详情”按钮进入应用详情页面，如图 8-16 所示。

图 8-16 应用详情页面

图 8-16 包含两个重要的信息，它们分别是 API Key 和 Secret Key。这两个信息会在后续基于 API 文档编写代码时用到。

（2）使用百度 OCR。

在使用百度 OCR 开发程序之前，我们需要查看平台提供的 API 文档。单击图 8-16 中的“查看文档”打开“文字识别-百度智能云”页面，在该页面左侧菜单中选择“API 文档”→“通用场景文字识别”→“通用文字识别（高精度版）”，跳转至通用文字识别（高精度版）的 API 文档页面。在该页面中滑动至请求代码示例部分，并选择查看 Python 示例，具体如图 8-17 所示。

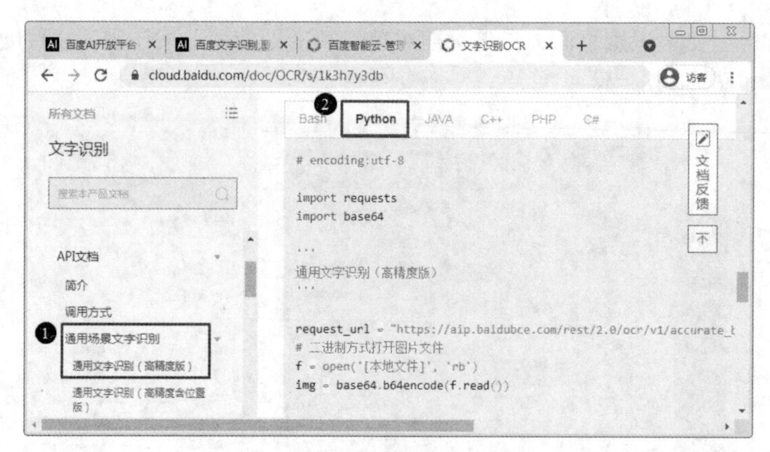

图 8-17　选择查看 Python 示例

接下来，以一个字符验证码图片为例，按照图 8-17 的 Python 示例编写代码，识别图片中的字符。字符验证码的图片如图 8-18 所示。

图 8-18　字符验证码的图片

复制图 8-17 的 Python 示例代码，对代码中的 API Key、Secret Key、图片地址或 Base64 信息进行替换，改后的代码如下。

```
import base64
import requests
def graphic_verification_code(img_name):
    api_key = '申请的 API Key'
    secret_key = '申请的 Secret Key'
    host = f'https://aip.baidubce.com/oauth/2.0/token?grant_type=client_' \
           f'credentials&client_id={api_key}&client_secret={secret_key}'
    request_url = "https://aip.baidubce.com/rest/2.0/ocr/v1/accurate_basic"
    f = open(img_name, 'rb')  # 二进制方式打开图片文件
    img = base64.b64encode(f.read())
    params = {"image": img}
    access_token = requests.get(host).json()['access_token']
    request_url = request_url + "?access_token=" + access_token
    headers = {'content-type': 'application/x-www-form-urlencoded'}
    response = requests.post(request_url, data=params, headers=headers)
    if response:
        print(response.json())
if __name__ == '__main__':
    graphic_verification_code('dfn5.jpg')
```

运行代码，输出如下结果。

```
{'words_result': [{'words': ' dfn5'}], 'log_id': 1402523410638045184,
 'words_result_num': 1}
```

从上述结果可以看出，程序返回了一个字典类型的数据，其中 words 对应的值为识别出的字符验证码。

8.1.2　滑动拼图验证码的识别

滑动拼图验证码是一种常见的行为验证码。使用滑动拼图验证码时，用户只需要滑动滑块至正确位置后完成拼图，松开滑块后就会自动进入结果验证流程。若验证失败，则滑块回到起始位置；若验证通过，则当前页面会出现相关的提示信息。滑动拼图验证码如图 8-19 所示。

图 8-19　滑动拼图验证码

在图 8-19 中，滑动拼图验证码主要由抠图、滑块、缺口、背景图片、滑轨 5 部分组成。其中抠图和缺口的形状是随机的，缺口的位置是随机的，这意味着用户滑动滑块的距离也是随机的。

对于网络爬虫而言，识别滑动拼图验证码具有一定的难度。它不仅需要计算滑块的偏移量（滑块应滑动多长距离），还需要模拟用户滑动滑块的行为。Python 中滑动拼图验证码识别的实现思路一般分为如下 5 步。

（1）获取包含缺口和不包含缺口的背景图片。

（2）计算滑块的偏移量。

（3）生成滑动轨迹。

（4）使用 Selenium 模拟滑块滑动。

（5）验证抠图与缺口位置是否重合。

8.1.3　点选验证码的识别

点选验证码也是一种常见的行为验证码。使用点选验证码时，根据验证码弹窗中的文字描述，按顺序单击图片中与文字描述相符的文字完成验证。点选验证码如图 8-20 所示。

图 8-20　点选验证码

点选验证码的识别多通过机器学习、深度学习以及第三方平台来实现。前两者需要我们分别掌握机器学习和深度学习相关知识，而第三方平台可以在我们不了解机器学习和深度学习相关知识的情况下，快速实现点选验证码的识别。因此，我们在这里借助于第三方平台超级鹰识别点选验证码。

需要注意的是，识别点选验证码的第三方平台有很多。在这里，我们选择的超级鹰仅用于本案例的演示，请大家谨慎购买或使用。

点选验证码识别的实现思路大致可以分为如下 4 步。

（1）注册超级鹰账号。

（2）截取点选验证码图片。

（3）使用超级鹰识别点选验证码的文字。

（4）使用 Selenium 单击验证码中的文字。

接下来，以极验验证码官网的点选验证码为例，演示如何使用第三方平台超级鹰和 Selenium 识别点选验证码，具体步骤如下。

1. 注册超级鹰账号

（1）在浏览器中访问超级鹰官网，具体如图 8-21 所示。

图 8-21 超级鹰官网

（2）单击图 8-21 中的“用户注册”按钮进行注册，完成账号注册之后，可在用户中心查看账号信息，根据提示绑定相关信息便可领取 1000 题分。用户中心页面如图 8-22 所示。

（3）在图 8-22 的功能列表中选择“软件 ID”打开软件 ID 页面，单击该页面上的“生成一个软件 ID”链接，会看到对接超级鹰平台 API 需要使用的软件 KEY。生成的软件 KEY 如图 8-23 所示。

（4）超级鹰平台提供了多种开发语言的 API 文档。在这里，我们选择 Python 语言的 SDK 示例。在图 8-23 中，单击“开发文档”菜单进入超级鹰开发文档的页面，在该页面的常用开发语言示例下载版块中选择 Python 进入 Python 语言 Demo 下载页面，如图 8-24 所示。

图 8-22　用户中心页面

图 8-23　生成的软件 KEY

单击图 8-24 中的“点击这里下载”链接，即可将保护 SDK 示例的压缩包 Chaojiying_Python.rar 下载至本地。将 Chaojiying_Python.rar 压缩包解压缩后，可以看到 chaojiying_Python 文件夹包含了 chaojiying.py 文件，该文件封装了识别验证码的功能。

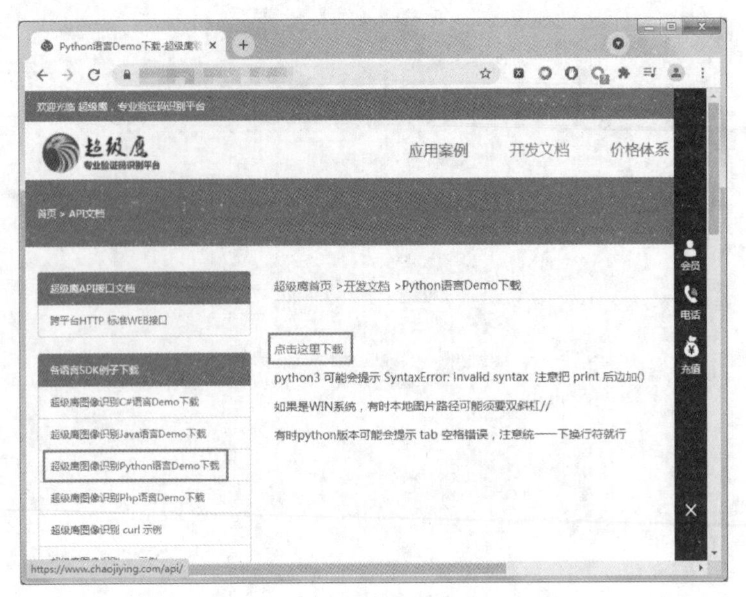

图 8-24 Python 语言 Demo 下载页面

在 PyCharm 中打开解压缩后的 chaojiying.py 文件，可以发现对接 Python 语言的 SDK 是 Python 2。在这里，我们需要对 main 语句进行注释，避免 chaojiying.py 文件执行后报错。修改后的 chaojiying.py 文件的代码如下。

```
#!/usr/bin/env python
# coding:utf-8
import requests
from hashlib import md5
class Chaojiying_Client(object):
    def __init__(self, username, password, soft_id):
        self.username = username
        password =  password.encode('utf8')
        self.password = md5(password).hexdigest()
        self.soft_id = soft_id
        self.base_params = {
            'user': self.username,
            'pass2': self.password,
            'softid': self.soft_id,}
        self.headers = {
            'Connection': 'Keep-Alive',
            'User-Agent': 'Mozilla/4.0 (compatible; MSIE 8.0;'
                              'Windows NT 5.1; Trident/4.0)',}
    def PostPic(self, im, codetype):
        """
        im: 图片字节
        codetype: 题目类型 参考 http://www.chaojiying.com/price.html
        """
        params = {'codetype': codetype,}
        params.update(self.base_params)
        files = {'userfile': ('ccc.jpg', im)}
        r = requests.post('http://upload.chaojiying.net/Upload/'
                         'Processing.php', data=params, files=files,
                         headers=self.headers)
```

```
        return r.json()
    def ReportError(self, im_id):
        """
        im_id:报错题目的图片 ID
        """
        params = {'id': im_id,}
        params.update(self.base_params)
        r = requests.post('http://upload.chaojiying.net/Upload/'
            'ReportError.php', data=params, headers=self.headers)
        return r.json()
```

上述代码定义了一个 Chaojiying_Client 类，该类中包含__init__()方法、PostPic()方法和 ReportError()方法。关于它们的介绍如下。

- __init__()方法用于初始化 Chaojiying_Client 类。使用该方法时，需要接收 username、password、soft_id 3 个参数。它们分别表示超级鹰平台的用户名、密码以及软件 ID。
- PostPic()方法用于将图片对象和相关信息发送给超级鹰后台进行识别，再将识别的结果以 JSON 格式返回。使用该方法时，需要接收 im、codetype 两个参数。它们分别表示图片对象和验证码类型代号。
- ReportError()方法用于处理当发生错误的时候进行回调。如果验证码识别错误，调用此方法则会返回相应题分。

2. 截取点选验证码图片

由于使用 Chaojiying_Client 类的 PostPic()方法需要接收一个图片对象，所以我们需要将极验验证码官网的点选验证码下载到本地。在这里，我们可以使用 Selenium 访问极验验证码官网，找到点选验证码并截图，这样就可以获取点选验证码图片。

在编写代码之前，我们需要了解使用 Selenium 操作浏览器弹出点选验证码弹出框的过程，具体如图 8-25 所示。

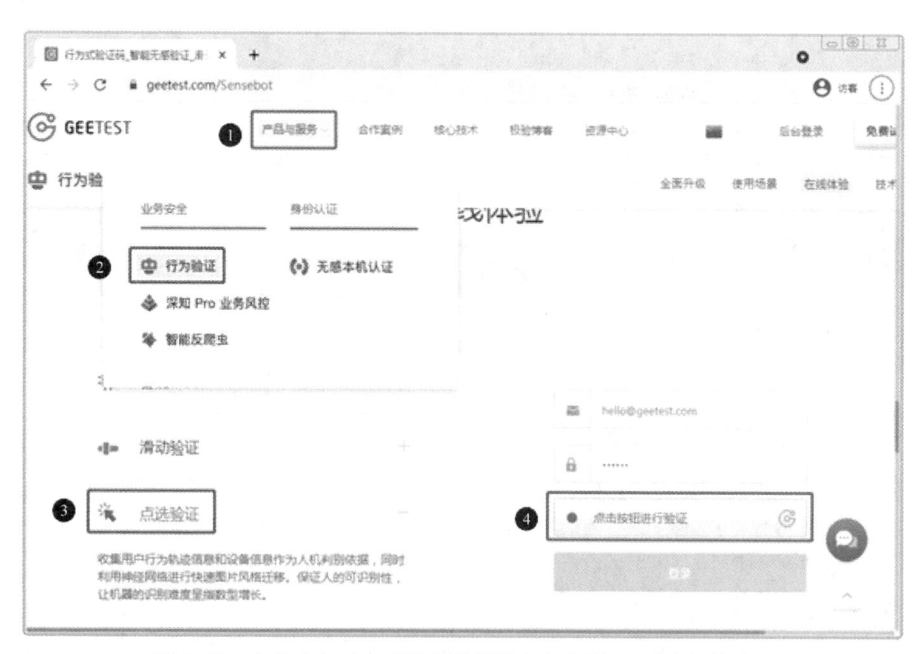

图 8-25　使用 Selenium 操作浏览器弹出点选验证码弹出框的过程

在使用 Selenium 截取点选验证码时，我们需要截取点选验证码的完整图片。查找点选验证码对应的元素如图 8-26 所示。

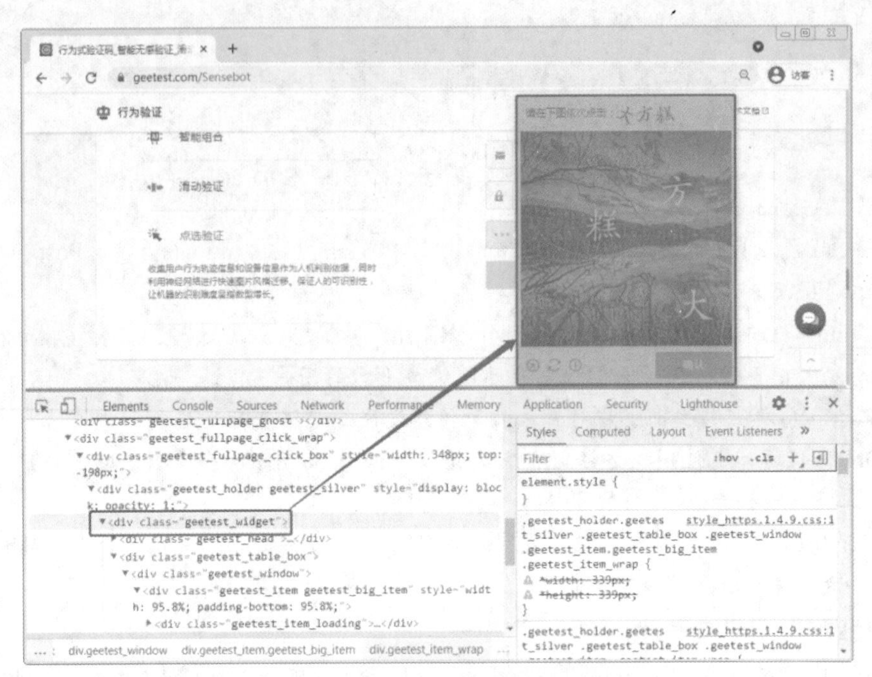

图 8-26　查找点选验证码对应的元素

接下来，编写代码，使用 Selenium 按照上述步骤打开点选验证码弹出框，并将点选验证码截图保存到本地，具体代码如下。

```
from selenium import webdriver
from selenium.webdriver.support.ui import WebDriverWait
from selenium.webdriver.support import expected_conditions as EC
from selenium.webdriver.common.by import By
from chaojiying import Chaojiying_Client
from selenium.webdriver.common.action_chains import ActionChains
import time
class ClickVerificationCode:
    def __init__(self):
        self.driver = webdriver.Chrome()
        self.url = 'https://www.geetest.com/Sensebot'
    def get_image(self):
        self.driver.get(self.url)
        self.driver.maximize_window()
        self.driver.execute_script('window.scrollBy(0,3650)')
        # 单击“点选验证码”
        self.driver.find_element_by_xpath(
            '//div[@class="experience-box"]/div/ul/li[3]').click()
        # 显式等待“单击按钮进行验证”元素加载
        WebDriverWait(self.driver, 10).until(
            EC.presence_of_element_located((
                By.CLASS_NAME, 'geetest_radar_tip')))
        self.driver.find_element_by_class_name(
            'geetest_radar_tip').click()
```

```
        # 显式等待“点选验证码显示框”元素加载
        WebDriverWait(self.driver, 10).until(
            EC.presence_of_element_located((
                By.CLASS_NAME, 'geetest_widget')))
        img_file = self.driver.find_element_by_class_name('geetest_widget')
        # 截取点选验证码图片
        img_file.screenshot('yzm.png')
if __name__ == '__main__':
    click_verification = ClickVerificationCode()
    click_verification.get_image()
```

需要说明的是，chaojiying.py 文件要放到程序所在的目录下。

运行上述代码后发现，程序所在的目录下生成了一个 yzm.png，如图 8-27 所示。

图 8–27　yzm.png

3. 使用超级鹰识别点选验证码的文字

获取点选验证码图片后，需要将该图片发送到超级鹰后台进行识别。超级鹰平台会将识别后的文字、坐标等信息以 JSON 格式返回。下面是超级鹰平台识别点选验证码上 4 个文字后返回的结果。


```
{'err_no': 0, 'err_str': 'OK', 'pic_id': '1151511476469800104', 'pic_str': '107
,218|165,94|253,336|248,184', 'md5': 'd9a30a1a11ec6f4e214d2448d7f36c10'}
```


在上述结果中，pic_str 对应的值 107,218|165,94|253,336|248,184 是 4 个文字的坐标信息，它是一个形如 x,y|x,y|x,y|x,y 的字符串。为了便于 Selenium 后期可以分别获取 x 值和 y 值，我们需要对字符串进行调整，使该字符串转换为形如[[x, y], [x, y] , [x, y] , [x, y]]的二维数组，具体的调整结果如下。

```
[[107, 218], [165, 94], [253, 336], [248, 184]]
```

定义一个 dock_chaojiying()方法，在该方法中根据自己的账号、密码和软件 ID 对接超级鹰平台，保存超级鹰平台返回的 JSON 格式的数据，之后将这些数据转换为形如[[x, y], [x, y] , [x, y] , [x, y]]的二维数组，具体代码如下。

```
def dock_chaojiying(self):
    # 对接超级鹰平台，填写账号、密码、软件 ID
```

```
    chaojiying = Chaojiying_Client('超级鹰账号', '超级鹰密码', '软件 ID')
    im = open('yzm.png', 'rb').read()
    # 保存超级鹰平台返回的 JSON 格式的数据
    result = chaojiying.PostPic(im, 9004)
    # 提取文字坐标信息
    coordinates = result.get('pic_str').split('|')
    # 将坐标形式转换成[[x,y],[x,y]]
    locations = [[int(number) for number in coordinate.split(',')]
                 for coordinate in coordinates]
    return locations
```

4. 使用 Selenium 单击验证码中的文字

有了验证码图片上每个文字的坐标信息之后，我们可以使用 Selenium 模拟用户根据坐标信息依次单击文字的行为，具体代码如下。

```
def simulated_click(self):
    self.get_image()
    img = WebDriverWait(self.driver, 10).until(
        EC.presence_of_element_located((By.CLASS_NAME, 'geetest_widget')))
    for location in self.dock_chaojiying():
        ActionChains(self.driver).move_to_element_with_offset(
            img, location[0], location[1]).click().perform()
    # 单击"确认"按钮
    self.driver.find_element_by_class_name('geetest_commit_tip').click()
    # 等待 3s 查看是否点击成功
    time.sleep(3)
    self.driver.quit()
```

在 main 语句中，创建 ClickVerificationCode 类的对象，并调用 simulated_click()方法识别点选验证码，具体代码如下。

```
if __name__ == '__main__':
    click_verification = ClickVerificationCode()
    click_verification.simulated_click()
```

运行程序后发现，浏览器首先展示了点选验证码，然后按照点选验证码上方要求的文字顺序依次单击文字，并弹出验证成功的提示信息。

8.2 实践项目：登录黑马头条后台管理系统

黑马头条后台管理系统是传智教育项目库的动手实践项目，该项目包含用户登录、首页、用户管理等多个模块。其中，用户登录模块主要负责处理用户登录与验证的逻辑，并通过一个滑动拼图验证码辨别用户行为。在本节中，我们将运用前面所学的知识开发一个完整的网络爬虫项目，用于识别黑马头条后台管理系统登录页面的滑动拼图验证码，并在识别成功后登录黑马头条后台管理系统的首页。

【项目目标】

黑马头条后台管理系统的登录流程如图 8-28 所示。

在图 8-28 中，第 1 张图是黑马头条后台管理系统的用户登录窗口。该窗口的文本框中默认填写了用户名和密码，且“登录”按钮呈不可用状态。单击用户登录窗口的“输入用户名点击获取验证码”按钮后，该按钮下方又出现一个“点击按钮进行验证”按钮。单击“点击按钮进行验证”按钮打开滑动拼图验证码弹出框，在该弹出框中向右滑动滑块，直到抠图与缺口重合后松开滑块。这时滑动拼图验证码弹出框自动关闭，并跳转回用户登录窗口。在用户登录窗口中，“点击按钮进行验证”按钮变为“验证成功”的提示信息，此时“登录”按钮呈可用状态。单击用户登录窗口中的“登录”按钮进入黑马头条后台管理系统首页。

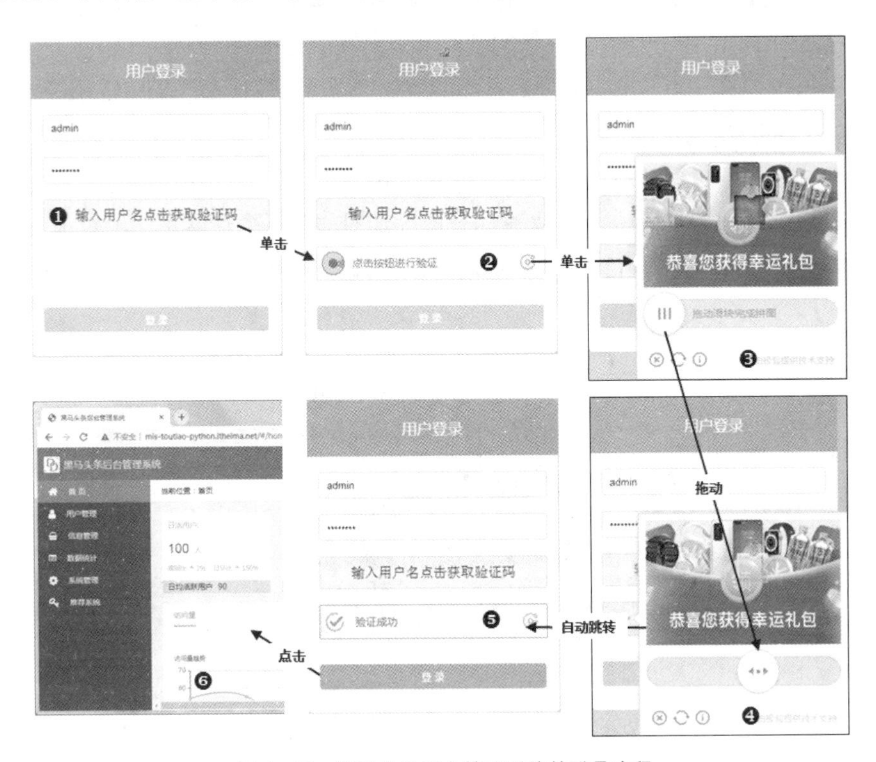

图 8-28　黑马头条后台管理系统的登录流程

本项目要求使用 Selenium 模拟上述登录流程，识别登录过程中的滑动拼图验证码，并在识别成功后登录黑马头条后台管理系统的首页。

【项目分析】

根据项目目标可知，本项目的主要功能是识别滑动拼图验证码。识别滑动拼图验证码一般分为 5 步，它们分别是获取包含缺口和不包含缺口的背景图片、计算滑块的偏移量、生成滑动轨迹、使用 Selenium 模拟滑块滑动和验证抠图与缺口位置是否重合。关于每个步骤的分析具体如下。

1. 获取包含缺口和不包含缺口的背景图片

当用户滑动滑块时抠图会跟随滑块一起移动，一旦抠图与缺口的位置重合，便可以停止滑动滑块。由此可知，滑块的偏移量是跟缺口位置有关的。每张滑动拼图验证码图片中缺口所在的位置是随机的。为了能确定缺口的位置，我们可以获取一张包含缺口的背景图片和一张不包含缺口的背景图片，如图 8-29 所示。

图 8-29 包含缺口和不包含缺口的背景图片

在图 8-29 中，左图中心位置显示了一个深灰色、透明的缺口，而右图中心位置没有缺口。

2. 计算滑块的偏移量

对比包含缺口和不包含缺口的背景图片可知，缺口所在区域的颜色值存在一定的差距。因此，我们可以设定一个颜色值误差范围，一旦背景图片中某个像素点的颜色值超过误差范围，就将该像素点的 x 值作为滑块的偏移量。计算滑块偏移量的示意图如图 8-30 所示。

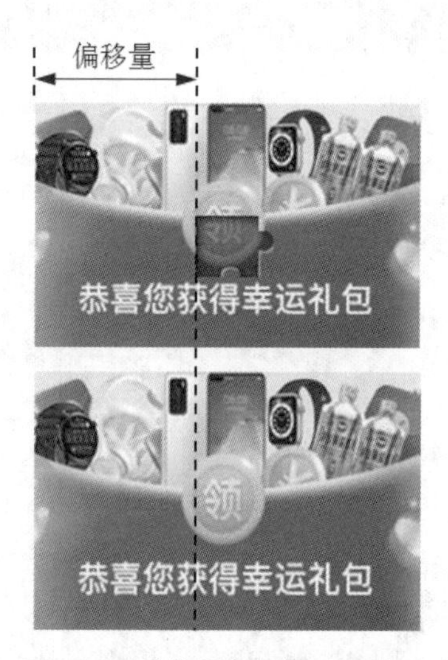

图 8-30 计算滑块偏移量的示意图

3. 生成滑动轨迹

由于滑动拼图验证码会对滑块的滑动轨迹进行验证，以辨别当前用户是否为非人类用户，所以我们需要模拟用户滑动滑块的轨迹。通常情况下，用户滑动滑块的速度是先快后慢的。当抠图距离缺口的位置较远时，用户会快速滑动滑块一段距离；当抠图距离缺口的位置较近时，用户会慢速滑动滑块，直至抠图与缺口完全重合。

为帮助开发人员生成模拟用户滑动滑块的轨迹，我们可以借用 jquery.easing.js 插件。jquery.easing.js 是一款 jQuery 动画效果插件，使用该插件可以实现丰富的动画效果，如匀速直线运动、变加速运动、缓冲等。

4. 使用 Selenium 模拟滑块滑动

我们在前面已经得出滑块偏移量和滑动轨迹。现在，我们可以使用 Selenium 定位到滑块所在的位置，按照生成的滑动轨迹滑动滑块，并滑动至偏移量指定的距离。

5. 验证抠图与缺口位置是否重合

用户未通过验证前，登录窗口中的“登录”按钮为不可用状态；用户通过验证后，“登录”按钮变为可用状态，因此我们可以将“登录”按钮的状态作为判断验证是否通过的标志。“登录”按钮可用，说明用户通过验证，这时我们单击“登录”按钮可以进入黑马头条后台管理系统的首页页面。

【项目实现】

案例的实现步骤如下。

1. 获取包含缺口和不包含缺口的背景图片

滑块滑动的距离是由缺口的位置决定的。由于每张滑动拼图验证码图片中缺口的位置是随机的，因此我们需要获取包含缺口和不包含缺口的背景图片，通过对比这两张图片确认缺口的位置。编写代码，获取包含缺口和不包含缺口的背景图片，具体步骤如下。

（1）导入程序中需要用到的所有模块，定义网络爬虫类 HeiMaTouTiao，在该类的构造函数中定义两个分别表示 URL 地址、浏览器驱动器的属性 url 和 driver，以及调用 maximize_window()方法设置浏览器窗口最大化，具体代码如下。

```
from io import BytesIO
import numpy as np
import time
from PIL import Image
from selenium import webdriver
from selenium.webdriver.common.action_chains import ActionChains
from selenium.webdriver.support import expected_conditions as EC
from selenium.webdriver.common.by import By
from selenium.webdriver.support.wait import WebDriverWait
class HeiMaTouTiao:
    def __init__(self):
        self.url = 'http://mis-toutiao-python.itheima.net/#/'
        self.driver = webdriver.Chrome()
        self.driver.maximize_window()
```

（2）在 HeiMaTouTiao 类中定义 login()方法，在该方法中分别定位到“输入用户名点击获取验证码”按钮和“点击按钮进行验证”按钮对应的元素，待按钮加载完成后执行单击按钮操作，具体代码如下。

```
def login(self):
    self.driver.get(self.url)
    self.driver.find_element_by_class_name('yzm_btn').click()
    # 单击“点击按钮进行验证”，打开滑动拼图验证码弹出框
    WebDriverWait(self.driver, 20).until(
        EC.element_to_be_clickable((
            By.CLASS_NAME, 'geetest_radar_tip')))
    self.driver.find_element_by_class_name(
        'geetest_radar_tip').click()
    WebDriverWait(self.driver, 20).until(
        EC.presence_of_element_located((By.CLASS_NAME,
                                        'geetest_canvas_img')))
```

（3）在 main 语句中，创建一个 HeiMaTouTiao 类的对象，并调用 login()方法进行登录操

作，具体代码如下。

```
if __name__ == '__main__':
    heima = HeiMaTouTiao()
    heima.login()
```

运行上述代码，程序会启动浏览器访问黑马头条后台管理系统登录页面，依次单击“输入用户名点击获取验证码”按钮和“点击按钮进行验证”按钮后打开滑动拼图验证码弹出框。

（4）在弹出框的背景图片上单击鼠标右键，选择“检查”，浏览器底部弹出开发者窗口，并定位到验证码弹出框对应的元素，具体代码如下。

```
......
<div class="geetest_canvas_img geetest_absolute" style="display: block;">
  <div class="geetest_slicebg geetest_absolute">
    <canvas class="geetest_canvas_bg geetest_absolute" height="160" width="260">
</canvas>
    <canvas  class="geetest_canvas_slice  geetest_absolute"  width="260"  height=
"160"></canvas>
  </div>
  <canvas class="geetest_canvas_fullbg geetest_fade geetest_absolute" height="160"
width="260" style="display: none;"></canvas>
</div>
......
```

上述代码中共包含 3 个定义图形的<canvas>元素，该元素的 style 属性用于控制图形的样式。style 属性的值为 display: none;时，表示隐藏该图形；style 属性的值为 display: block;时，表示显示该图形。

（5）通过设置<canvas>元素的 style 属性，获取不包含缺口的背景图片和包含缺口的背景图片。在开发者窗口中，将第 3 个<canvas>元素的 style 属性的值设为 display: block;，显示了背景图片图形。此时，该背景图片上方没有抠图和缺口，我们可以获取不包含缺口的背景图片。恢复设置，再次给第 2 个<canvas>元素增加 style 属性，并将该属性的值设为 display: none;，代表隐藏抠图图形。此时，该背景图片上方只有一个缺口，我们可以获取包含缺口的背景图片。

（6）在程序的 login()方法的末尾，增加调用 execute_script()方法修改图形样式的代码。具体代码如下。

```
def login(self):
    self.driver.get(self.url)
...(省略部分代码)
    # 执行JavaScript语句改变CSS样式，获取页面所有画布的canvas
    self.driver.execute_script("document.querySelectorAll('"
                               "canvas')[2].style='display:block'")
    time.sleep(1)
    self.driver.execute_script("document.querySelectorAll('"
                               "canvas')[2].style='display:none'")
    time.sleep(1)
    self.driver.execute_script(
        "document.getElementsByClassName('geetest_canvas_slice "
        "geetest_absolute')[0].style='display:none;'")
    time.sleep(1)
    self.driver.execute_script(
        "document.getElementsByClassName('geetest_canvas_slice "
        "geetest_absolute')[0].style='display:block;'")
```

需要注意的是，我们通过 JavaScript 语句修改元素样式之后，为了保证后续获取正确的图片样式，需要将修改后的样式恢复为最初的样式。

（7）在当前网页中截取背景图片，需要根据网页坐标计算背景图片的位置。网页的坐标系以左上角为原点，*x* 轴向右为正方向，*y* 轴向下为正方向，如图 8-31 所示。

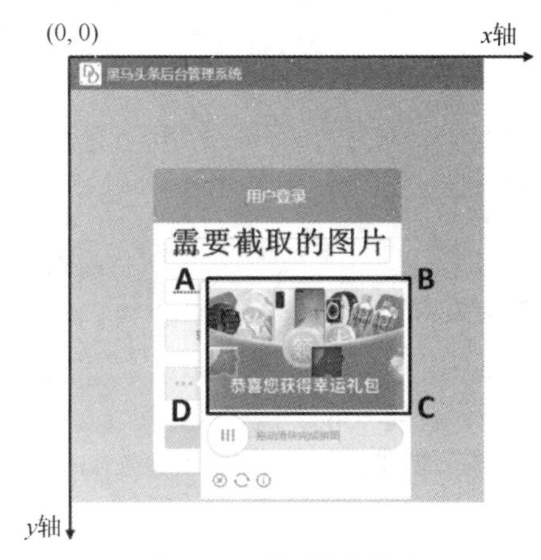

图 8-31　网页的坐标系

观察图 8-31 可知，我们通过网页中的 A 点坐标和 C 点坐标可以截取完整的背景图片。

（8）定义一个截取背景图片的 get_image()方法，具体代码如下。

```
def get_image(self, image_file_name):
    """
    :param image_file_name:表示截取的图片文件
    :return:截取的图片文件
    """
    # 定位图片元素
    image = self.driver.find_element_by_class_name('geetest_canvas_img')
    # 获取图片左上角坐标，即 A 点坐标
    location = image.location
    # 获取背景图片的宽高
    size = image.size
    x1, y1 = location["x"], location["y"]
    # 通过背景图片的宽高，与 A 点坐标相加，计算出 C 点坐标
    x2, y2 = location["x"] + size["width"], location["y"] + size["height"]
    # 截取当前网页的图片
    screen_shot = self.driver.get_screenshot_as_png()
    screen_shot = Image.open(BytesIO(screen_shot))
    # 通过 Image 模块中 crop()方法，裁剪出背景图片
    captcha = screen_shot.crop((int(x1), int(y1), int(x2), int(y2)))
    captcha.save(image_file_name)
    return captcha
```

（9）在 login()方法中增加调用 get_image()方法的代码，修改后的代码如下。

```
def login(self):
    self.driver.get(self.url)
    ......(省略)
    # 执行 JavaScript 语句改变 CSS 样式，获取页面所有画布的 canvas
```

```
        self.driver.execute_script("document.querySelectorAll('"
                                   "canvas')[2].style='display:block'")
        time.sleep(1)
        # 截取不包含缺口图片
        image1 = self.get_image('verify_code1.png')
        self.driver.execute_script("document.querySelectorAll('"
                                   "canvas')[2].style='display:none'")
        time.sleep(1)
        self.driver.execute_script(
            "document.getElementsByClassName('geetest_canvas_slice "
            "geetest_absolute')[0].style='display:none;'")
        time.sleep(1)
        # 截取包含缺口图片
        image2 = self.get_image('verify_code2.png')
        self.driver.execute_script(
            "document.getElementsByClassName('geetest_canvas_slice "
            "geetest_absolute')[0].style='display:block;'")
```

执行上述代码，会在当前目录下增加图片 verify_code1.png 和 verify_code2.png，分别如图 8-32 和图 8-33 所示。

图 8-32　verify_code1.png

图 8-33　verify_code2.png

2. 计算滑块的偏移量

通过遍历图片的每个坐标点，获取两张图片对应像素点的 RGB 数据。如果这两张图片的 RGB 数据差距在指定范围内，我们就认为这两个像素点是相同的，继续对比下一个像素点；如果差距超过指定范围，那么这两个像素点不同，这个位置即缺口位置。

定义一个 compare_pixel()方法，用于比较两张图片的像素点是否在指定的范围内。该方法需要接收 4 个参数，即 image1、image2、x 和 y。其中，参数 image1 和 image2 表示截取的两张图片，参数 x 和 y 表示像素点的坐标。compare_pixel()方法的代码如下。

```
def compare_pixel(self, image1, image2, x, y):
   # 加载图片
    pixel1 = image1.load()[x, y]
    pixel2 = image2.load()[x, y]
    # 设定像素误差范围
    threashold = 30
    # 比较 RGB 数据，pixel1[0]表示获取 R 的值，以此类推
    if abs(pixel1[0] - pixel2[0]) < threashold and \
            abs(pixel1[1] - pixel2[1]) < threashold and abs(
        pixel1[2] - pixel2[2]) < threashold:
        return True
    else:
        return False
```

定义一个 get_distance()方法，用于计算滑块的偏移量，具体代码如下。

```
def get_distance(self):
    image1 = Image.open('verify_code1.png')
    image2 = Image.open('verify_code2.png')
    for i in range(image1.size[0]):
        for j in range(image1.size[1]):
            if not self.compare_pixel(image1, image2, i, j):
                left = i
                return left
```

上述代码中，首先使用 Image 模块的 open()方法读取图片，然后遍历图片的像素点，并调用定义 compare_pixel()方法判断像素点是否在规定范围内。

在 main 语句的末尾增加 heima 对象调用 get_distance()方法的代码，修改后的 main 语句如下。

```
if __name__ == '__main__':
    heima = HeiMaTouTiao()
    heima.login()
    print(heima.get_distance())  # 测试代码，查看滑动的偏移量
```

运行程序，待浏览器操作完成后，控制台输出了滑块的偏移量，具体如下。

```
130
```

需要说明的是，程序运行后需要注释或删除增加的测试代码。

3. 生成滑动轨迹

在这里，我们选择 jquery.easing.js 提供的与滑块的运动轨迹相似的缓动函数 easeOutQuint()，该函数的源代码如下。

```
easeOutQuint: function (x) {
return 1 - pow( 1 - x, 5 );
},
```

将 easeOutQuint()函数修改为 Python 版本的 ease_out_quint()方法，具体代码如下。

```
def ease_out_quint(self, x):
    return 1 - pow(1 - x, 5)
```

定义一个 get_tracks()方法，用于生成滑动轨迹。具体代码如下。

```
def get_tracks(self, distance, seconds, ease_func):
    tracks = [0]        # 存储滑动的坐标
    offsets = [0]       # 存储滑动的轨迹
```

```
        for t in np.arange(0.0, seconds, 0.1):
            ease = ease_func
            offset = round(ease(t / seconds) * distance)
            tracks.append(offset - offsets[-1])
            offsets.append(offset)
        return tracks
```

在 get_tracks()方法中，该方法接收 3 个参数，即 distance、seconds 和 ease_func。其中，参数 distance 表示滑块移动的距离；参数 seconds 表示滑动的相对时间（并非准确时间）；参数 ease_func 表示定义的缓动函数。get_tracks()方法会返回滑块滑动的坐标和滑块滑动的轨迹。

4. 使用 Selenium 模拟滑块滑动

定义一个 get_move()方法，用于使用 Selenium 根据滑块的滑动轨迹模拟用户滑动滑块的行为，具体代码如下。

```
    def get_move(self):
        slider = self.driver.find_element_by_class_name(
            'geetest_slider_button')
        tracks = self.get_tracks(
            self.get_distance(), 0.5, self.ease_out_quint)
        ActionChains(self.driver).click_and_hold(slider).perform()
        for x in tracks:
            ActionChains(self.driver).move_by_offset\
                (xoffset=x, yoffset=0).perform()
        ActionChains(self.driver).pause(0.5).release().perform() # 暂停 0.5 秒释放
        time.sleep(2)
```

在上述代码中，首先使用 Selenium 定位到滑块元素，然后调用 get_tracks()方法生成滑动轨迹。该方法中的第 1 个参数传入调用 get_distance()方法的结果，即滑块的偏移量，第 2 个参数传入缓动函数的时间为 0.5 秒。最后使用 Selenium 的 ActionChains 类实现拖动滑块的效果。

在 main 语句的末尾增加 heima 对象调用 get_move()方法的代码。修改后的 main 语句如下。

```
    if __name__ == '__main__':
        heima = HeiMaTouTiao()
        heima.login()
        heima.get_move()  # 测试代码，模拟滑块滑动指定的距离
```

运行程序，当浏览器中出现滑动拼图验证码弹出框时，滑动滑块至一定距离使抠图与缺口重合，然后自动关闭弹出框。最后，用户登录窗口出现了验证成功的提示信息。

5. 验证抠图与缺口位置是否重合

定义一个 check_login()方法，用于根据“登录”按钮的状态确认是否让浏览器执行单击“登录”按钮、关闭浏览器的操作，具体代码如下。

```
    def check_login(self):
        try:
            button = self.driver.find_element_by_class_name('input_sub')
            # 判断“登录”按钮是否可用
            if button.is_enabled():
                button.click()
                time.sleep(5)
                self.driver.close()
                return True
        except Exception as e:
            return False
```

在 login()方法中，调用 check_login()方法检测是否通过验证。若未通过验证，则需要调用 get_move()方法再次滑动滑块进行验证，具体代码如下。

```
def login(self):
    while not self.check_login():
        self.driver.get(self.url)
        ……(省略部分代码)
        image2 = self.get_image('verify_code2.png')
        self.driver.execute_script(
            "document.getElementsByClassName('geetest_canvas_slice "
            "geetest_absolute')[0].style='display:block;'")
        self.get_move()
```

运行程序，浏览器在完成验证后打开了黑马头条后台管理系统的首页。

8.3　本章小结

在本章中，我们首先介绍了验证码的分类，然后介绍了字符验证码、滑动拼图验证码以及点选验证码的识别方法。希望读者通过本章内容的学习，掌握验证码的处理方式。

8.4　习题

一、填空题

1. ________是一个光学字符识别引擎，具有精准度高、灵活性高等特点。
2. 使用________插件可以实现滑块运动轨迹的动画效果。

二、判断题

1. 验证码是区分用户是计算机还是人的公共全自动程序。(　　)
2. 字符验证码是基于用户操作的行为的验证码。(　　)
3. 使用 Selenium 模拟滑块滑动可以识别滑动拼图验证码。(　　)
4. 使用 Selenium 将验证码中的滑块滑动到指定位置一定会通过验证。(　　)

三、选择题

1. 下列选项中，关于字符验证码的描述错误的是（　　）。
   A. 字符验证码可通过 Selenium 识别
   B. 字符验证码是将一串随机产生的文字生成一幅图片
   C. 字符验证码通常使用 OCR 技术进行识别
   D. 字符验证码通过加入干扰像素提升识别难度
2. 下列选项中，关于 Tesseract-OCR 的描述错误的是（　　）。
   A. Tesseract-OCR 是一个光学字符识别引擎
   B. Tesseract-OCR 是一个开源项目
   C. Tesseract-OCR 可通过训练字库提升识别准确率
   D. Tesseract-OCR 仅支持 Linux 操作系统和 Windows 操作系统

3. 下列选项中，用于加载图像文件的函数是（　　）。

A. open()　　B. save()　　C. crop()　　D. load()

4. 下列选项中，关于滑动拼图验证码的说法错误的是（　　）。

A. 识别滑动拼图验证码需要计算滑块的滑动轨迹数据

B. 通过对比包含缺口和不包含缺口的背景图片可以计算滑块的偏移量

C. 识别滑动拼图验证码只需要将滑块滑动到一定距离即可

D. 识别滑动拼图验证码需要使用 Selenium 模拟用户滑动滑块的行为

5. 下列选项中，关于点选验证码的说法错误的是（　　）。

A. 点选验证码是按顺序单击验证码图片中与文字描述相符的内容

B. 点选验证码只需要对验证码图片中的文字进行识别即可

C. 通过第三方平台可以快速实现点选验证码的识别

D. 使用 Selenium 模拟可以模拟用户单击验证码图片中的文字的行为

四、简答题

请简述滑动拼图验证码的识别思路。

五、程序题

编写程序，使用 Selenium 登录立可得后台（网址为 http://likede2-admin.itheima.net/#/login?redirect=%2Fhome），并使用百度 OCR 识别立可得登录页面中的字符验证码。

第9章

初识网络爬虫框架 Scrapy

学习目标

◆ 了解什么是 Scrapy 框架，能够复述出 Scrapy 框架的优点与缺点

◆ 熟悉 Scrapy 框架的架构，能够归纳每个组件的功能与职责

◆ 熟悉 Scrapy 框架的运作流程，能够归纳 Scrapy 框架的运作流程

◆ 掌握 Scrapy 框架的安装方式，能够独立安装 Scrapy 框架，并能解决安装过程中出现的常见问题

◆ 掌握 Scrapy 框架的基本操作，能够灵活应用 Scrapy 框架新建项目和制作爬虫

随着网络爬虫的应用越来越多，互联网中涌现了一些网络爬虫框架。这些框架对网络爬虫的一些常用功能和业务逻辑进行了封装。在这些框架的基础上，我们只需要按照需求添加少量代码，就可以实现一个网络爬虫。Scrapy 是目前比较流行的 Python 网络爬虫框架之一，可以帮助开发人员高效地开发网络爬虫程序。本章将针对 Scrapy 框架的相关知识进行简单介绍。

拓展阅读

9.1 Scrapy 框架简介

在实际开发中，我们往往会使用网络爬虫框架代替编写完整的网络爬虫程序来采集网页数据。爬虫框架会将网络爬虫的实现过程统一化，并集合通用的功能，如异常处理、任务调度等，为开发人员减少很多重复的工作。有了爬虫框架之后，开发人员无须关心网络爬虫的完整逻辑，而只需要关心网络爬虫的核心逻辑部分，如网页数据的提取、跟进链接的生成等。这样不仅可以提高开发效率，而且可以增强程序的健壮性。

优秀的网络爬虫框架就像开采金矿的强力挖掘机。如果你能娴熟地驾驭它们，就能大幅度地提高开采效率。因此，优秀的网络爬虫框架可以起到事半功倍的效果。Scrapy 是一个优秀的网络爬虫框架，具有快速强大、易于扩展、支持跨平台等特点，受到很多开发人员的关注，已经成为比较流行的网络爬虫框架。

Scrapy 是一个纯使用 Python 语言开发、开源的网络爬虫框架，可用于抓取网站页面，并从页面中提取结构化数据。Scrapy 最初是为了抓取页面而设计的，可以简单、快速地从网站

页面中提取所需的数据。如今的 Scrapy 具备更加广泛的用途，可以被应用到诸如数据挖掘、数据监测、自动化测试等领域以及通用网络爬虫中。

Scrapy 是基于 Twisted 框架开发的。Twisted 是一个流行的基于事件驱动的网络引擎框架，采用了异步代码实现并发功能。Twisted 负责处理网络通信，这样不仅可以加快页面的下载速度，而且可以减少手动实现异步操作。

Scrapy 框架的功能如此强大，离不开其自身具备的如下几个优点。

- 具有丰富的文档、良好的社区以及庞大的用户群体。
- 支持并发功能，可以灵活地调整并发线程的数量。
- 采用可读性很强的 XPath 技术解析网页，解析速度更快。
- 具有统一的中间件，可以对数据进行过滤。
- 支持 Shell 工具，方便开发人员独立调试程序。
- 通过管道将数据存入数据库，灵活方便，且可以保存为多种形式。
- 具有高度的可定制化功能，经过简单的改造后便可以实现具有特定功能的网络爬虫。

除了这些优点之外，Scrapy 框架也有如下几个缺点。

- 自身无法实现分布式爬虫。
- 去重效果差，极易消耗内存。
- 无法获取采用 JavaScript 技术进行动态渲染的页面内容。

基于 Scrapy 框架的这些缺点，产生了许多框架插件。例如，Scrapy-Redis 库解决了 Scrapy 框架不支持分布式爬虫的问题，Scrapy-Splash 库解决了 Scrapy 框架不支持 JavaScript 动态渲染的问题等。对于 Scrapy-Redis 库的知识，我们将在第 11 章进行介绍。

9.2 Scrapy 框架架构

Scrapy 框架的强大功能离不开众多组件的支撑。这些组件相互协作，共同完成整个采集数据的任务。Scrapy 框架的架构如图 9-1 所示。

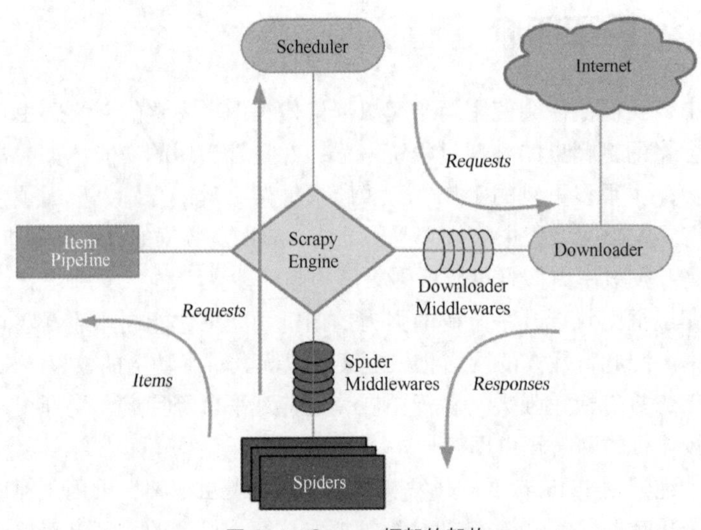

图 9-1 Scrapy 框架的架构

在图 9-1 中，Scrapy 框架中主要包含 Scrapy Engine（引擎）、Scheduler（调度器）、Downloader（下载器）、Spiders（爬虫）、Item Pipeline（管道）5 个组件，还包含 Downloader Middlewares（下载中间件）、Spider Middlewares（爬虫中间件）两个中间件。关于这些组件和中间件的介绍如下。

（1）Scrapy Engine（引擎）：负责 Scheduler、Spiders、Item Pipeline、Downloader 这几个组件之间的通信，包括信号和数据的传递等。

（2）Scheduler（调度器）：负责接收 Scrapy Engine 发送过来的 Requests（请求），并按照一定的方式进行整理排列和入队，在 Scrapy Engine 需要时再次将请求交还给 Scrapy Engine。

（3）Downloader：负责下载由 Scrapy Engine 发送的所有 Requests，并将其获取到的 Responses（响应）交还给 Scrapy Engine，由 Scrapy Engine 交给 Spiders 进行处理。

（4）Spiders：负责处理所有 Responses，从 Responses 中解析并提取 Items 封装的数据，并将需要跟进的 URL 提交给 Scrapy Engine，再次进入 Scheduler。

（5）Item Pipeline：负责处理 Spiders 中获取的 Items 封装的数据，并对这些数据进行后期处理，如详细分析、过滤、存储等。

（6）Downloader Middlewares：位于 Downloader 和 Scrapy Engine 之间，可以自定义扩展下载功能的组件。

（7）Spider Middlewares：位于 Spiders 和 Scrapy Engine 之间，可以自定义扩展 Scrapy Engine 和 Spiders 中间通信的功能组件。

需要注意的是，Scrapy Engine、Scheduler、Downloader 组件的业务逻辑是由框架写好的，无须开发人员进行任何修改；Spiders 和 Item Pipeline 组件的业务逻辑是由业务需求决定的，需要开发人员进行编写；Downloader Middlewares、Spider Middlewares 这两个中间件一般很少被用到。总体来说，开发人员只需要定制几个组件，就可以轻松地实现网络爬虫程序，使用起来是非常方便的。

9.3 Scrapy 框架运作流程

了解了 Scrapy 框架的结构以后，我们知道 Scrapy 框架主要包含了 5 个组件和 2 个中间件。那么，它们之间是如何运作的呢？其实 Scrapy 的运作流程由 Scrapy Engine 控制。下面我们看一下 Scrapy 框架的运作流程，具体如图 9-2 所示。

关于图 9-2 中标注的流程介绍如下。

（1）Scrapy Engine 从 Spiders 中获取初始 URL。

（2）Scrapy Engine 将初始 URL 封装成 Requests 交给 Scheduler。

（3）Scheduler 将下一个 Requests 交给 Scrapy Engine。

（4）Scrapy Engine 将 Requests 通过 Downloader Middlewares 转交给 Downloader。

（5）页面完成下载后，Downloader 生成一个该页面的 Responses，并将该 Responses 通过 Downloader Middlewares 交给 Scrapy Engine。

（6）Scrapy Engine 从 Downloader 中接收到 Responses，并通过 Spider Middlewares 转交给 Spiders 进行处理。

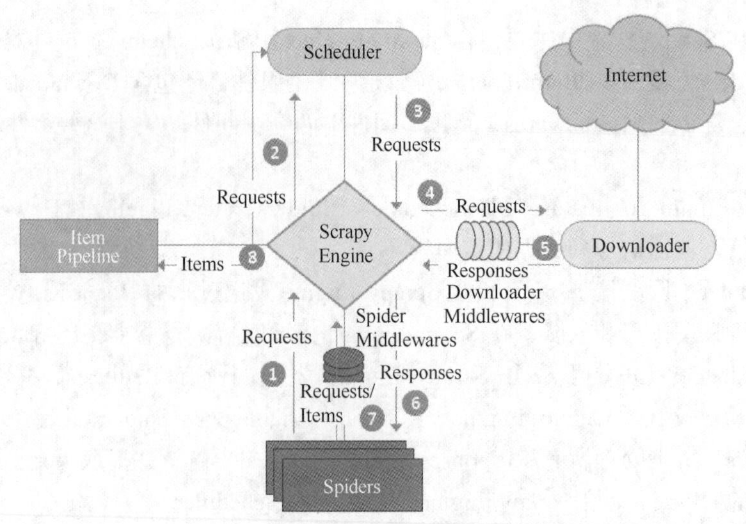

图 9-2 Scrapy 框架的运作流程

（7）Spiders 处理 Responses，并将处理后的 Items 或新的 Requests（如在前面案例中看到的“下一页”链接）交给 Scrapy Engine。

（8）Scrapy Engine 将处理后的 Items 交给 Item Pipeline，将新的 Requests 交给 Scheduler。

重复步骤（1）～步骤（8），直到 Scheduler 中没有新的 Requests 为止。

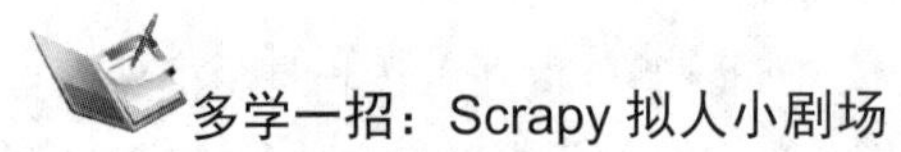

多学一招：Scrapy 拟人小剧场

为了帮助大家更好地理解 Scrapy 的一次完整运作流程，我们在这里将 Scrapy 的运作流程采用拟人小剧场的方式进行展示。整场内容如下。

- Scrapy Engine：Hi！Spiders，你要处理哪一个网站？
- Spiders：老大要我处理 xxxxx.com。
- Scrapy Engine：你把第一个需要处理的 URL 给我吧。
- Spiders：给你，第一个 URL 是 xxxxx.com。
- Scrapy Engine：Hi！Scheduler，我这有一个请求（根据以上 URL 封装的 Request），你帮我排序入队一下。
- Scheduler：好的，正在处理，你等一下。
- **Scrapy Engine：Hi！Scheduler，把你处理好的请求给我。**
- Scheduler：给你，这是我处理好的请求。
- Scrapy Engine：Hi！Downloader，你按照老大的 Downloader Middlewares 的设置，帮我按这个请求下载一些东西。
- Downloader：好的，给你，这是下载好的东西（如果下载失败，则这句话会换成“Sorry，这个请求下载失败了”，然后 Scrapy Engine 会告诉 Scheduler “这个请求下载失败了，你记录一下，我们待会儿再下载”）。
- Scrapy Engine：Hi！Spiders，这是下载好的东西，并且按照老大的要求已被 Downloader Middlewares 处理过，你自己再处理一下。
- Spiders：Hi！Scrapy Engine，我这里有两个结果，一个是我需要跟进的 URL，另一个是我获取的 Items。

- Scrapy Engine：Hi！Item Pipeline，我这儿有个 Items，需要你帮助处理一下！Scheduler，这是需要跟进的 URL，你帮我处理下。
- Item Pipeline 和 Scheduler：好的，现在就做！

从加粗一行的对白开始重复交流，直到处理完老大需要的全部信息。

9.4　Scrapy 框架安装

Scrapy 是一个第三方框架。如果要使用该框架开发网络爬虫程序，则需要先在计算机中安装该框架。下面以 Windows 7 操作系统为例，分别对安装 Scrapy 和常见安装问题进行介绍。

1. 安装 Scrapy

由于 Windows 7 操作系统默认没有安装 Python，所以在安装 Scrapy 框架之前，需要保证 Windows 7 操作系统下已经安装了 Python。

在命令提示符窗口中使用 pip 工具安装 Scrapy 框架。输入的命令如下。

```
pip install scrapy==2.5.0
```

执行上述命令，从命令提示符窗口中开始安装。安装完成后，在命令提示符窗口中输入 scrapy。按下 Enter 键后输出的信息如下。

```
C:\Users\admin>scrapy
Scrapy 2.5.0 - no active project
Usage:
  scrapy <command> [options] [args]
Available commands:
  bench         Run quick benchmark test
  commands
  fetch         Fetch a URL using the Scrapy downloader
  genspider     Generate new spider using pre-defined templates
  runspider     Run a self-contained spider (without creating a project)
  settings      Get settings values
  shell         Interactive scraping console
  startproject  Create new project
  version       Print Scrapy version
  view          Open URL in browser, as seen by Scrapy
  [ more ]      More commands available when run from project directory
Use "scrapy <command> -h" to see more info about a command
```

从输出的结果可以看出，Scrapy 的版本为 Scrapy 2.5.0。这说明我们成功安装了 Scrapy。

2. 常见安装问题

在 Windows 7 操作系统下安装 Scrapy 框架的过程往往不会一帆风顺，经常会遇到一些问题导致安装失败。常见的两个问题是缺少 Microsoft Visual C++ 14.0 组件和 Twisted 安装出错。关于它们的介绍如下。

（1）缺少 Microsoft Visual C++ 14.0 组件。

安装 Scrapy 框架时，若命令提示符窗口中出现如下错误信息，则说明计算机中缺少 Microsoft Visual C++ 14.0 组件。

```
error: Microsoft Visual C++ 14.0 is required. Get it with "Microsoft Visual
C++ Build Tools":
http://landinghub.visualstudio.com/visual-cpp-build-tools
```

针对这个问题，我们需要单独安装 Microsoft Visual C++ 14.0 组件进行解决。

在浏览器中进入下载 Microsoft Visual C++ 14.0 组件的页面，如图 9-3 所示。

图 9-3　下载 Microsoft Visual C++ 14.0 组件的页面

在图 9-3 中，单击“Download Visual Studio 2015”链接开始下载，完成下载后可以看到下载的安装包。双击安装包进行安装，在安装过程中全部保持默认设置即可，无须进行任何修改。

需要注意的是，我们在 Visual Studio 2015 组件安装完成之后需要重启计算机。

（2）Twisted 安装出错。

由于 Scrapy 框架使用了异步网络框架 Twisted，所以在安装 Scrapy 的过程中需要安装 Twisted。若命令提示符窗口中出现如下错误信息，则是因为 Twisted 安装出错。

```
fatal error C1083: Cannot open include file: 'basetsd.h': No such file or directory
error: command 'C:\\Program Files (x86)\\Microsoft Visual Studio 14.0\\VC\\B
IN\\x86_amd64\\cl.exe' failed with exit status 2
```

针对这个问题，我们可以通过单独安装 Twisted 框架这种方式予以解决。我们先在浏览器中访问 Twisted 的下载页面，具体如图 9-4 所示。

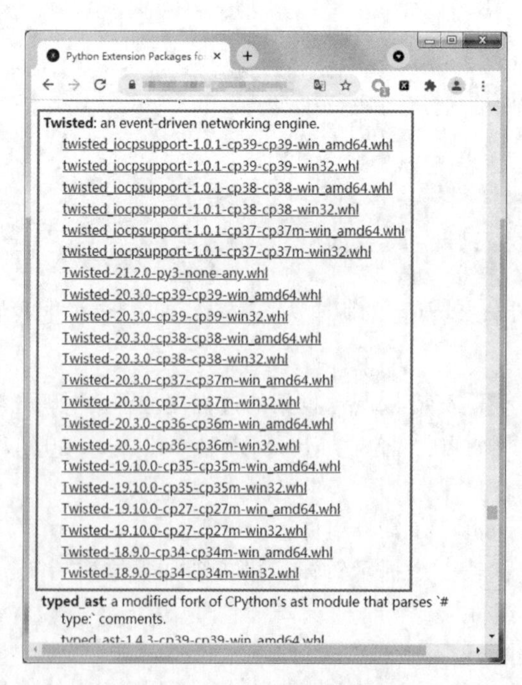

图 9-4　Twisted 的下载页面

图 9-4 显示了 Twisted 框架的多个版本的不同类别的安装包。我们需要从中选择与自己计算机上已安装的 Python 版本和位数相匹配的安装包。例如，Windows 7 操作系统的位数是 64 位，而安装 Python 时选择的是 32 位版本的，此时应该下载 32 位的安装包。

将 Twisted 安装包下载到本地之后，打开命令提示符窗口，切换至 Twisted 安装文件所在的目录，执行以下命令进行安装。

```
pip install Twisted-20.3.0-cp36-cp36m-win32.whl
```

当出现以下提示信息时，说明 Twisted 框架安装成功。

```
Installing collected packages: Twisted
Successfully installed Twisted-20.3.0
```

9.5　Scrapy 框架基本操作

使用 Scrapy 框架开发网络爬虫程序一般包含新建 Scrapy 项目、明确采集目标、制作爬虫、永久存储数据 4 个步骤。本节将按照这 4 个步骤采集某个示例网站的数据，并讲解如何使用 Scrapy 框架实现每个步骤的功能。

9.5.1　新建 Scrapy 项目

新建 Scrapy 项目便是使用 Scrapy 框架的第一步，主要是将前面提过的各个组件整合到一起，方便进行统一管理。

新建 Scrapy 项目需要使用如下命令。

```
scrapy startproject 项目名称
```

例如，在指定的项目存放目录（如 E:\PythonProject）中新建一个名称为 mySpider 的 Scrapy 项目。具体命令如下。

```
scrapy startproject mySpider
```

新建项目命令执行的结果如图 9-5 所示。

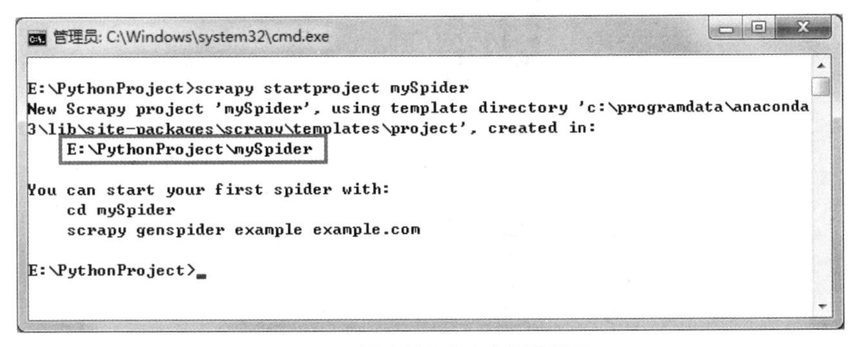

图 9-5　新建项目命令执行的结果

由图 9-5 可知，E:\PythonProject 目录下新增了刚刚创建的项目 mySpider。

为了方便查看 mySpider 项目的目录结构，我们通过 PyCharm 工具打开 mySpider 项目。此时，我们在界面左侧可以看到 mySpider 项目包含了若干自动生成的文件或目录。mySpider 项目的目录结构如图 9-6 所示。

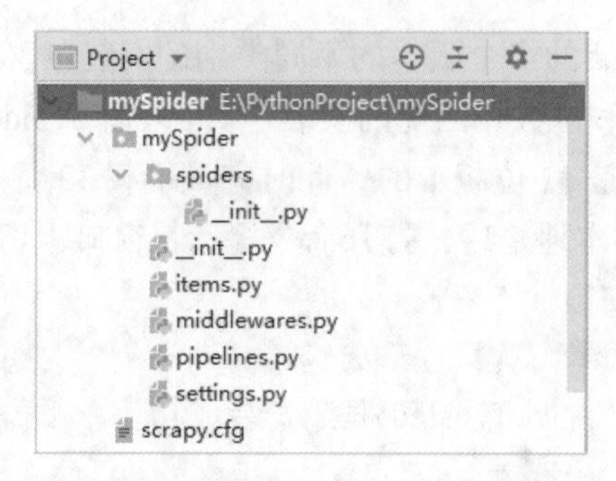

图 9-6 mySpider 项目的目录结构

关于图 9-6 中主要目录或文件的介绍如下。

- mySpider/：项目的 Python 模块，将从这里引用代码。
- mySpider/spiders/：存放爬虫代码的目录。
- mySpider/items.py：项目的实体文件，用于定义项目的目标实体。
- mySpider/middlewares.py：项目的中间件文件，用于定义爬虫中间件。
- mySpider/pipelines.py：项目的管道文件，用于定义项目使用的管道。
- mySpider/settings.py：项目的设置文件，用于存储项目的设置信息。
- scrapy.cfg：配置文件，用于存储项目的配置信息。

9.5.2 明确采集目标

明确采集目标是使用 Scrapy 框架的第二步操作，主要是在采集网页数据之前，明确采集的目标数据。mySpider 项目要采集的目标数据是某培训公司的讲师详情页中的讲师信息，包括讲师的姓名、级别和履历，具体如图 9-7 所示。

图 9-7 某培训公司的讲师详情页中的讲师信息

在图 9-7 中，每个方框标注出的讲师的姓名、级别和履历便是我们最终要采集的数据。为方便我们组织这些零散的数据，Scrapy 提供了一个表示实体数据的基类 scrapy.Item，用于封装这些待采集的数据。该类的功能类似于 Python 中的字典，但比字典多一些额外的保护以减少错误。

我们一般需要定义一个继承自 scrapy.Item 的子类，并在该子类中添加类型为 scrapy.Field 的类属性。每个类属性代表要采集数据的字段，如前面提到的姓名、级别和履历都对应一个字段。

在 PyCharm 中打开 mySpider 目录下的 items.py 文件，可以看到 Scrapy 框架已经在 items.py 文件中自动生成继承自 scrapy.Item 的 MyspiderItem 类，具体代码如下。

```
# Define here the models for your scraped items
#
# See documentation in:
# https://docs.scrapy.org/en/latest/topics/items.html
import scrapy
class MyspiderItem(scrapy.Item):
    # define the fields for your item here like:
    # name = scrapy.Field()
    pass
```

此时我们只需要在 MyspiderItem 类中添加 3 个属性。修改后的 MyspiderItem 类的代码如下。

```
class MyspiderItem(scrapy.Item):
    name = scrapy.Field()       # 表示讲师姓名
    level = scrapy.Field()      # 表示讲师级别
    resume = scrapy.Field()     # 表示讲师履历
```

在上述代码中，MyspiderItem 类中添加了 3 个属性。它们分别是 name、level 和 resume，分别表示讲师姓名、讲师级别和讲师履历。

9.5.3 制作爬虫

制作爬虫是使用 Scrapy 框架的第 3 步操作，主要是从抓取的网页数据中提取出最终要采集的数据。制作爬虫的流程一般可以分为创建爬虫、抓取网页数据、解析网页数据 3 步。具体内容如下。

1. 创建爬虫

创建爬虫主要是为爬虫确定一个名称，并规定该爬虫的“爬取域”（要抓取的域名范围）。创建爬虫的命令格式如下。

```
scrapy genspider 爬虫名称 "爬取域"
```

例如，在命令提示符窗口中切换当前的目录为子目录 mySpider/spiders，创建一个名称为 itcast、爬取域为 itcast.cn 的爬虫，具体代码如下。

```
scrapy genspider itcast "itcast.cn"
```

执行上述命令，创建爬虫的结果如图 9-8 所示。

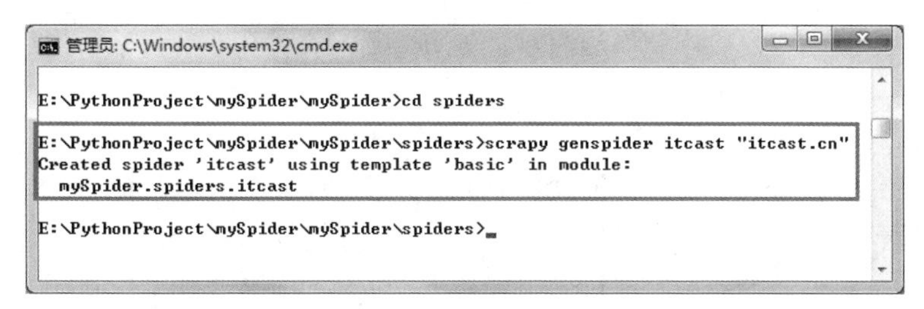

图 9-8 创建爬虫的结果

由图 9-8 中标出的信息可知，程序成功地创建了爬虫 itcast，并将该爬虫放于 mySpider/spiders 目录下。

在 PyCharm 中打开 mySpider/spiders 目录，可以看到新创建的 itcast.py。该文件的内容已经自动生成，具体代码如下。

```
import scrapy
class ItcastSpider(scrapy.Spider):
    name = 'itcast'
    allowed_domains = ['itcast.cn']
    start_urls = ['http://itcast.cn/']
    def parse(self, response):
        pass
```

在上述代码中，ItcastSpider 是自动生成的类，它继承自 scrapy.Spider 类。scrapy.Spider 类是 Scrapy 提供的爬虫基类，我们创建的爬虫类都需要继承自该类。ItcastSpider 类包含了 3 个属性和 1 个方法。关于这些属性和方法的介绍如下。

- name 属性：表示爬虫的名称。爬虫的名称必须是唯一的，不同的爬虫需要有不同的名称。
- allowed_domains 属性：表示爬虫搜索的域名范围。该属性用于规定爬虫只能抓取指定域名范围内的网页，忽略不属于该域名范围内的网页。
- start_urls 属性：表示包含起始 URL 的元组或列表，用于指定爬虫首次从哪个网页开始抓取。
- parse(self, response)方法：用于解析网页数据（response.body），并返回抽取的数据或者新生成的要跟进的 URL。该方法会在每个初始 URL 完成下载后被调用，被调用的时候传入从该 URL 返回的 Response 对象作为唯一参数。

接下来，我们首先对刚刚生成的 ItcastSpider 类进行修改，为爬虫指定要抓取的初始 URL，具体代码如下。

```
start_urls = ['http://www.itcast.cn/channel/teacher.shtml']
```

然后修改 parse()方法，在该方法中将 response 的内容写入本地的 teacher_info.txt 文件中，具体代码如下。

```
def parse(self, response):
    with open("teacher_info.txt", "w", encoding="utf-8") as file:
        file.write(response.text)
```

2. 抓取网页数据

确定了初始 URL 之后就可以运行爬虫，让爬虫根据该 URL 抓取网页数据。运行爬虫的命令格式如下。

```
scrapy crawl 爬虫名称
```

例如，在命令提示符窗口中切换当前目录为 itcast.py 文件所在的目录，运行爬虫 itcast，具体命令如下。

```
scrapy crawl itcast
```

需要说明的是，Scrapy 项目可以包含多个爬虫。这些爬虫在创建时都需要指定 name 属性的值，也就是说给它们起个名字，确保执行每个爬虫时能够进行区分。

执行以上命令，若命令提示符窗口中出现如下提示信息，则表明抓取执行完成。

```
......
'robotstxt/request_count': 1,
 'robotstxt/response_count': 1,
 'robotstxt/response_status_count/200': 1,
 'scheduler/dequeued': 1,
 'scheduler/dequeued/memory': 1,
 'scheduler/enqueued': 1,
 'scheduler/enqueued/memory': 1,
 'start_time': datetime.datetime(2021, 6, 24, 8, 3, 56, 847297)}
2021-06-24 16:03:57 [scrapy.core.engine] INFO: Spider closed (finished)
```

与此同时，mySpider/spiders 目录中增加了一个 teacher_info.txt 文件。打开该文件后可以看到抓取的网页源代码。teacher_info.txt 文件的内容如图 9-9 所示。

图 9-9　teacher_info.txt 文件的内容

3. 解析网页数据

通过前面两个步骤，我们已经成功抓取网页的源代码，紧接着就可以从源代码中提取目标数据。在提取目标数据之前，我们需要分析源代码，了解目标数据对应的网页结构。

在图 9-7 中的文字“黄老师”上方单击鼠标右键，在弹出的快捷菜单中选择“检查”。此时浏览器底部会弹出开发者工具，并定位到文字“黄老师”所对应的元素，具体如图 9-10 所示。

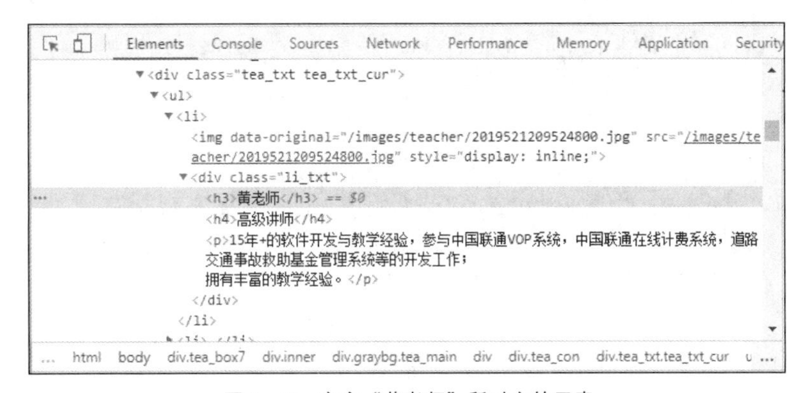

图 9-10　文字“黄老师”所对应的元素

由图 9-10 可知，“黄老师”是元素<h3>的文本，“高级讲师”是元素<h4>的文本，“15 年+的软件开发与教学经验……拥有丰富的教学经验。”是元素<p>的文本，并且这些元素都属于同一级别，均位于属性 class 的值为 li_txt 的元素<div >中。

我们继续查看其他元素，可以看到其他讲师的信息（也处于类似的结构中）。此时我们可以使用 XPath 技术提取数据。

接下来，我们为爬虫 itcast 添加解析网页数据的代码，并将解析后的数据封装成 MyspiderItem 类的对象。每个对象代表着一个讲师的信息。

首先，在 mySpider/spiders 目录的 itcast.py 文件中，导入 mySpider/items.py 中定义的 MyspiderItem 类，具体代码如下。

```
from mySpider.items import MyspiderItem
```

然后，修改 ItcastSpider 类的 parse()方法，将解析后的目标数据封装成一个 MyspiderItem 对象，并且将所有的 MyspiderItem 对象保存到一个列表中，具体代码如下。

```
def parse(self, response):
    items = []  # 存储所有讲师的信息
    for each in response.xpath("//div[@class='li_txt']"):
        # 创建 MyspiderItem 类的对象
        item = MyspiderItem()
        # 使用 XPath 的路径表达式选取节点
        name = each.xpath("h3/text()").extract()
        level = each.xpath("h4/text()").extract()
        resume = each.xpath("p/text()").extract()
        # 将每个讲师的信息封装成 MyspiderItem 类的对象
        item["name"] = name[0]
        item["level"] = level[0]
        item["resume"] = resume[0]
        items.append(item)
    # 直接返回数据，而不交给管道组件
    return items
```

最后，在命令提示符窗口中再次使用“scrapy crawl itcast”命令运行爬虫 itcast，可以看到命令提示符窗口中输出了获取的讲师信息，如图 9-11 所示。

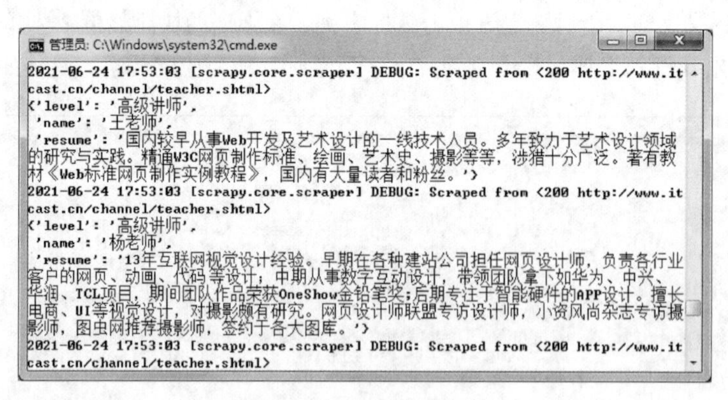

图 9-11　获取的讲师信息

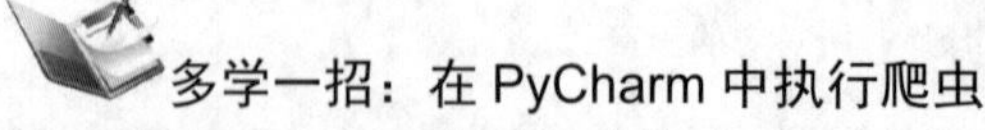

多学一招：在 PyCharm 中执行爬虫

到现在为止，我们每次都在命令提示符窗口中执行爬虫 itcast。此时，大家可能会猜想：在 PyCharm 中执行爬虫 itcast 不是更简单吗？其实这个猜想是可以实现的，具体的实现过程如下。

（1）在 PyCharm 中打开 mySpider 项目，在该项目中添加文件 start.py，文件的内容如下。

```
from scrapy import cmdline
cmdline.execute("scrapy crawl itcast".split())
```

这个文件可以代替我们到命令提示符窗口中执行“scrapy crawl itcast”命令。

（2）在 PyCharm 中运行 start.py 文件，此时便可以在控制台中看到输出的讲师信息。

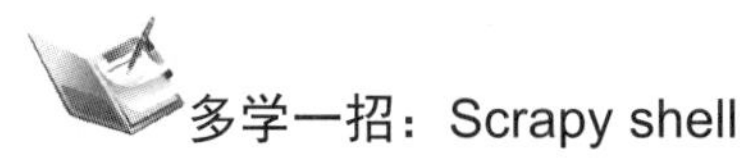

多学一招：Scrapy shell

Scrapy shell 是一个交互式终端，可以在不启动爬虫的情况下尝试及调试爬取部分的代码，也可以测试 XPath 路径表达式或 CSS 表达式是否正确。它可以避免每次修改表达式后运行爬虫的麻烦，在开发和调试爬虫的阶段发挥着很大的作用。

Scrapy shell 一般使用标准 Python 终端。但如果计算机中已经安装 IPython 终端，那么 Scrapy shell 将优先使用 IPython 终端。这是因为 IPython 终端具有比标准 Python 终端更强大的功能，提供了代码自动补全、高亮输出等功能。下面分别对启用 Scrapy shell 和使用 Scrapy shell 进行介绍。

1. 启用 Scrapy shell

启用 Scrapy shell 的命令如下。

```
scrapy shell <URL>
```

在上述命令格式中，<URL>是待抓取的 URL 地址。

例如在 Windows 操作系统的命令提示符窗口中输入“scrapy shell www.baidu.com”命令即可启用 Scrapy shell 访问百度首页。而且终端会输出大量提示信息，具体内容如下。

```
C:\Users\admin>scrapy shell www.baidu.com
2021-08-23 14:54:29 [scrapy.utils.log] INFO: Scrapy 2.5.0 started (bot: scrapybot)
……（省略）
2021-08-23 14:54:30 [scrapy.core.engine] INFO: Spider opened
2021-08-23 14:54:33 [scrapy.core.engine] DEBUG: Crawled (200) <GET http://www.baidu.
com> (referer: None)
```

在上述提示信息中，“Crawled (200) <GET http://www.baidu.com>”表示访问网页成功。

2. 使用 Scrapy shell

Scrapy shell 可以看成一个在 Python 终端（或 IPython）基础上添加了扩充功能的 Python 控制台程序。这些扩充功能包括若干功能函数和内置对象。关于功能函数和内置对象的介绍如下。

（1）功能函数。

Scrapy shell 主要提供了 3 个功能函数，它们分别是 shelp()、fetch(request_or_url)和 view(response)。关于这些函数的介绍如下。

- shelp()：输出可用对象和功能函数的帮助列表。
- fetch(request_or_url)：根据给定的 request 或 URL 获取一个新的 response 对象，并且更新原有的相关对象。
- view(response)：使用本机的浏览器打开给定的 response 对象。该函数会在 response 的 body 中添加一个<base>标签，使得外部链接（例如图片及 CSS）能正确显示。要注意的是，该函数还会在本地创建一个临时文件，而且该临时文件不会被自动删除。

（2）内置对象。

当使用 Scrapy shell 下载指定页面的时候，会生成一些可用的内置对象。关于这些内置对象的介绍如下。

- crawler：当前 Crawler 对象。
- spider：处理 URL 的 Spider 对象。
- request：最近获取的页面的 Request 对象。可以使用 replace()修改该 request，也可以使用功能函数 fetch(request_or_url)获取新的 request。
- response：包含最近获取的页面的 Response 对象。
- settings：当前的 Scrapy settings。

当 Scrapy shell 载入页面后，将得到一个包含 Response 的本地 response 变量。若在终端输入 response.body，则可以看到 response 的请求数据；若在终端输入 response.headers，则可以看到 response 的请求头；若在终端输入 response.selector，则将获取一个 response 初始化的类 Selector 的对象（HTML 及 XML 内容）。此时可以通过使用 response.selector.xpath()或 response.selector.css()对 response 进行查询。

另外，Scrapy 还提供了一些快捷方式，例如 response.xpath()或 response.css()同样可以生效。

9.5.4 永久存储数据

永久存储数据是使用 Scrapy 框架的最后一步操作，主要是对获取的目标数据进行永久性存储。Scrapy 中主要有 4 种简单保存数据的方式。这 4 种方式都是在运行爬虫的命令后面加上-o 选项，通过该选项输出指定格式的文件。永久存储数据的示例命令如下。

```
# 输出 JSON 格式，默认为 Unicode 编码
scrapy crawl itcast -o teachers.json
# 输出 JSON Lines 格式，默认为 Unicode 编码
scrapy crawl itcast -o teachers.jsonl
# 输出 CSV 格式
scrapy crawl itcast -o teachers.csv
# 输出 XML 格式
scrapy crawl itcast -o teachers.xml
```

接下来，我们在命令提示符窗口中输入第 1 条命令，将目标数据保存为 JSON 格式的文件 teachers.json，执行命令后可以在 mySpider 项目中看到增加的 teachers.json 文件。teachers.json 文件的内容如图 9-12 所示。

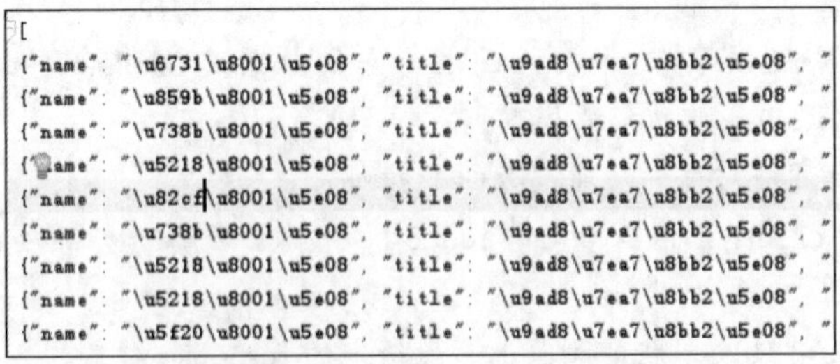

```
[
{"name": "\u6731\u8001\u5e08", "title": "\u9ad8\u7ea7\u8bb2\u5e08", "
{"name": "\u859b\u8001\u5e08", "title": "\u9ad8\u7ea7\u8bb2\u5e08", "
{"name": "\u738b\u8001\u5e08", "title": "\u9ad8\u7ea7\u8bb2\u5e08", "
{"name": "\u5218\u8001\u5e08", "title": "\u9ad8\u7ea7\u8bb2\u5e08", "
{"name": "\u82cf\u8001\u5e08", "title": "\u9ad8\u7ea7\u8bb2\u5e08", "
{"name": "\u738b\u8001\u5e08", "title": "\u9ad8\u7ea7\u8bb2\u5e08", "
{"name": "\u5218\u8001\u5e08", "title": "\u9ad8\u7ea7\u8bb2\u5e08", "
{"name": "\u5218\u8001\u5e08", "title": "\u9ad8\u7ea7\u8bb2\u5e08", "
{"name": "\u5f20\u8001\u5e08", "title": "\u9ad8\u7ea7\u8bb2\u5e08", "
```

图 9-12 teachers.json 文件的内容

由图 9-12 可知，teachers.json 文件中的中文都是以 Unicode 格式显示的。之所以出现这种情况，是因为使用-o 选项的运行爬虫的命令默认导出的数据就是 Unicode 字符，没有经过 Scrapy 管道的处理。

在 Scrapy 的管道组件（pipelines.py 文件）中可以对导出数据的编码格式进行设置。实际上，当 Scrapy 框架导出数据时一般都会使用管道。由于管道的内容较多，本章只做简单介绍，详细的内容会在第 10 章进行介绍。

9.6　实践项目：采集黑马程序员视频库的视频信息

黑马程序员视频库是一个为用户提供视频教程的网站。该网站包含学习路线图、初级入门课程和就业进阶课程。我们可以从该网站中选择相应学科的视频教程观看和学习。本节将使用 Scrapy 框架采集黑马程序员视频库网站上测试学科的视频信息，并将这些视频信息保存到 JSON 文件中。

【项目目标】

在浏览器中访问传智教育的官网页面，选择“免费教程”→“免费视频教程”→“软件测试”→“热门课程推荐查看更多”进入软件测试免费视频教程页面，具体如图 9-13 所示。

图 9-13　软件测试免费视频教程页面

在图 9-13 中，浏览器显示了软件测试视频的相关信息，包括视频名称、视频描述、学习人数。我们通过浏览器的开发者工具还可看到视频对应的链接地址。这里的视频名称、视频描述、学习人数和视频链接便是最终要抓取的目标数据。

【项目分析】

明确了需要抓取的数据之后，我们分析一下如何通过 Scrapy 框架采集这些数据。在图 9-13 的视频名称上方单击鼠标右键弹出快捷菜单，选择“检查”，此时在浏览器的开发者工具中便可以看到视频名称对应元素的结构，如图 9-14 所示。

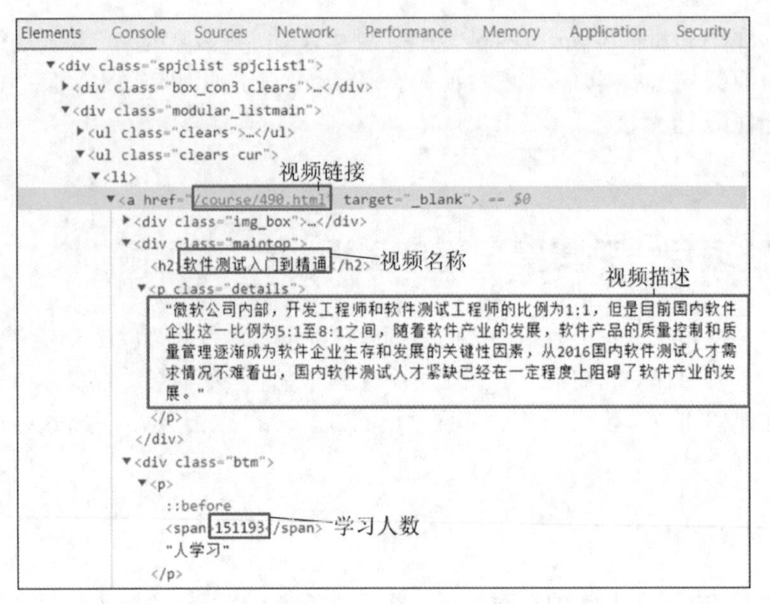

图 9-14　目标元素结构

由图 9-14 可知，我们可以根据视频链接、视频名称、视频描述和学习人数这些数据对应的元素位置，在爬虫文件中使用 XPath 的路径表达式进行匹配，从而实现数据的抓取。

【项目实现】

我们使用 Scrapy 框架抓取视频名称、视频描述、学习人数和视频链接，具体步骤如下。

1. 创建 Scrapy 项目和爬虫

创建一个名称为 heima_video 的 Scrapy 项目，具体命令如下。

```
scrapy startproject heima_video
```

执行上述命令后，可以在当前目录下看到增加的 heima_video 项目。

完成 heima_video 项目的创建之后，我们还需要在该项目的子目录 spiders 下创建一个名称为 software_test_info、爬取域为 itheima.com 的爬虫，具体命令如下。

```
scrapy genspider software_test_info itheima.com
```

执行上述命令后，可以在 heima_video/spiders 目录下看到增加的 software_test_info.py 文件。

2. 编写实体类

在 PyCharm 中打开 heima_video 目录下的 items.py 文件，可以看到 Scrapy 框架已经在 items.py 文件中自动生成继承自 scrapy.Item 的 HeimaVideoItem 类。在 HeimaVideoItem 类中添加 4 个分别表示视频名称、视频描述、学习人数、视频链接的属性，具体代码如下。

```
class HeimaVideoItem(scrapy.Item):
    video_name = scrapy.Field()      # 视频名称
    video_detail = scrapy.Field()    # 视频描述
    students = scrapy.Field()        # 学习人数
    video_link = scrapy.Field()      # 视频链接
```

3. 编写爬虫类

在 spiders 目录的 software_test_info.py 文件中，编写 SoftwareTestInfoSpider 类实现抓取数

据和解析数据的功能，具体代码如下。

```
import scrapy
from heima_video.items import HeimaVideoItem
class SoftwareTestInfoSpider(scrapy.Spider):
    name = 'software_test_info'
    allowed_domains = ['itheima.com']
    start_urls = ['http://yun.itheima.com/course/c144.html']
    def parse(self, response):
        items = []  # 存储视频信息
        node_list = response.xpath('//div[contains(@class,"spjclist")'
                    ' and contains(@class,"spjclist1")]//ul[2]/li/a')
        basic_url = 'http://yun.itheima.com'
        for each in node_list:
            # 创建 HeimaVideoItem 类的对象
            item = HeimaVideoItem()
            # 使用 XPath 的路径表达式选取节点
            video_name = each.xpath("./div[2]/h2/text()").getall() # 视频名称
            video_detail = each.xpath("./div[2]/p/text()").getall()# 视频描述
            students = each.xpath("./div[3]/p/span/text()").getall()#学习人数
            video_link = each.xpath("./@href").getall()  # 视频链接
            # 将每个视频的信息封装成 HeimaVideoItem 类的对象
            item["video_name"] = video_name[0]
            item["video_detail"] = video_detail[0]
            item["students"] = students[0]
            item["video_link"] = basic_url + video_link[0]
            items.append(item)
        return items
```

在 heima_video 项目的 spiders 目录下执行运行爬虫的命令，具体命令如下。

```
scrapy crawl software_test_info
```

执行上述命令后，可以在 PyCharm 的控制台中看到爬虫采集的视频数据，如图 9-15 所示。

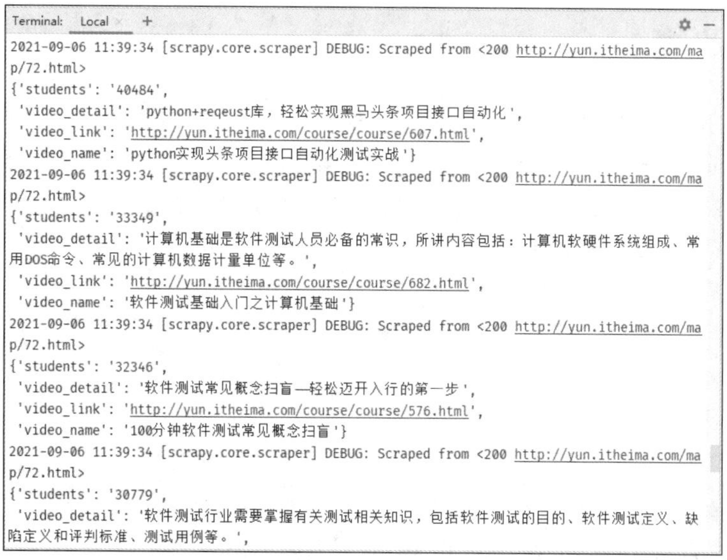

```
Terminal:  Local  +
2021-09-06 11:39:34 [scrapy.core.scraper] DEBUG: Scraped from <200 http://yun.itheima.com/ma
p/72.html>
{'students': '40484',
 'video_detail': 'python+reqeust库，轻松实现黑马头条项目接口自动化',
 'video_link': 'http://yun.itheima.com/course/course/607.html',
 'video_name': 'python实现头条项目接口自动化测试实战'}
2021-09-06 11:39:34 [scrapy.core.scraper] DEBUG: Scraped from <200 http://yun.itheima.com/ma
p/72.html>
{'students': '33349',
 'video_detail': '计算机基础是软件测试人员必备的常识，所讲内容包括：计算机软硬件系统组成、常
用DOS命令、常见的计算机数据计量单位等。',
 'video_link': 'http://yun.itheima.com/course/course/682.html',
 'video_name': '软件测试基础入门之计算机基础'}
2021-09-06 11:39:34 [scrapy.core.scraper] DEBUG: Scraped from <200 http://yun.itheima.com/ma
p/72.html>
{'students': '32346',
 'video_detail': '软件测试常见概念扫盲—轻松迈开入行的第一步',
 'video_link': 'http://yun.itheima.com/course/course/576.html',
 'video_name': '100分钟软件测试常见概念扫盲'}
2021-09-06 11:39:34 [scrapy.core.scraper] DEBUG: Scraped from <200 http://yun.itheima.com/ma
p/72.html>
{'students': '30779',
 'video_detail': '软件测试行业需要掌握有关测试相关知识，包括软件测试的目的、软件测试定义、缺
陷定义和评判标准、测试用例等。',
```

图 9-15　爬虫采集的视频数据

4．存储数据

如果需要将抓取的数据保存到 JSON 文件中，那么可在 Spiders 目录下执行保存数据的命令，将抓取的数据保存到 videoinfo.json 文件，并且指定编码格式为 utf-8，具体命令如下。

```
scrapy crawl software_test_info -o videoinfo.json -s
FEED_EXPORT_ENCODING=utf-8
```

上述命令执行后，Spiders 目录下会生成 videoinfo.json 文件。videoinfo.json 文件的内容如图 9-16 所示。

```
software_test_info.py  items.py  videoinfo.json
1   [
2   {"video_name": "软件测试入门到精通", "video_detail": "微软公司内部，开发工程师和软件测试工程师的比例为
3   {"video_name": "由浅入深学会白盒测试用例设计", "video_detail": "课程内容条理清晰，目标明确，由浅入深，
4   {"video_name": "软件测试进阶-带你掌握自动化测试", "video_detail": "从简介到作用，从环境到布局介绍，从
5   {"video_name": "python实现头条项目接口自动化测试实战", "video_detail": "python+reqeust库，轻松实现
6   {"video_name": "软件测试基础入门之计算机基础", "video_detail": "计算机基础是软件测试人员必备的常识，所
7   {"video_name": "100分钟软件测试常见概念扫盲", "video_detail": "软件测试常见概念扫盲—轻松迈开入行的第
8   {"video_name": "软件测试基础入门之测试理论", "video_detail": "软件测试行业需要掌握有关测试相关知识，包
9   {"video_name": "1小时轻松掌握测试计划编写", "video_detail": "掌握测试计划的编写—再也不用担心经理让我
10  {"video_name": "巧用Python实现接口自动化测试", "video_detail": "课程内容条理清晰，目标明确，由浅入深，
11  {"video_name": "软件测试基础入门之HTML基础", "video_detail": "HTML（超文本标记语言）是用于在Internet
12  {"video_name": "2小时轻松入门黑马头条APP软件测试实战", "video_detail": "针对“黑马头条”新闻类APP项目
13  {"video_name": "全方位讲解性能测试入门基础", "video_detail": "性能测试是通过自动化的测试工具模拟多种正
14  {"video_name": "小白1小时也能听懂的接口测试", "video_detail": "通过学习本课程，可以了解http类型接口之
15  {"video_name": "轻松教你使用Appium进行IOS真机自动化测试", "video_detail": "课程内容条理清晰，目标明
16  {"video_name": "零基础入门移动自动化—Appium框架", "video_detail": "Appium是一个开源的、跨平台的自动
17  {"video_name": "软件测试通用技能之关系数据库", "video_detail": "MySQL是一种关系型数据库管理系统，是最
18  {"video_name": "小白一听就懂的软件缺陷与JIRA工具使用", "video_detail": "软件缺陷与JIRA工具—测试人员
19  {"video_name": "软件测试手工测试之用例设计", "video_detail": "用例设计是软件测试实施中最重要的基本功，
20  {"video_name": "多角度带你编写更规范的黑盒测试用例", "video_detail": "学会规范的编写测试用例，并且掌握
    26 › video_detail
```

图 9-16　videoinfo.json 文件的内容

9.7　本章小结

在本章中，我们简单介绍了 Scrapy 框架的相关内容，它们包括 Scrapy 框架概述、Scrapy 框架的架构、Scrapy 框架的运作流程、Scrapy 框架的安装、Scrapy 框架的基本操作。希望读者通过本章内容的学习，可以对 Scrapy 框架有个初步的认识，能够创建简单的 Scrapy 项目，为后续深入地学习 Scrapy 框架打好扎实的基础。

9.8　习题

一、填空题

1．Scrapy 是一个优秀的________框架，具有快速强大、易于扩展、支持跨平台等特点。

2．________负责处理 Spiders 获取的 Items 封装的数据。

3．Scrapy 项目中的________是存放爬虫代码的目录。

4. Scrapy 提供的一个表示实体数据的基类是________。

5. ________是 Scrapy 提供的爬虫基类，我们创建的爬虫类都需要继承自该类。

二、判断题

1. 我们在 Scrapy 框架的基础上按需求添加少量代码，就可以实现一个网络爬虫。（　　）

2. Scrapy 支持 Shell 工具，方便开发人员独立调试程序。（　　）

3. Scrapy Engine 和 Scheduler 组件的业务逻辑需要开发人员进行编写。（　　）

4. 一个 Scrapy 项目可以包含多个爬虫。（　　）

5. mySpider/pipelines.py 用于定义 Scrapy 项目使用的管道。（　　）

三、选择题

1. 下列选项中，关于 Scrapy 框架的描述正确的是（　　）。

   A. Scrapy 是一个纯使用 Python 语言开发的收费的网络爬虫框架

   B. Scrapy 支持 Shell 工具，方便开发人员独立调试程序

   C. Scrapy 自身可以实现分布式爬虫

   D. Scrapy 是基于 Scrapy-Splash 框架开发的

2. 下列选项中，用于处理 Responses 并从中提取 Items 封装数据的组件是（　　）。

   A. Scrapy Engine　　B. Scheduler　　C. Spiders　　D. Item Pipeline

3. 下列选项中，用于创建爬虫的命令是（　　）。

   A.

```
scrapy startproject mySpider
```

   B.

```
scrapy genspider itcast "itcast.cn"
```

   C.

```
scrapy crawl itcast
```

   D.

```
scrapy crawl itcast -o teachers.json
```

4. 下列选项中，用于指定爬虫首次从哪个网页开始抓取的属性是（　　）。

   A. name　　B. allowed_domains

   C. start_urls　　D. rules

5. 下列选项中，用于保存为 XML 格式文件的命令是（　　）。

   A.

```
scrapy crawl itcast -o teachers.json
```

   B.

```
scrapy crawl itcast -o teachers.csv
```

   C.

```
scrapy crawl itcast -o teachers.xml
```

   D.

```
scrapy crawl itcast -o teachers.jsonl
```

四、简答题

1. 请简述 Scrapy 框架的优点和缺点。

2. 请简述 Scrapy 框架的运作流程。

五、程序题

编写程序，使用 Scrapy 框架采集黑马程序员社区网站上 Python+人工智能技术交流版块中每个贴子的文章标题、文章作者、发布时间和文章链接，并将这些数据以 JSON 文件的形式输出。

第10章 Scrapy核心组件与CrawlSpider类

学习目标

◆ 掌握Spiders组件，能够应用Spiders组件实现数据的抓取和解析

◆ 掌握Item组件，能够应用Item组件实现封装数据的功能

◆ 掌握Item Pipeline组件，能够应用Item Pipeline组件实现处理后期数据的功能

◆ 掌握Downloader Middlewares组件，能够应用Downloader Middlewares中间件应对防爬虫行为

◆ 掌握Settings组件，能够应用Settings组件中的配置项定制各个Scrapy组件的行为

◆ 熟悉CrawlSpider类的用途，能够归纳CrawlSpider与Spider的区别

◆ 了解CrawlSpider类的工作原理，能够说出CrawlSpider类是如何工作的

◆ 掌握Rule类的使用，能够灵活应用Rule类制定爬虫抓取规则

◆ 掌握LinkExtractor类的使用，能够灵活应用LinkExtractor类提取需要跟踪爬取的链接

在第9章中，我们对Scrapy框架有了初步的认识，知道了Scrapy框架由多个组件组成。那么，Scrapy中的各个组件是如何工作的呢？本章将继续对Scrapy框架中Spiders、Item Pipeline、Downloader Middlewares、Settings这几个组件或中间件以及CrawlSpider类等进行详细介绍。

拓展阅读

10.1 Spiders组件

Spiders组件是Scrapy框架的核心组件，它定义了网络爬虫抓取网站数据的方式，其中包括抓取的动作，如是否跟进链接，以及如何从网页内容中提取结构化数据。换言之，Spiders组件用于定义抓取网页数据的动作及解析网页数据。

那么，Spiders组件是如何循环抓取所有网页数据的呢？对于使用Scrapy编写的爬虫来说，循环抓取网页数据的流程分为如下4个步骤。

（1）根据初始 URL 创建 Request，并设置回调函数。当该 Request 设置完毕后返回 Response，并将 Response 作为参数传递给该回调函数。需要说明的是，爬虫中初始的 Request 是通过调用 start_requests()方法获取的，在该方法中读取 start_urls 中的 URL，并以 parse()方法作为回调函数生成 Request。

（2）在回调函数中分析返回的内容。返回的内容主要有 Item 对象、Request 对象两种形式。其中，Request 对象会经过 Scrapy 处理，下载相应的内容，并调用设置的回调函数。

（3）在回调函数中，可以使用 Selectors（Scrapy 自带的选择器，用于从网页源代码中提取数据）、Beautiful Soup、lxml 或其他解析器来解析网页数据，并根据解析的数据生成 Item。

（4）将 Spiders 返回的 Item 数据经 Item Pipeline 组件处理后存储到数据库或文件中。

虽然以上步骤对大多数 Spiders 都适用，但 Scrapy 仍然为不同的采集需求提供了多种默认的 Spiders，例如 10.5 节即将介绍的 CrawlSpider 类。

Scrapy 框架提供了 Spider 作为爬虫的基类，自定义的爬虫需要继承这个类。scrapy.Spider 类的常用属性和方法介绍如下。

- name 属性：设置爬虫名称的字符串。由于爬虫名称用于被 Scrapy 定位和初始化一个爬虫，所以它必须是唯一的。通常情况下，我们会将待抓取网站的域名作为爬虫名称。例如，抓取域名为 mywebsite.com 网站的爬虫被命名为 mywebsite。
- allowed_domains 属性：设置爬虫允许抓取的域名列表。
- start_urls 属性：表示初始 URL 元组或列表。当没有指定 URL 时，爬虫会从该列表中开始抓取。
- __init__()方法：负责初始化爬虫名称和初始 URL 列表。
- start_requests()方法：负责生成 Requests 对象，交给 Scrapy 下载并返回 Response。start_requests()方法的返回值是一个可迭代对象，该对象中包含了爬虫抓取的第一个 Request 对象，默认使用初始 URL 列表中的第一个 URL。
- parse(response)方法：负责解析 Response，并返回 Item 或 Requests（需指定回调函数）。Item 传给 Item Pipeline 组件进行持久化存储，而 Requests 则交由 Scrapy 下载，并由指定的回调函数（默认为 parse()）处理。之后会持续循环，直到处理完所有的数据为止。
- log(message[level, component])方法：负责发送日志信息。

10.2 Item Pipeline 组件

Item 对象在 Spiders 中被收集之后，会被传递给 Item Pipeline 组件。Item Pipeline 组件的功能代码位于 Scrapy 项目的 pipelines.py 文件中。该文件中可以定义多个管道，这些管道会按照定义的顺序依次处理 Item 对象。以下是管道的一些典型应用。

- 验证抓取的数据，检查 Item 对象是否包含某些字段。
- 查重并丢弃重复数据。
- 将抓取结果保存到文件或者数据库中。

每个管道其实是一个独立的 Python 类，该类中有 3 个核心方法，它们分别是 process_item()方法、open_spider()方法和 close_spider()方法。其中，process_item()方法是必须实现的，其他两个方法是可选实现的。关于这 3 个方法的介绍如下。

1. process_item()方法

process_item()方法是每个管道默认会调用的方法，用于对 Item 对象进行处理或丢弃，如将 Item 对象存入文件或数据库。process_item()方法的声明如下。

```
process_item(self, item, spider)
```

上述 process_item()方法包含两个参数，它们的含义如下。

- item：表示被采集的 Item 对象。
- spider：表示采集 Item 对象的 Spider 对象。

process_item()方法执行后会出现两种情况：一种情况是返回一个 Item 对象，此时 Item 对象会被低优先级的管道处理，直至该管道的所有方法被调用完毕；另一种情况是抛出 DropItem 异常，此时的 Item 对象会被丢弃，不再被之后的管道处理。

2. open_spider()方法

open_spider()方法是 Spider 对象开启时被自动调用的方法，使用该方法可以做一些初始化操作，如创建数据库连接。open_spider()方法的声明如下。

```
open_spider(self, spider):
```

上述方法只有一个参数 spider，表示被开启的 Spider 对象。

3. close_spider()方法

close_spider()方法是 Spider 对象关闭时被自动调用的方法，使用该方法可以做一些收尾操作，如关闭数据库连接。close_spider()方法的声明如下。

```
close_spider(self, spider)
```

上述方法只有一个参数 spider，表示被关闭的 Spider 对象。

接下来，我们运用本节所学的管道对第 9 章案例中采集的某培训公司的讲师信息进行持久化存储，即存储到独立的 teacher.json 文件中，具体步骤如下。

（1）定义一个管道。

在 pipelines.py 文件中定义一个管道类 MyspiderPipeline，具体代码如下。

```
import json
class MyspiderPipeline:
    def __init__(self):
        self.file = open("teacher.json", "w", encoding="utf-8")
    def process_item(self, item, spider):
        # 将 Item 对象写入文件
        content = json.dumps(dict(item),ensure_ascii=False) + "\n"
        self.file.write(content)
        return item
    def close_spider(self,spider):
        # 关闭文件
        self.file.close()
```

在定义的 MyspiderPipeline 类中，首先在__init__()方法中打开一个名为 teacher.json 的本地文件，然后在 process_item()方法中将 Item 对象存入本地文件中，最后在 close_spider()方法中关闭本地文件。

（2）启用管道。

如果希望启用刚刚定义的管道，则必须将该管道类 MyspiderPipeline 添加到 settings.py 文件的 ITEM_PIPELINES 配置项中，具体如下。

```
# Configure item pipelines
# See http://scrapy.readthedocs.org/en/latest/topics/item-pipeline.html
ITEM_PIPELINES = {
   'mySpider.pipelines.MyspiderPipeline': 300,
}
```

ITEM_PIPELINES 配置项中能够同时定义多个管道，它的值是一个字典。字典中每个元素对应一个管道，键是管道类名，值是一个整数，用于确定多个管道的运行顺序。整数可以为 0～1000 范围内的任意值，整数的值越低，管道的优先级越高。Item 对象会按整数从低到高的顺序依次通过这些管道。

（3）修改爬虫类。

修改 itcast.py 文件的 parse()方法，在该方法中将末尾的 return item 语句去掉，在 for 循环的末尾增加 yield item 语句，使 parse()方法变成一个生成器。修改后的代码如下。

```
def parse(self, response):
    for each in response.xpath("//div[@class='li_txt']"):
        # 创建 MyspiderItem 类的对象
        item = MyspiderItem()
        # 使用 XPath 的路径表达式选取节点
        name = each.xpath("h3/text()").extract()
        level = each.xpath("h4/text()").extract()
        resume = each.xpath("p/text()").extract()
        # 将每个讲师的信息封装成 MyspiderItem 类的对象
        item["name"] = name[0]
        item["level"] = title[0]
        item["resume"] = info[0]
        # 交由管道处理
        yield item
```

值得一提的是，带有关键字 yield 的 parse()方法不再是一个普通方法，而变成一个生成器。Python 解释器在执行 parse()方法中的 for 循环时，每次都会执行 yield 语句，此时 parse()方法会返回迭代值。

使用以下命令重新启动爬虫。

```
scrapy crawl itcast
```

待爬虫执行结束后，可以看到程序的当前目录中增加了 teacher.json 文件，并且该文件已经包含了要采集的讲师信息。

10.3 Downloader Middlewares 组件

Downloader Middlewares 是下载中间件，它处于引擎和下载器之间。多个下载中间件可以被同时加载运行。下载中间件可以在请求传递给下载器之前对请求进行处理，如为请求添加请求头，也可以在响应传递给引擎之前对响应进行处理，如进行 gzip 的解压。Scrapy 中提供了一些内置中间件，我们也可以自定义中间件。本节将对内置下载中间件、自定义下载中间件和激活下载中间件进行介绍。

10.3.1　内置下载中间件

Scrapy 中附带了许多下载中间件,这些中间件被变量 DOWNLOADER _MIDDLEWARES_BASE 所定义。变量 DOWNLOADER _MIDDLEWARES_BASE 保存的内容如下。

```
{
    'scrapy.downloadermiddlewares.robotstxt.RobotsTxtMiddleware': 100,
    'scrapy.downloadermiddlewares.httpauth.HttpAuthMiddleware': 300,
    'scrapy.downloadermiddlewares.downloadtimeout.DownloadTimeoutMiddle ware': 350,
    'scrapy.downloadermiddlewares.defaultheaders.DefaultHeadersMiddleware': 400,
    'scrapy.downloadermiddlewares.useragent.UserAgentMiddleware': 500,
    'scrapy.downloadermiddlewares.retry.RetryMiddleware': 550,
    'scrapy.downloadermiddlewares.ajaxcrawl.AjaxCrawlMiddleware': 560,
    'scrapy.downloadermiddlewares.redirect.MetaRefreshMiddleware': 580,
    'scrapy.downloadermiddlewares.httpcompression.HttpCompressionMiddle ware': 590,
    'scrapy.downloadermiddlewares.redirect.RedirectMiddleware': 600,
    'scrapy.downloadermiddlewares.cookies.CookiesMiddleware': 700,
    'scrapy.downloadermiddlewares.httpproxy.HttpProxyMiddleware': 750,
    'scrapy.downloadermiddlewares.stats.DownloaderStats': 850,
    'scrapy.downloadermiddlewares.httpcache.HttpCacheMiddleware': 900,
}
```

从上述代码可知，以上内容是一个字典，字典中每个键为 Scrapy 内置的下载中间件名称，每个键对应的值为调用的优先级，值越小代表越靠近 Scrapy 引擎。下载中间件会被优先调用。Scrapy 中常用的内置下载中间件如表 10-1 所示。

表 10-1　Scrapy 中常用的内置下载中间件

中间件	说明
CookiesMiddleware	用于处理需要使用 Cookie 的网站
DefaultHeadersMiddleware	用于指定所有的默认请求头
DownloadTimeoutMiddleware	用于为请求设置下载的超时时长
HttpAuthMiddleware	用于对某些 Spiders 生成的所有请求进行身份验证
HttpCacheMiddleware	用于为所有请求和响应提供低级的缓存
HttpProxyMiddleware	用于为请求设置 HTTP 代理
UserAgentMiddleware	允许 Spiders 覆盖默认的 User_Agent

10.3.2　自定义下载中间件

尽管 Scrapy 框架中附带的中间件提供了基本功能，但在开发项目时往往需要自定义下载中间件。自定义下载中间件的方式非常简单，我们只需要定义一个 Python 类，并在该类中实现一些特殊的方法，如 process_request()方法和 process_response()方法。关于这两个方法的介绍如下。

1. process_request()方法

process_request()方法用于对 Request 进行处理，它会在 Request 被引擎调度给下载器之前被自动调用。process_request()方法的声明如下。

```
process_request(self, request, spider)
```

上述方法包含 request、spider 两个参数。其中，参数 request 表示要处理的 Request 对象；spider 表示该 Request 对应的 Spider 对象。

process_request()方法的返回值有 None、Response 对象、Request 对象 3 种情况，另外可能会抛出 IgnoreRequest 异常。Scrapy 对这几种情况提供了不同的处理方式，分别如下。

- 若返回值为 None ，Scrapy 将继续处理该 Request 对象，并执行其他中间件的相应方法，直到合适的下载器处理函数被调用，该 Request 对象被执行。
- 若返回 Response 对象，Scrapy 将不会调用任何 process_request() 方法、process_exception()方法，或相应的下载函数，而是返回该 Response。已安装的中间件的 process_response()方法会在每个 Response 返回时被调用。
- 若返回 Request 对象，Scrapy 将停止调用 process_request()方法并重新调度返回的 Request。当新返回的 Request 被执行后，相应的中间件将会根据下载的 Response 被调用。
- 若抛出 IgnoreRequest 异常，则安装的下载中间件的 process_exception() 方法会被调用。如果没有任何一个方法处理该异常，则 Request 的 errback(Request.errback)方法会被调用；如果没有代码处理抛出的异常，则该异常被忽略且不记录（不同于其他异常的处理方式）。

2. process_response()方法

process_response()方法用于对 Response 对象进行处理，它会在 Response 对象被引擎调度给 Spider 之前被自动调用。process_response ()方法的声明如下。

```
process_response(self, request, response, spider)
```

上述方法包含 3 个参数，即 request、response 和 spider。其中，参数 request 表示 Response 对象所对应的 Request 对象；参数 response 表示被处理的 Response 对象；参数 spider 表示 Response 对象对应的 Spider 对象。

process_response()方法返回值有 Response 对象、Request 对象两种情况，另外可能会抛出一个 IgnoreRequest 异常。Scrapy 对这几种情况提供了不同的处理方式，具体如下。

- 若返回 Response 对象（可以与传入 response 参数的值相同，也可以是全新的对象），该 Response 对象会被处于链中的其他中间件的 process_response()方法处理。
- 若返回 Request 对象，则中间件链停止，返回的 Request 对象会被重新调度下载。
- 若抛出一个 IgnoreRequest 异常，则调用 Request 对象的 errback(Request.errback)方法。如果没有代码处理抛出的异常，则该异常被忽略且不记录（不同于其他异常的处理方式）。

接下来，我们自定义一个下载中间件，通过该下载中间件实现随机获取 Uesr-Agent 的功能。具体步骤如下。

（1）在 settings.py 同级目录下的 middlewares.py 文件中定义 RandomUserAgent 类，在该类中实现 process_rquests()方法，具体代码如下。

```
import random
from settings import USER_AGENTS
# 随机的 User-Agent
class RandomUserAgent:
    def process_request(self, request, spider):
        useragent = random.choice(USER_AGENTS)
        request.headers.setdefault("User-Agent", useragent)
```

上述代码中，定义的 RandomUserAgent 类用于从配置文件中获取 User-Agent 列表，从中随机选择一个并交给当前的 Request 对象使用。

（2）在 settings.py 文件中添加可用的 USER_AGENTS 列表和一些其他设置。添加 USER_AGENTS 列表，具体代码如下。

```
    USER_AGENTS = [
        "Mozilla/5.0 (compatible; MSIE 9.0; Windows NT 6.1; Win64; x64; Trident/5.0; .NET CLR 3.5.30729; .NET CLR 3.0.30729; .NET CLR 2.0.50727; Media Center PC 6.0)",
        "Mozilla/5.0 (compatible; MSIE 8.0; Windows NT 6.0; Trident/4.0; WOW64; Trident/4.0; SLCC2; .NET CLR 2.0.50727; .NET CLR 3.5.30729; .NET CLR 3.0.30729; .NET CLR 1.0.3705; .NET CLR 1.1.4322)",
        "Mozilla/4.0 (compatible; MSIE 7.0b; Windows NT 5.2; .NET CLR 1.1.4322; .NET CLR 2.0.50727; InfoPath.2; .NET CLR 3.0.04506.30)",
        "Mozilla/5.0 (Windows; U; Windows NT 5.1; zh-CN) AppleWebKit/523.15 (KHTML, like Gecko, Safari/419.3) Arora/0.3 (Change: 287 c9dfb30)",
        "Mozilla/5.0 (X11; U; Linux; en-US) AppleWebKit/527+ (KHTML, like Gecko, Safari/419.3) Arora/0.6",
        "Mozilla/5.0 (Windows; U; Windows NT 5.1; en-US; rv:1.8.1.2pre) Gecko/20070215 K-Ninja/2.1.1",
        "Mozilla/5.0 (Windows; U; Windows NT 5.1; zh-CN; rv:1.9) Gecko/20080705 Firefox/3.0 Kapiko/3.0",
        "Mozilla/5.0 (X11; Linux i686; U;) Gecko/20070322 Kazehakase/0.4.5"
        ]
```

10.3.3　激活下载中间件

如果希望自定义的下载中间件能够应用到程序中，我们需要激活下载中间件。激活下载中间件的方法比较简单：只需要将该下载中间件添加到 settings.py 文件的配置项 DOWNLOADER_MIDDLEWARES 中。DOWNLOADER_MIDDLEWARES 是一个字典结构，字典中的键为下载中间件，值为调用的优先级。

例如在 settings.py 的配置项 DOWNLOADER_MIDDLEWARES 中添加 10.3.2 节自定义的中间件 RandomUserAgent，添加完成的代码如下。

```
    DOWNLOADER_MIDDLEWARES = {
        'mySpider.middlewares.RandomUserAgent': 1,
    }
```

值得一提的是，自定义的下载中间件会与内置的下载中间件合并，但不会覆盖。此时调用下载中间件会根据调用优先级的值进行排序，值小的下载中间件优先被调用。

如果希望禁用某个下载中间件，则必须在 DOWNLOADER_MIDDLEWARES 中定义该下载中间件，并将该下载中间件的值设置为 None。

例如，禁用下载中间件 CookiesMiddleware ，防止某些网站根据 Cookie 来封锁网络爬虫程序，具体代码如下。

```
    DOWNLOADER_MIDDLEWARES = {
       'scrapy.downloadermiddlewares.cookies.CookiesMiddleware': None,
    }
```

10.4　Settings 组件

Settings 组件用于定制 Scrapy 中所有组件的行为，如核心组件、扩展组件、管道以及 Spiders

组件等。settings.py 是 Scrapy 项目的标准配置文件，该文件是 Settings 组件应用的地方，用于为 Scrapy 项目添加或更改配置。settings.py 文件中常用的配置项及其含义如下。

1. BOT_NAME

BOT_NAME 用于设置使用 Scrapy 实现的 bot 名称，也叫项目名称，默认名称为 scrapybot。该名称用于构造默认的 User-Agent，同时也用于记录日志。当使用 startproject 命令创建项目时，该项目的名称也会被自动赋值。

2. CONCURRENT_ITEMS

CONCURRENT_ITEMS 用于设置 Item Pipeline 组件，可以同时处理每个 Response 的 Item 对象的最大值，默认值为 100。

3. CONCURRENT_REQUESTS

设置下载器可以处理并发请求（Concurrent Requests）的最大值，默认值为 16。

4. DEFAULT_REQUEST_HEADERS

DEFAULT_REQUEST_HEADERS 用于设置 Request 使用的请求头，默认的请求头如下。

```
{
'Accept':'text/html,application/xhtml+xml,application/xml;'
            'q=0.9,*/*;q=0.8',
'Accept-Language': 'en',
}
```

5. DEPTH_LIMIT

DEPTH_LIMIT 用于设置抓取网站最大允许的深度（Depth）值。默认值为 0，表示没有限制。

6. DOWNLOAD_DELAY

DOWNLOAD_DELAY 用于设置下载器在下载同一网站的下一页面之前所需要等待的时间（单位为秒），默认值为 0。该配置项可以用来限制采集的速度，减轻服务器的压力，除支持整数外也支持小数。例如，将等待的时间设置为 0.25 秒，具体代码如下。

```
DOWNLOAD_DELAY = 0.25
```

默认情况下，两个请求之间等待的间隔时间不是一个固定值，而是 0.5～1.5 的一个随机值乘 DOWNLOAD_DELAY 的结果。

7. DOWNLOAD_TIMEOUT

DOWNLOAD_TIMEOUT 用于设置下载器的超时时间，单位为秒，默认值为 180。

8. ITEM_PIPELINES

ITEM_PIPELINES 用于设置管道的调用顺序，它对应的值是一个保存项目中启用的管道及其调用顺序的字典，默认值为空。字典中的键是管道的名称，值可以是任意值，不过习惯设置在 0～1000。值越低，它对应的管道的优先级越高。

以下是一个配置项 ITEM_PIPELINES 的示例代码。

```
ITEM_PIPELINES = {
'mySpider.pipelines.SomethingPipeline': 300,
'mySpider.pipelines.ItcastJsonPipeline': 800,
}
```

9. LOG_ENABLED

LOG_ENABLED 用于设置是否启用 logging，默认值是 True。

10. LOG_ENCODING

LOG_ENCODING 用于设置 logging 使用的编码，默认值是 utf-8。

11. LOG_LEVEL

LOG_LEVEL 用于设置 log 的最低级别，它支持的级别取值包括 CRITICAL、ERROR、WARNING、INFO、DEBUG，默认值是 DEBUG。

12. USER_AGENT

USER_AGENT 用于设置抓取网站的数据时默认使用的 User-Agent，除非被覆盖，否则该配置项的默认值是 Scrapy/VERSION (+http://scrapy.org)。

13. COOKIES_ENABLED

COOKIES_ENABLED 用于设置是否禁用 Cookie，默认值为 True。为了不让网站根据请求的 Cookie 识别出网络爬虫的身份，一般会禁用 Cookie 的功能，将该配置项的值设置为 False。

10.5　CrawlSpider 类

网页上的数据往往是分页显示的。要获取每个页面上的数据，我们可以通过分析网页的 URL 地址格式，然后手动更改 URL 的参数来实现。其实 Scrapy 框架中专门提供了一个爬虫类 CrawlSpider，该类用于全网站的自动抓取，能够自动抓取 URL 地址具有一定规则的网站上的所有网页数据。本节针对 CrawlSpider 类的相关内容进行详细介绍。

10.5.1　CrawlSpider 类简介

scrapy.spiders 模块中提供了 CrawlSpider 类专门用于自动抓取，CrawlSpider 类是 Spider 的子类，Spider 类的设计原则是只抓取 start_url 列表中的网页，而 CrawlSpider 类定义了一些规则（Rule 类的对象）提供跟进链接（LinkExtractor 类的对象）的机制，适用于从抓取的网页中获取链接并继续执行抓取数据的工作。

为了能快速创建基于 CrawlSpider 类的爬虫，我们可以通过如下命令创建爬虫。

```
scrapy genspider -t crawl 爬虫名称 爬虫域
```

上述命令中，选项-t 表示模板，crawl 表示模板的名称。

接下来，我们使用上述命令创建一个名称为 baidu，爬虫域为 baidu.com 的爬虫，命令如下。

```
scrapy genspider -t crawl baidu baidu.com
```

执行上述命令后，会在爬虫项目中自动添加一个爬虫文件 baidu.py，打开该文件可以看到如下内容。

```
import scrapy
from scrapy.linkextractors import LinkExtractor
from scrapy.spiders import CrawlSpider, Rule
class BaiduSpider(CrawlSpider):
```

```
    name = 'baidu'
    allowed_domains = ['baidu.com']
    start_urls = ['http://baidu.com/']
    rules = (
        Rule(LinkExtractor(allow=r'Items/'), callback='parse_item',
                                              follow=True),)
    def parse_item(self, response):
        item = {}
        #item['domain_id'] = response.xpath(
                                        '//input[@id="sid"]/@value').get()
        #item['name'] = response.xpath('//div[@id="name"]').get()
        #item['description'] = response.xpath(
                                        '//div[@id="description"]').get()
        return item
```

多学一招：Scrapy 框架的爬虫文件模板

前面我们每次用 Scapy 框架创建爬虫时都使用了模板，如果希望知道 Scapy 框架中有哪些模板，可以通过“scrapy genspider –l”命令实现。该命令及其执行结果如下。

```
> C:\Users\admin>scrapy genspider -l
Available templates:
  basic
  crawl
  csvfeed
  xmlfeed
```

从命令的执行结果可以看出，Scapy 框架中提供了 4 个可用的爬虫文件模板，关于这几个模块的介绍如下。

- basic：提供基础模板，继承自 Spider 类。
- crawl：提供更灵活的提取数据的方式，继承自 CrawlSpider 类。
- csvfeed：提供从 CSV 格式文件中提取数据的方式，继承自 CSVFeedSpider 类。
- xmlfeed：提供从 XML 格式文件中提取数据的方式，继承自 XMLFeedSpider 类。

若希望了解某一爬虫文件模板的具体内容，则可以使用如下命令查看。

```
scrapy genspider -d 模块名称
```

例如，查看基于 crawl 模板创建的爬虫文件的内容，具体命令如下。

```
scrapy genspider -d crawl
```

在对几个模板熟悉以后，我们就可以使用如下命令创建爬虫。

```
scrapy genspider (-t template) name domain
```

需要注意的是，若不指定模板，则默认使用 basic 模板创建爬虫；name 不能使用项目的 name，也不能使用已存在的爬虫的 name，否则系统会报错；如果想覆盖以前的爬虫，可以在 genspider 后加--force 参数，后面的 name 是被覆盖爬虫的 name。

另外，我们还可以在 Scapy 框架中添加自己设计的爬虫模板。爬虫模板的位置与项目模板文件夹并列，名称为 spiders。我们在爬虫模块中可以增加自己常用的方法，也可以设计一个简单的类框架，以适应所需要采集的页面规则。

10.5.2　CrawlSpider 类的工作原理

为了让大家更好地理解 CrawlSpider 类如何自动抓取全站网页数据，接下来，我们一起分析 CrawlSpider 类的实现代码，探寻 CrawlSpider 的工作原理。

CrawlSpider 类由于继承了 Spider 类，所以继承了 Spider 类的所有公有成员。此外，CrawlSpider 类自身也定义了一些属性。在这里，我们着重了解一下 rules 属性。rules 属性是一个包含一个或多个 Rule 对象的列表。每个 Rule 对象对抓取网站的动作定义了特定表现。如果多个 Rule 对象匹配了同一个链接，则根据它们在本属性中定义的顺序，使用第一个 Rule 对象。

CrawlSpider 类自身定义了一些的方法。关于这些方法的说明如表 10-2 所示。

表 10-2　CrawlSpider 类的方法

方法	说明
__init__()	负责初始化，并调用_compile_rules()方法
parse()	该方法进行了重写，在方法体中直接调用_parse_response()方法，并把 parse_start_url()方法作为处理 response 的方法
parse_start_url()	该方法主要用于处理 parse()方法返回的 Response，如提取出需要的数据等，它需要返回 Item、Request，或者两者组合的可迭代对象
_requests_to_follow()	该方法用于从 Response 中解析出目标 URL，并将其包装成 Request 请求。该请求的回调方法是_response_downloaded()
_response_downloaded()	该方法是_requests_to_follow()方法的回调方法，作用是调用_parse_response()方法，处理下载器返回的 Response，设置 Response 的处理方法为 rule.callback()方法
_parse_response()	该方法将 Response 交给参数 callback 代表的方法去处理，然后处理 callback()方法的 requests_or_item，再根据 rule.follow and spider._follow_links 来判断是否继续采集。如果继续，就将 Response 交给_requests_to_follow()方法，根据规则提取相关的链接。spider._follow_links 的值是从 settings 的 CRAWLSPIDER_FOLLOW_LINKS 值获取的
_compile_rules()	这个方法的作用是将 rule 中的字符串表示的方法改成实际的方法，方便以后使用

当 CrawlSpider 爬虫运行时，首先由 start_requests()方法（继承自 Spider 类）对 start_urls 中的每一个 URL 发起请求（使用 make_requests_from_url()方法，继承自 Spider 类），网页请求发出后返回的 Response 会被 parse()方法接收。在 Spider 里面的 parse()方法需要我们定义，但 CrawlSpider 类中使用了 parse()方法来解析 Response，其代码如下。

```
def parse(self, response):
    return self._parse_response(response, self.parse_start_url,
                                        cb_kwargs={}, follow=True)
```

从上述代码可以看出，CrawlSpider 类中的 parse()方法直接调用了_parse_response()方法。

_parse_response()方法用于处理 Response 对象，它根据有无 callback、follow 和 self.follow_links 执行不同的操作，其源代码如下。

```
def _parse_response(self, response, callback, cb_kwargs, follow=True):
    # 如果传入 callback，使用该 callback 解析页面并获取解析得到的 Request 或 Item
    if callback:
        cb_res = callback(response, **cb_kwargs) or ()
        cb_res = self.process_results(response, cb_res)
        for requests_or_item in iterate_spider_output(cb_res):
```

```
            yield requests_or_item
    # 判断有无 follow，用_requests_to_follow 解析响应是否有符合要求的 link
    if follow and self._follow_links:
        for request_or_item in self._requests_to_follow(response):
            yield request_or_item
```

我们使用_requests_to_follow()方法能获取 link_extractor 解析页面得到的 link（link_extractor.extract_links(response)），对 URL 进行加工（process_links，需要自定义），对符合要求的 link 发起 Request，使用 process_request()方法处理响应。_requests_to_follow()方法的源代码如下。

```
def _requests_to_follow(self, response):
    if not isinstance(response, HtmlResponse):
        return
    seen = set()
    for n, rule in enumerate(self._rules):
        links = [lnk for lnk in rule.link_extractor.extract_links(response)
                 if lnk not in seen]
        if links and rule.process_links:
            links = rule.process_links(links)
        for link in links:
            seen.add(link)
            r = self._build_request(n, link)
            yield rule.process_request(r)
```

_requests_to_follow()方法使用了 set 集合来记录提取的链接，确保提取的链接没有重复。

那么，CrawlSpider 是如何获取 rules 的呢？CrawlSpider 类会在__init__()方法中调用_compile_rules()方法，然后在其中浅复制 rules 的各个 Rule 获取用于回调（callback）、要进行处理的链接（process_links）和要进行的处理请求（process_request)。_compile_rules()方法的源代码如下。

```
def _compile_rules(self):
    def get_method(method):
        if callable(method):
            return method
        elif isinstance(method, six.string_types):
            return getattr(self, method, None)
    self._rules = [copy.copy(r) for r in self.rules]
    for rule in self._rules:
        rule.callback = get_method(rule.callback)
        rule.process_links = get_method(rule.process_links)
        rule.process_request = get_method(rule.process_request)
```

通过分析 CrawlSpider 类的源代码，我们知道了 CrawlSpider 类的工作原理，对理解和使用 CrawlSpider 类都大有裨益。

10.5.3 通过 Rule 类决定抓取规则

CrawlSpider 类使用 rules 属性来决定爬虫的爬取规则，并将匹配后的 URL 请求提交给引擎。因此在正常情况下，CrawlSpider 类无须单独手动返回请求。

rules 属性可以包含一个或多个 Rule 对象，每个 Rule 对象都对抓取网站的动作定义了某种特定操作，如提取当前相应内容里的特定链接，是否对提取的链接跟进抓取，对提交的请求设置回调函数等。如果包含了多个 Rule 对象，那么每个 Rule 轮流处理 Response。

每个 Rule 对象可以规定处理不同的 Item 的 parse_item()方法，但是一般不使用 Spider 类已定义的 parse()方法。

如果多个 Rule 对象匹配了相同的链接，则根据 Rule 对象在本集合中被定义的顺序，第一个对象会被使用。

可以使用 Rule 类的构造方法创建 Rule 对象，构造方法的声明如下。

```
Rule(link_extractor, callback = None, cb_kwargs = None,
     follow = None, process_links = None, process_request = None)
```

上述方法中包含 6 个参数，这些参数的含义如下。

- link_extractor：是一个 Link Extractor 对象，用于定义链接的解析规则。
- callback：指定回调方法的名称。从 link_extractor 中获取链接时，该参数所指定的值作为回调方法。该回调方法必须接收一个 Response 对象作为其第一个参数，并且返回一个由 Item 对象、Request 对象或者它们的子类所组成的列表。需要注意的是，编写爬虫规则时，应避免使用 parse()作为回调方法。这是因为 CrawlSpider 使用 parse()方法来实现其逻辑，如果覆盖了 parse()方法，CrawlSpider 爬虫会运行失败。
- cb_kwargs：是一个字典，包含传递给回调方法的参数，默认值是 None。
- follow：是一个布尔值，指定根据本条 Rule 从 Response 对象中提取的链接是否需要跟进。如果 callback 参数值为 None，则 follow 默认值为 True，否则默认值为 False。
- process_links：指定回调方法的名称，该回调方法用于过滤链接，处理根据 link_extractor 从 Response 对象中获取的链接列表。
- process_request：指定回调方法的名称，该回调方法用于根据本 rule 提取出来的 Request 对象，其返回值必须是一个 Request 对象或者 None（表示将该 Request 过滤掉）。

10.5.4 通过 LinkExtractor 类提取链接

LinkExtractor 类负责从网页中提取需要跟踪抓取的链接，按照规定的提取规则提取链接。这个规则只适用于网页的链接，不适用于网页中的普通文本。

Scrapy 框架在 scrapy.linkextractors 模块中提供了 LinkExtractor 类专门用于表示链接提取类。我们也可以自定义一个符合特定需求的链接提取类，只需要让它实现一个简单的接口即可。

每个 LinkExtractor 都有唯一的公共方法 extract_links()，该方法接收一个 Response 对象作为参数，并返回一个类型为 scrapy.link.Link 的列表。在爬虫工作过程中，链接提取类只需要实例化一次，但是从响应对象中提取链接时会多次调用 extract_links()方法。

链接提取类一般与若干 Rules 结合用于 CrawlSpider 类中，也用于其他与 CrawlSpider 类无关的场合。

Scrapy 框架中默认的链接提取类是 LinkExtractor 类，它其实是对 scrapy.linkextractors.lxmlhtml.LxmlLinkExtractor 类的引用，所以这两个类是等价的。Scrapy 框架的早期版本中出现过其他链接提取类，但是都被弃用了。

LinkExtractor 类的构造方法的声明如下。

```
class scrapy.linkextractors.LinkExtractor(
    allow = (),
    deny = (),
```

```
    allow_domains = (),
deny_domains = (),
    restrict_xpaths = (),
    tags = ('a','area'),
    attrs = ('href'),
    canonicalize = False,
    unique = True,
process_value = None,
deny_extensions = None,
restrict_css=(),
strip=True
)
```

LinkExtractor 类的构造方法包含了多个参数，主要的参数的含义如下。

- allow：其值为一个或多个正则表达式组成的元组，只有匹配这些正则表达式的 URL 才会被提取。如果 allow 参数为空，则会匹配所有链接。
- deny：其值为一个或多个正则表达式组成的元组，满足这些正则表达式的 URL 会被排除不被提取（优先级高于 allow 参数）。如果 deny 参数为空，则不会排除任何 URL。
- allow_domains：其值是一个或多个字符串组成的元组，表示会被提取的链接所在的域名。
- deny_domains：其值是一个或多个字符串组成的元组，表示被排除不提取的链接所在的域名。
- restrict_xpaths：其值是一个或多个 XPath 路径表达式组成的元组，表示只在符合该 XPath 定义的文字区域搜寻链接。
- tags：用于识别要提取的链接标签，默认值为('a','area')。
- attrs：其值是一个或多个字符串组成的元组，表示在提取链接时要识别的属性（仅当该属性在 tags 规定的标签里出现时），默认值为('href')。
- canonicalize：表示是否将提取到的 URL 标准化，默认值为 False。由于使用标准化后的 URL 访问服务器与使用原 URL 访问得到的结果可能不同，所以最好保持使用它的默认值 False。
- unique：表示是否要对提取的链接进行去重过滤，默认值为 True。
- process_value：负责对提取的链接进行处理的函数，能够对链接进行修改并返回一个新值。如果返回 None，则忽略该链接。如果不对 process_value 参数赋值，则使用它的默认值 lambda x: x。
- deny_extensions：其值是一个字符串或者字符串列表，表示提取链接时应被排除的文件扩展名。例如，['bmp', 'gif', 'jpg',]表示排除包含这些扩展名的 URL 地址。
- restrict_css：其值是一个或多个 CSS 表达式组成的元组，表示只在符合该 CSS 定义的文字区域搜寻链接。
- strip：表示是否要将提取的链接地址前后的空格去掉，默认值为 True。

10.6 实践项目：采集畅购商城的华为手表信息

畅购商城是一个综合性网上购物商城，拥有多种类型的商品。用户可通过下单服务在网站上选购中意的商品。为了保证每位用户拥有愉快的购物过程，畅购商城提供商品检索功能，帮助用户迅速找到想要购买的商品，并将搜索到的商品以分页的形式进行展示。本节将使用 CrawlSpider 爬虫抓取畅购商城中华为手表的数据。

【项目目标】

在浏览器中访问畅购网首页，在该页面的搜索框中输入“华为手表”，单击 “搜索”按钮后会进入产品列表页，如图 10-1 所示。

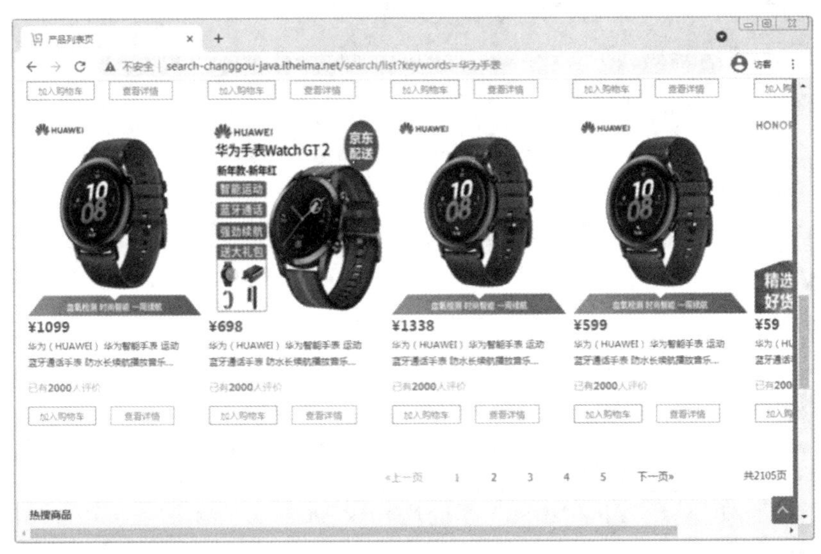

图 10-1　产品列表页

在图 10-1 中，产品列表页以分页的形式显示了搜索到的华为手表商品数据。总页数为 2105，每页都显示多条商品数据，每个商品展示的数据包括商品图片、商品价格、商品名称和商品评价数。本项目要求采集前 1000 页的商品数据。

【项目分析】

在明确了需要抓取的数据之后，我们来分析一下如何抓取这些数据。

我们要从网站上抓取每个商品的商品图片链接、商品价格、商品名称和商品评价数。首先分析目标数据的显示规则，使用浏览器显示网页的源代码，可以看到目标元素结构，如图 10-2 所示。

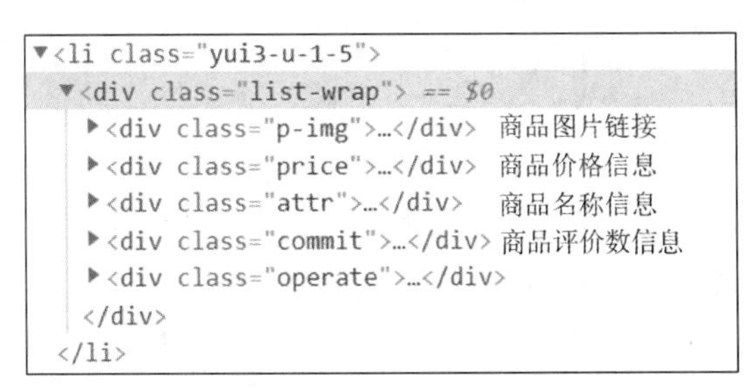

```
▼<li class="yui3-u-1-5">
  ▼<div class="list-wrap"> == $0
    ▶<div class="p-img">…</div>  商品图片链接
    ▶<div class="price">…</div>  商品价格信息
    ▶<div class="attr">…</div>   商品名称信息
    ▶<div class="commit">…</div> 商品评价数信息
    ▶<div class="operate">…</div>
   </div>
 </li>
```

图 10-2　目标元素结构

除了目标数据的格式之外，还要分析网页上页码的链接地址，以前 5 页为例，页码链接如下。

```
<li class="active">
    <a href="/search/list?keywords=华为手表&amp;pageNum=1#glist">1</a></li>
<li><a href="/search/list?keywords=华为手表&amp;pageNum=2#glist">2</a></li>
<li><a href="/search/list?keywords=华为手表&amp;pageNum=3#glist">3</a></li>
<li><a href="/search/list?keywords=华为手表&amp;pageNum=4#glist">4</a></li>
<li><a href="/search/list?keywords=华为手表&amp;pageNum=5#glist">5</a></li>
```

通过观察前 5 页链接地址，我们可以发现页码链接地址中只有 pageNum 后面的数值不同。当 pageNum 后面的数值为 1 时，表示第 1 页商品链接；当 pageNum 后面的数值为 2 时，表示第 2 页商品链接……其余页码链接以此类推。

【项目实现】

在对项目进行分析后，我们知道了如何抓取网页数据。下面使用 CrawlSpider 爬虫采集相关信息，具体实现步骤如下。

（1）我们将使用 LinkExtractor 表达式来获取网页上的链接。为了保证 LinkExtractor 表达式的正确性，可以先使用 Scrapy shell 进行验证和测试。打开终端，输入以下命令打开 Scrapy shell，访问畅购商城华为手表商品的第一页。

```
scrapy shell "http://search-changgou-java.itheima.net/search/list
?keywords=%E5%8D%8E%E4%B8%BA%E6%89%8B%E8%A1%A8&pageNum=1#glist"
```

（2）输入以下命令导入 LinkExtractor，创建 LinkExtractor 类的对象。

```
from scrapy.linkextractors import LinkExtractor
link_list = LinkExtractor(allow=r'pageNum=\d+#glist')
link_list.extract_links(response)
```

运行上述代码后，输出如下结果。

```
[Link(url='http://search-changgou-java.itheima.net/search/list?keywords=%E5%8D%
8E%E4%B8%BA%E6%89%8B%E8%A1%A8&pageNum=1#glist', text='«上一页', fragment='', nofollow=
False),
    Link(url='http://search-changgou-java.itheima.net/search/list?keywords=%E5%8D%8
E%E4%B8%BA%E6%89%8B%E8%A1%A8&pageNum=2#glist',   text='2',   fragment='',   nofollow=
False),
    Link(url='http://search-changgou-java.itheima.net/search/list?keywords=%E5%8D%8
E%E4%B8%BA%E6%89%8B%E8%A1%A8&pageNum=3#glist',   text='3',   fragment='',   nofollow=
False),
    Link(url='http://search-changgou-java.itheima.net/search/list?keywords=%E5%8D%8
E%E4%B8%BA%E6%89%8B%E8%A1%A8&pageNum=4#glist',   text='4',   fragment='',   nofollow=
False),
    Link(url='http://search-changgou-java.itheima.net/search/list?keywords=%E5%8D%8
E%E4%B8%BA%E6%89%8B%E8%A1%A8&pageNum=5#glist', text='5', fragment='',nofollow=False)]
```

从输出的结果可以看出，使用 LinkExtractor 提取出了页面上所有符合规则的链接。这些链接的地址与页面显示一致。

（3）使用 CrawlSpider 类实现自动抓取畅购商城华为手表的商品信息。使用以下命令创建一个 Scrapy 项目，项目名称是 changgou。

```
scrapy startproject Changgou
```

进入该项目的 spiders 目录创建一个 CrawlSpider，取名为 crawl_changgou，命令如下。

```
scrapy genspider -t crawl_changgou "itheima.net"
```

（4）使用 PyCharm 打开 changgou 项目，在 items.py 文件的 ChanggouItem 类中添加字段描述，具体代码如下。

```
import scrapy
class ChanggouItem(scrapy.Item):
    goods_pic = scrapy.Field()                    # 商品图片链接
    goods_price = scrapy.Field()                  # 商品价格
    goods_name = scrapy.Field()                   # 商品名称
    goods_evaluation = scrapy.Field()             # 商品评价数
```

（5）编辑 crawl_changgou.py 文件，在 CrawlChanggouSpider 类中定义提取链接的 Rule 规则，使用 parse_item()方法作为回调方法，然后在 parse_item()方法中提取抓取的商品信息，具体代码如下。

```
from scrapy.linkextractors import LinkExtractor
from scrapy.spiders import CrawlSpider, Rule
from changgou.items import ChanggouItem
class CrawlChanggouSpider(CrawlSpider):
    name = 'crawl_changgou'
    allowed_domains = ['itheima.net']
    start_urls = [
        'http://search-changgou-java.itheima.net/search/list?'
        'keywords=%E5%8D%8E%E4%B8%BA%E6%89%8B%E8%A1%A8&pageNum=1#glist']
    rules = (Rule(LinkExtractor(
                  allow=r'pageNum=1000|pageNum=[1-9]\d{0,2}#glist'),
                  callback='parse_item', follow=True),)
    def parse_item(self, response):
        node_list = response.xpath('//div[@id="glist"]/ul/li/div')
        for node in node_list:
            item = ChanggouItem()
            # 商品图片链接
            goods_pic = node.xpath('./div[1]/a/img/@src').getall()
            # 商品价格
            goods_price = node.xpath('./div[2]/strong/i/text()').getall()
            # 商品名称
            goods_name = node.xpath('./div[3]/a//text()').getall()
            # 商品评价数
            goods_evaluation = node.xpath('./div[4]/i/span/text()').getall()
            item["goods_pic"] = goods_pic[0]
            item["goods_price"] = goods_price[0]
            item["goods_name"] = ''.join(goods_name).replace(' ', '')
            item["goods_evaluation"] = goods_evaluation[0]
            print(item)
            yield item
```

（6）打开 pipelines.py 文件，编辑管道 ChanggouPipeline 类，在该类的 open_spider()方法中打开本地文件 changgou.json，在 process_item()方法中将传入的 Item 数据转成 JSON 格式的数据，并将转换的 JSON 数据存入 changgou.json 文件，具体代码如下。

```
import json
class ChanggouPipeline:
    def open_spider(self, spider):
```

```
        self.f = open("chang.json", "w", encoding="utf-8")
    def process_item(self, item, spider):
        content = json.dumps(dict(item), ensure_ascii=False)
        self.f.write(content)
        return item
    def close_spider(self, spider):
        self.f.close()
```

（7）在 settings.py 文件中启用管道，具体代码如下。

```
ITEM_PIPELINES = {
   'changgou.pipelines.ChanggouPipeline': 300,
}
```

（8）在与 crawl_changgou.py 文件同级的目录下添加新文件 main.py，在 main.py 文件中编写执行爬虫的代码，具体内容如下。

```
from scrapy import cmdline
cmdline.execute('scrapy crawl crawl_changgou'.split())
```

运行 main.py 文件，即可自动执行爬虫程序。打开项目目录下生成的 changgou.json 文件，就可以看到从该网站上采集的大量数据。

10.7 本章小结

在本章中，我们详细介绍了 Scrapy 框架的一些核心组件或中间件，如 Spiders 组件、Item Pipeline 组件、Downloader Middlewares 中间件、Settings 组件，以及一个自动抓取网页的爬虫类 CrawlSpider，并运用 CrawlSpider 开发了一个采集畅购商城华为手表信息的项目。希望读者通过对本章内容的学习能够对 Scrapy 框架有更深的认识，可以根据实际需要使用 Scrapy 的组件或类。

10.8 习题

一、填空题

1. Scrapy 框架中自定义的爬虫必须从________类派生。
2. 自定义下载中间件需要实现 process_request()方法和________方法。
3. Settings 组件中的________用于设置抓取网站的数据时默认使用的 User-Agent。
4. 激活下载中间件的方式是将中间件添加到________配置项________中。
5. Settings 组件中的________用于设置 Scrapy 项目的名称。

二、判断题

1. CrawlSpider 类是 Spider 的子类。(　　)
2. LinkExtractor 类负责从网页中提取需要跟踪爬取的链接。(　　)
3. 在爬虫工作的过程中，LinkExtractor 类需要被实例化很多次。(　　)
4. 如果包含了多个 Rule 对象，那么每个 Rule 会轮流处理 Response。(　　)
5. 如果覆盖了 CrawlSpider 类的 parse()方法，爬虫程序会运行失败。(　　)

三、选择题

1. 下列选项中，表示 scrapy.Spider 类中初始 URL 元组或列表的是（　　）。

   A. start_urls　　B. start_requests()　　C. name　　D. urls

2. 下列选项中，关于 Item Pipeline 组件的描述错误的是（　　）。

   A. 用于验证抓取的数据是否包含在指定字段中

   B. 用于查重并丢弃重复数据

   C. 一个爬虫项目中只能定义一个管道

   D. 每个管道都是一个独立的 Python 类

3. 下列选项中，关于下载中间件的描述错误的是（　　）。

   A. 下载中间件处于引擎和下载器之间

   B. 一个爬虫项目中只能有一个下载中间件

   C. 下载中间件可以在请求传递给下载器之前对请求进行处理

   D. 爬虫项目中既可以使用内置的下载中间件，也可以使用自定义的下载中间件

4. 下列选项中，用于决定爬虫爬取规则的是（　　）。

   A. callback　　B. rules　　C. tags　　D. allow

5. 下列选项中，关于 Rule 类的描述错误的是（　　）。

   A. 每个 Rule 类的对象都对抓取网站的动作定义了一些特定操作

   B. 若爬虫中有多个 Rule 类的对象，则每个 Rule 类的对象会随机处理 Response

   C. 每个 Rule 类的对象通常不使用定义好的 parse()方法，而是自定义处理 Item 的方法

   D. 如果多个 Rule 类的对象匹配了相同的链接，需要根据其被定义的顺序使用第一个 Rule 类的对象

四、简答题

1. 请简述如何自定义下载中间件。
2. 请简述 CrawlSpider 类的作用。

五、程序题

编写程序，使用 CrawlSpider 类自动抓取黑马程序员社区网站上 Python+人工智能技术交流版块中每个帖子的文章标题、文章作者、发布时间和文章链接。

第11章

分布式网络爬虫 Scrapy-Redis

学习目标

- 了解分布式网络爬虫，能够说出采用主从模式的分布式网络爬虫的特点
- 熟悉 Scrapy-Redis 的架构，能够归纳 Scrapy-Redis 架构的原理
- 熟悉 Scrapy-Redis 的运作流程，能够归纳 Scrapy-Redis 的运作流程
- 掌握开发 Scrapy-Redis 的准备工作，能够搭建 Scrapy-Redis 的开发环境
- 掌握 Scrapy-Redis 的基本操作，能够灵活应用 Scrapy-Redis 开发分布式网络爬虫

前面编写的网络爬虫都运行在单台计算机上。受到计算机能力和网络带宽的限制，单台计算机上运行的网络爬虫在采集大量数据时需要花费很长的时间。分布式网络爬虫正好解决了这个问题，可以在多台计算机上同时运行同一个网络爬虫程序，共同完成一个采集任务。在 Python 中，Scrapy 框架本身并不支持分布式。为弥补该框架的不足，Scrapy-Redis 为其拓展了分布式功能。两者结合便可以实现分布式网络爬虫。本章将围绕着分布式网络爬虫 Scrapy-Redis 的相关知识进行详细的讲解。

拓展阅读

11.1　分布式网络爬虫简介

Scrapy 框架是一个通用的网络爬虫框架，应用极其广泛。但 Scrapy 框架本身并不支持分布式部署，即无法在多台计算机中同时执行网络爬虫程序。这导致采集数据的效率受到限制。为了提升网络爬虫的采集效率，Scrapy-Redis 在 Scrapy 的基础上增加了一些以 Redis 数据库为基础的组件，通过这些组件可以让 Scrapy 框架实现分布式网络爬虫的功能。

分布式网络爬虫可以理解为集群爬虫，每个网络爬虫都会从互联网抓取网页数据，并将解析后提取的目标数据保存到文件或数据库中。分布式网络爬虫的设计重点在于多台计算机中的网络爬虫如何进行通信。按不同的通信方式，分布式网络可以分为 3 种模式，它们分别是主从模式、自治模式与混合模式。关于这 3 种模式的介绍如下。

1. 主从模式

主从模式指由一台主机作为控制节点，负责管理所有运行网络爬虫的主机，即爬虫节点。爬虫节点只需要从控制节点处接收任务，并把新生成的任务提交给控制节点即可，在整个运行过程中不必与其他爬虫节点进行通信。主从模式的示意图如图 11-1 所示。

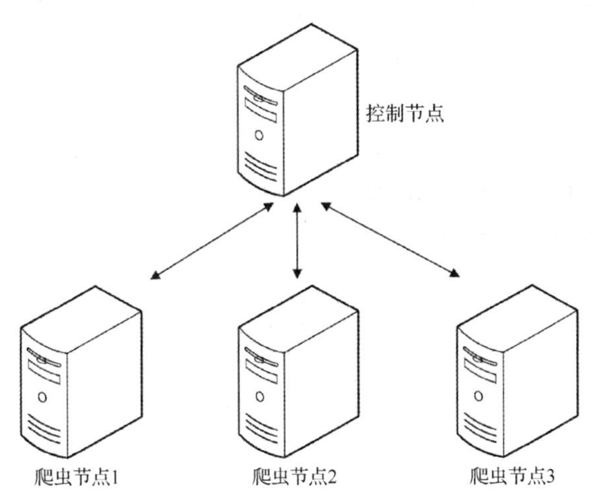

图 11-1　主从模式的示意图

主从模式易于实现且利于管理，在这种模式下，控制节点会与所有爬虫节点进行通信。它通过一个地址列表保存系统中所有爬虫节点的信息，一旦遇到系统中的网络爬虫数量发生变化，就会更新这个地址列表。这一过程对于系统中的爬虫是透明的。不过，随着网络爬虫采集的网页数量逐渐增加，控制节点会成为整个系统的瓶颈，导致整个分布式网络爬虫的系统性能下降。

2. 自治模式

自治模式是指没有协调者，所有的爬虫节点相互通信的模式。它的通信方式主要有全连接通信、环形通信两种。其中全连接通信是指所有爬虫节点相互发送信息；环形通信是指爬虫节点在逻辑上构成一个环形，数据沿着环形按顺时针或逆时针方向单向传输。自治模式的示意图如图 11-2 所示。

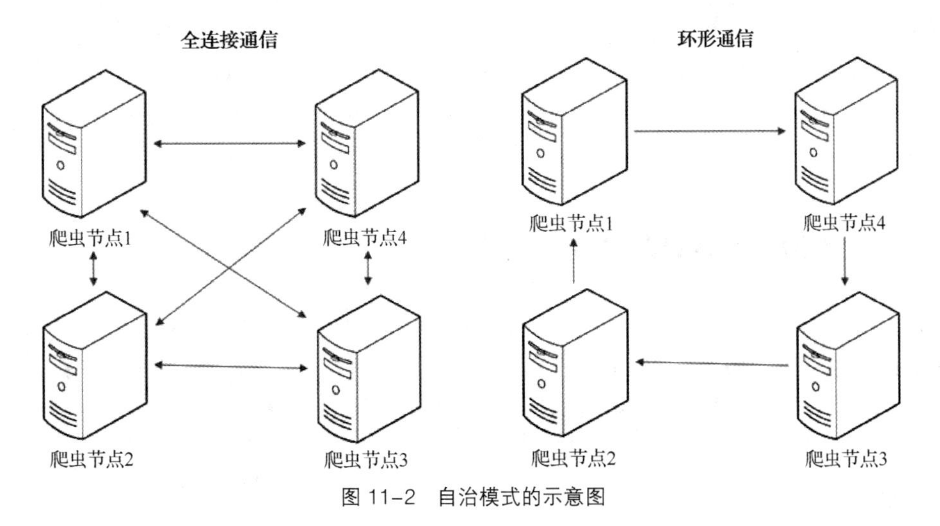

图 11-2　自治模式的示意图

在图 11-2 中，左图是采用全连接通信方式的自治模式，右图是采用环形通信方式的自治模式。采用全连接通信方式的每个爬虫节点会维护一个地址列表，列表中存储了系统所有爬虫节点的位置。每次通信时可以直接将数据发送给需要此数据的爬虫节点。采用环形通信方式的每个爬虫节点只会保存前驱和后继的信息，爬虫节点在接收到数据之后会判断数据是否是发送给自己的。如果数据不是发送给自己的，则爬虫节点会把数据转发给后继爬虫节点，否则不再转发数据。

3. 混合模式

混合模式是指结合上面两种模式的特点生成的一种折中模式。该模式下的所有爬虫节点都可以相互通信，同时具有任务分配的功能。只不过这些爬虫节点中有一个特殊的爬虫节点，它会对无法分配的任务进行集中分配。混合模式的示意图如图 11-3 所示。

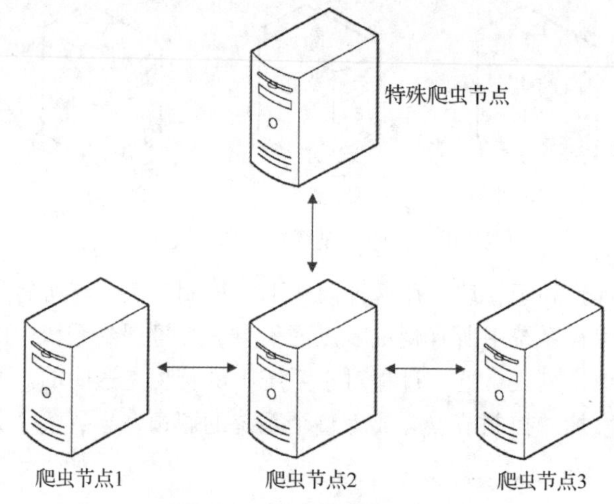

图 11-3 混合模式的示意图

混合模式下的每个爬虫节点只需要维护自己采集范围的地址列表，而特殊爬虫节点除了保存自己采集范围的地址列表外，还需要保存需要进行集中分配的地址列表。

值得一提的是，Scrapy-Redis 实现的分布式网络爬虫默认采用了主从模式，即一台作为控制节点的主机和若干台作为爬虫节点的主机。每个网络爬虫的功能相同，都是负责将服务器返回的 Item 数据和 URL 提交给控制节点的主机。控制节点会统一分配爬虫节点提交的任务，它在分配时并非是将某台主机提交的任务分配给该主机，而是发现哪台主机处于空闲状态，便为该主机分配任务。

11.2 Scrapy-Redis 架构

Scrapy-Redis 不是一个框架，而是一些组件。借用下面的一个例子区分 Scrapy 和 Scrapy-Redis 的关系：假如把 Scrapy 看作一个工厂，这个工厂主要负责根据用户的需求生产网络爬虫，那么 Scrapy-Redis 便是其他厂商，它为了帮助工厂更好地完成生产任务制造了一些新设备，以替换 Scrapy 工厂的原有设备。

Scrapy-Redis 的架构如图 11-4 所示。

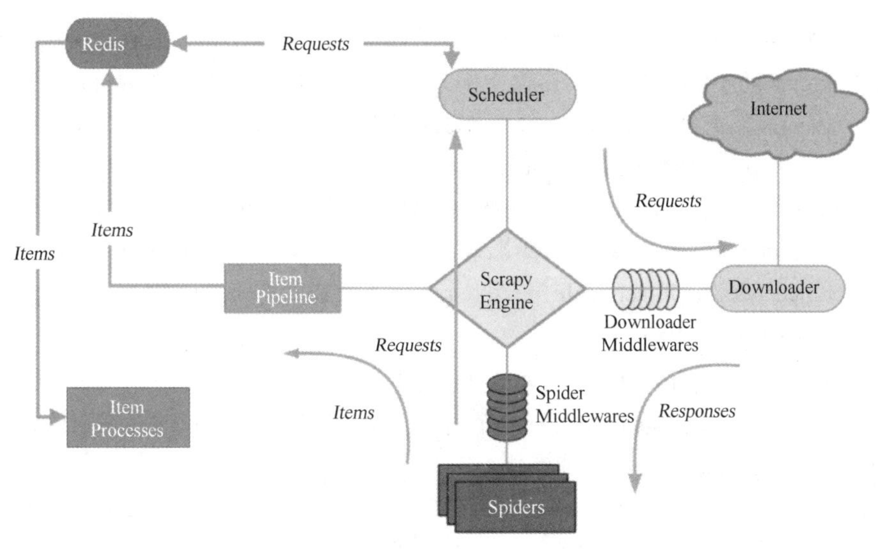

图 11-4　Scrapy-Redis 的架构

对比 Scrapy 的架构可知，Scrapy-Redis 在 Scrapy 架构的基础上增加了 Redis、Item Processes 两个组件。Redis 是一个 Key-Value 数据库，负责存放由 Scheduler 传递的待抓取请求。如此每台计算机上的爬虫都会访问同一个 Redis 数据库，通过这个数据库实现对请求的调度和判重进行统一管理。Item Processes 组件表示 Item 集群。

根据 Redis 的特性，Scrapy-Redis 在 Scrapy 原生组件的基础上拓展了 Scheduler、Item Pipeline、Spiders、Duplication Filter 等 4 个组件。关于这 4 个组件的介绍如下。

1. Scheduler

Scrapy 框架对 Python 原有的双向队列进行了改造，形成自己的 Scrapy Queue，但 Scrapy Queue 不能被多个 Spiders 共用，使得 Scrapy 框架不支持分布式采集。为此 Scrapy-Redis 将 Scrapy Queue 替换成 Redis 数据库，由一个 Redis 数据库统一存放待发送的请求。这样可以让多个 Spiders 从同一数据库中读取请求。

在 Scrapy 框架中，与待发送请求直接相关的组件是调度器 Scheduler。该组件负责将新的请求添加到队列中，并从该队列中取出下一个要发送的请求。Scrapy 原有的 Scheduler 已经无法使用，换成了 Scrapy-Redis 的 Scheduler 组件。

2. Item Pipeline

在 Scrapy 框架中，当 Spiders 采集到 Item 数据时，Scrapy Engine 会把 Item 数据交给 Item Pipeline，Item Pipeline 再把 Item 数据保存到 Redis 数据库中。

Scrapy-Redis 对 Scrapy 框架的 Item Pipeline 组件进行了修改，可以很方便地根据键访问 Redis 数据库中的 Item 数据，从而实现 Item 集群。

3. Spiders

Scrapy-Redis 中的 Spiders 组件不再使用 Scrapy 原有的 Spider 类表示爬虫，而使用重写的 RedisSpider 类。RedisSpider 类继承了 Spider 类和 RedisMixin 类，其中 RedisMixin 类用于从 Redis 数据库中读取请求。

当我们创建了一个继承自 RedisSpider 的子类的对象时，该对象调用 setup_redis()方法后会连接 Redis 数据库，满足一定条件后会设置如下两个信号。

- 爬虫节点的主机处于空闲状态的信号。这个信号会被 Scrapy Engine 识别，用于判断网络爬虫当下是否处于空闲状态。网络爬虫如果正处于空闲状态，则会调用 spider_idle()函数。然后 spider_idle()函数调用 schedule_next_request()函数调度请求交给该网络爬虫，保证它一直处于活动状态，并且抛出 DontCloseSpider 异常。
- 采集到一个 Item 数据的信号。这个信号仍然会被 Scrapy Engine 识别，用于判断网络爬虫是否采集到 Item 数据。网络爬虫如果采集到 Item 数据，则会调用 item_scraped()函数。然后 item_scraped()函数调用 schedule_next_request()函数获取下一个请求。

4. Duplication Filter

Scrapy 使用集合实现请求的去重功能。它会把已经发送的请求指纹（请求的特征值）放到一个集合中，然后在该集合中比对下一个请求指纹。如果该请求指纹存在于该集合中，则说明这个请求已经被发送，否则继续操作。

Scrapy-Redis 中使用 Duplication Filter 组件实现请求的去重功能。该组件利用 Redis 中 set 集合元素不重复的特点，巧妙地实现了这个功能。首先 Scheduler 接收 Scrapy Engine 传递的请求指纹，然后将这个请求指纹存入 set 集合中检查是否重复，并把不重复的请求指纹加入 Redis 的请求队列中。

11.3 Scrapy-Redis 运作流程

Scrapy-Redis 的运作流程如下。

（1）Scrapy Engine 从 Spiders 中获取初始 URL。

（2）Scrapy Engine 将初始 URL 封装成请求，并将该请求交给 Scheduler。

（3）Scheduler 访问 Redis 数据库，对 Request 进行判重。如果 Request 不是重复的，Scheduler 就将该 Request 添加到 Redis 数据库中。

（4）当调度条件满足时，Scheduler 会从 Redis 数据库中取出 Request 交给 Scrapy Engine，Scrapy Engine 将这个 Request 通过 Downloader Middlewares 转交给 Downloader。

（5）页面下载完毕，Downloader 会将服务器返回的响应通过 Downloader Middlewares 交给 Scrapy Engine。

（6）Scrapy Engine 通过 Spider Middlewares 发送给 Spiders 进行处理。

（7）Spiders 处理响应，并将采集到的 Item 数据和新 Request 返回给 Scrapy Engine。

（8）Scrapy Engine 将抓取的 Item 数据通过 Item Pipeline 交给 Redis 数据库，将 Request 交给 Scheduler。

（9）从第（2）步开始重复，直到 Scheduler 中没有更多的 Request 为止。

11.4 Scrapy-Redis 开发准备

11.4.1 安装 Scrapy-Redis

安装 Scrapy-Redis 的方式非常简单：直接通过 pip 工具安装 Scrapy-Redis 库即可。本节以

Windows 7 操作系统为例，为大家演示如何安装 Scrapy-Redis 库。具体内容如下。

打开命令提示符窗口，在该窗口中输入如下命令安装 Scrapy-Redis 库。

```
pip install scrapy-redis==0.7.1
```

运行上述命令，在命令提示符窗口中可以看到不断输出的安装信息。Scrapy-Redis 库安装完成的窗口如图 11-5 所示。

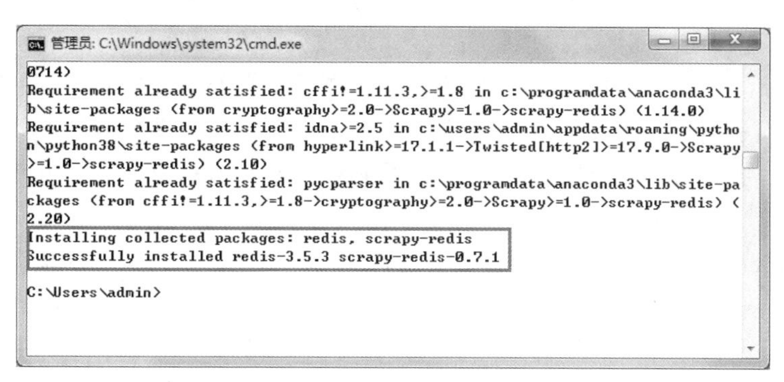

图 11-5　Scrapy-Redis 库安装完成的窗口

由图 11-5 中标注出的提示信息“Successfully installed redis-3.5.3 scrapy-redis-0.7.1”可知，Scrapy-Redis 库安装成功。

11.4.2　修改配置文件

在 Windows 操作系统下，Redis 数据库的配置文件是 redis.windows.conf，该文件默认位于数据库的安装目录下。在配置文件中，bind 配置项用于指定绑定的主机地址，默认值为 bind 127.0.0.1（本机地址）。这说明 Redis 服务只允许本机的客户端访问，而不允许其他客户端远程连接，防止自身暴露于危险的网络环境中，被其他客户端随意连接。

不过，为了能让其他客户端远程连接到 Redis 服务，访问 Redis 数据库中的数据，需要在 redis.conf 文件中更改配置 bind 127.0.0.1。

以 Windows 7 操作系统为例，使用文本编辑工具记事本打开 redis.windows.conf 文件，将该文件中的配置项 bind 127.0.0.1 改为 bind 0.0.0.0。修改后的配置项如图 11-6 所示。

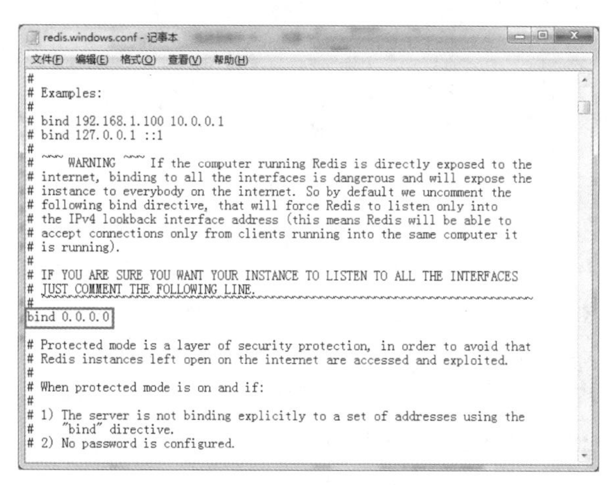

图 11-6　修改后的配置项

另外，redis.windows.conf 文件中默认为 Redis 数据库开启了保护模式。此时需要将配置项 protected-mode yes 改为 protected-mode no，以关闭保护模式。

11.4.3 测试远程连接

为保证爬虫节点的设备能够读取 Redis 数据库中的数据，我们在执行分布式网络爬虫程序之前需要进行远程连接测试，保证爬虫节点（后面称为 Slave 端）的所有设备可以正常远程连接控制节点（后面称为 Master 端）的 Redis 数据库。假设现有 3 台分别装了 Windows 7、macOS 和 Ubuntu 操作系统的计算机，其中装了 Windows 7 操作系统的计算机为 Master 端，其他两台计算机为 Slave 端。测试 Slave 端能否正常连接到 Master 端并访问 Redis 数据库的操作步骤如下。

（1）在 Master 端的计算机上以管理员身份打开命令提示符窗口，然后根据指定的配置文件启动 redis-server。具体启动命令如下。

```
redis-server redis.windows.conf
```

上述命令执行后，控制台输出如下信息，表明 Redis 服务正常启动。

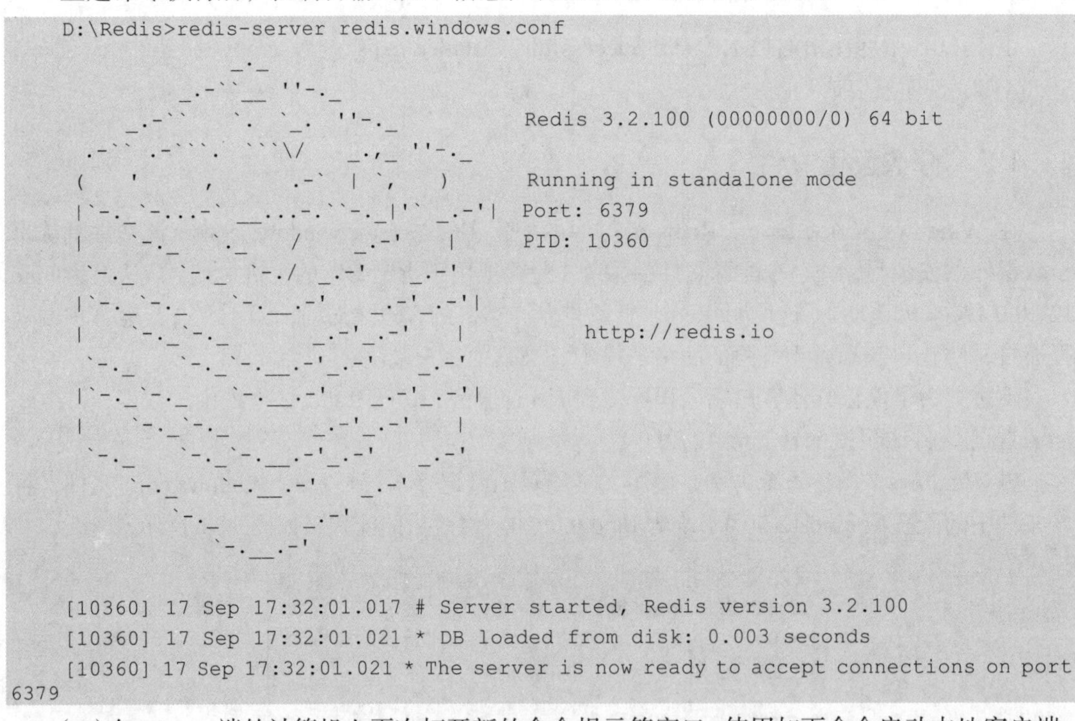

```
D:\Redis>redis-server redis.windows.conf
                _._
           _.-``__ ''-._
      _.-``    `.  `_.  ''-._           Redis 3.2.100 (00000000/0) 64 bit
  .-`` .-```.  ```\/    _.,_ ''-._
 (    '      ,       .-`  | `,    )     Running in standalone mode
 |`-._`-...-` __...-.``-._|'` _.-'|     Port: 6379
 |    `-._   `._    /     _.-'    |     PID: 10360
  `-._    `-._  `-./  _.-'    _.-'
 |`-._`-._    `-.__.-'    _.-'_.-'|
 |    `-._`-._        _.-'_.-'    |           http://redis.io
  `-._    `-._`-.__.-'_.-'    _.-'
 |`-._`-._    `-.__.-'    _.-'_.-'|
 |    `-._`-._        _.-'_.-'    |
  `-._    `-._`-.__.-'_.-'    _.-'
      `-._    `-.__.-'    _.-'
          `-._        _.-'
              `-.__.-'

[10360] 17 Sep 17:32:01.017 # Server started, Redis version 3.2.100
[10360] 17 Sep 17:32:01.021 * DB loaded from disk: 0.003 seconds
[10360] 17 Sep 17:32:01.021 * The server is now ready to accept connections on port 6379
```

（2）在 Master 端的计算机上再次打开新的命令提示符窗口，使用如下命令启动本地客户端。

```
redis-cli
```

（3）在本地客户端中输入 ping 命令检测本地客户端是否可以连接 Redis 服务。若连接正常，则使用 set 命令向 Redis 数据库添加两个键值对。命令的执行结果如图 11-7 所示。

观察图 11-7 可知，ping 命令执行后的结果为 PONG，说明客户端可以正常连接 Redis 服务；set key1 "hello"命令执行后的结果为 OK，说明成功向 Redis 数据库中添加了一个键为 key1、值为 hello 的键值对；set key2 "world"命令执行后的结果为 OK，说明成功向 Redis 数据库中添加了一个键为 key2、值为 world 的键值对。

```
C:\Users\admin>redis-cli
127.0.0.1:6379> ping
PONG
127.0.0.1:6379> set key1 "hello"
OK
127.0.0.1:6379> set key2 "world"
OK
127.0.0.1:6379>
```

图 11-7　命令的执行结果

（4）Slave 端的计算机要想连接 Master 端的 Redis 数据库，需要在启动客户端时指定 Master 端的 IP 地址，本例中，Master 端的 IP 地址为 192.168.199.108。在 Slave 端的终端中输入如下命令启动客户端。

```
redis-cli -h 192.168.199.108
```

在上述命令中，-h 选项表示连接到指定主机的 Redis 数据库。值得一提的是，Slave 端的计算机无须启动 redis-server。

（5）因为在前面已经向 Redis 数据库中存入两个键值对，所以可以在 Slave 端中直接使用 get 命令获取 Redis 数据库中的键值对进行测试。一旦准确获取该键对应的值，则说明 Slave 端的网络爬虫可以正常访问 Redis 数据库。装有 macOS 操作系统和 Ubuntu 操作系统的计算机执行命令后的结果分别如图 11-8 和图 11-9 所示。

```
Power@PowerMac ~$ redis-cli -h 192.168.199.108
192.168.199.108:6379> keys *
1) "key2"
2) "key1"
192.168.199.108:6379> get key1
"hello"
192.168.199.108:6379> get key2
"world"
192.168.199.108:6379>
```

图 11-8　装有 macOS 操作系统的计算机执行命令后的结果

```
python@ubuntu:~$ sudo redis-cli -h 192.168.199.108
192.168.199.108:6379> keys *
1) "key2"
2) "key1"
192.168.199.108:6379> get key1
"hello"
192.168.199.108:6379> get key2
"world"
192.168.199.108:6379>
```

图 11-9　装有 Ubuntu 操作系统的计算机执行命令后的结果

从图 11-8 和图 11-9 中可以看到，Slave 端的计算机成功读取 Master 端 Redis 数据库中的数据，说明连接成功，后续便可以执行分布式网络爬虫程序了。

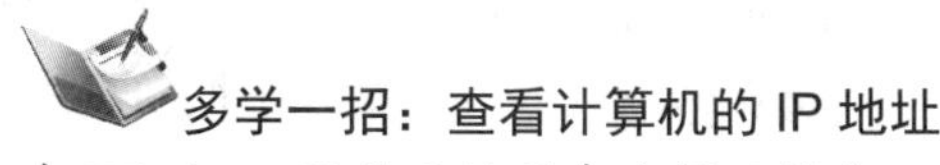

多学一招：查看计算机的 IP 地址

在 Windows 操作系统的命令提示符窗口中，可使用如下命令查看 IP 地址。

```
ipconfig
```

执行上述命令后，可以看到 Windows IP 配置的具体信息。其中，IPv4 地址选项对应的值便是当前计算机的 IP 地址，具体内容如下。

```
Windows IP 配置
以太网适配器 本地连接:
   连接特定的 DNS 后缀 . . . . . . . :
   本地链接 IPv6 地址. . . . . . . . : fe80::8d8d:90f0:3afd:f945%11
   IPv4 地址 . . . . . . . . . . . . : 192.168.199.108
……
```

11.5 Scrapy-Redis 的基本操作

Scrapy-Redis 可以看作 Scrapy 框架的插件，它重新实现了 Scrapy 框架中部分组件的功能，使 Scrapy 框架支持开发分布式网络爬虫。因此，我们可以先创建一个 Scrapy 项目，然后在 Scrapy 项目中增加 Scrapy-Redis 的相关配置，并使用替换的组件进行开发。本节参照第 9 章的案例，为大家演示如何将 Scrapy 项目改造成 Scrapy-Redis 项目，并对 Scrapy-Redis 的基本操作进行介绍。

11.5.1 新建 Scrapy-Redis 项目

打开命令提示符窗口，先切换当前工作路径为项目要存放的目录（本书为 E:\PythonProject），再输入创建 Scrapy 项目的命令，具体命令如下。

```
scrapy startproject myDistributedSpider
```

运行上述命令，可以在 E:\PythonProject 目录下看到刚刚创建的 myDistributedSpider 项目。同样地，我们也可以在 PyCharm 中打开 myDistributedSpider 项目。该项目的目录结构如图 11-10 所示。

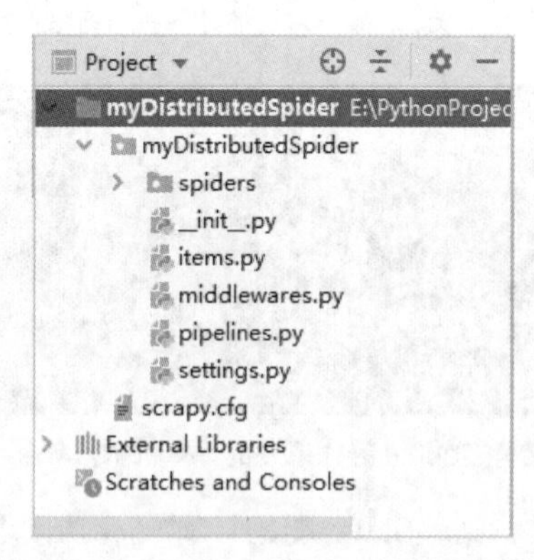

图 11-10 myDistributedSpider 项目的目录结构

为了满足分布式网络爬虫的需求，我们需要对 myDistributedSpider 项目进行改造，使该项目转换为 Scrapy-Redis 项目。打开图 11-10 中的 settings.py 文件，在该文件中增加或修改与 Scrapy-Redis 相关的配置项，具体内容如下。

1. DUPEFILTER_CLASS

DUPEFILTER_CLASS 用于设置检测与过滤重复请求的类。在这里，我们需要将 Scrapy-

Redis 的去重组件交给 Redis 数据库执行去重操作。增加的配置项示例如下。

```
DUPEFILTER_CLASS = "scrapy_redis.dupefilter.RFPDupeFilter"
```

2. SCHEDULER

SCHEDULER 用于设置调度器。在这里，我们需要将 Scrapy-Redis 的调度器交给 Redis 分配请求。增加的配置项示例如下。

```
SCHEDULER = "scrapy_redis.scheduler.Scheduler"
```

3. SCHEDULER_PERSIST

SCHEDULER_PERSIST 用于设置是否在 Redis 数据库中保持用到的队列。在这里，我们无须清理 Redis 中使用的队列，允许项目在执行中暂停和在暂停后恢复。增加的配置项示例如下。

```
SCHEDULER_PERSIST = True
```

4. ITEM_PIPELINES

ITEM_PIPELINES 用于设置启用管道，它的值是一个包含所有项目管道的字典。ITEM-PIPELINES 默认是不启用的。启用该配置项后，Scrapy-Redis 会将爬虫抓取的 Item 数据存储到 Redis 数据库中。当数据量比较大时，我们一般不会选择启用管道，因为 Redis 数据库是基于内存存储数据的，直接存储大量数据会影响运行速度。

在这里，我们将 Item 数据直接保存到 Redis 数据库中。修改后的配置项示例如下。

```
ITEM_PIPELINES = {
   'myDistributedSpider.pipelines.MydistributedspiderPipeline': 100,
}
```

若不想让 Item 数据保存到 Redis 数据库中，则可以自己编写管道文件，将数据传递到管道中处理。

5. REDIS_HOST 和 REDIS_PORT

REDIS_HOST 和 REDIS_PORT 用于设置 Redis 数据库的连接信息，分别表示 Redis 所在主机的 IP 地址和端口，默认访问本地计算机的 Redis 数据库。在这里，我们需要分别指定 Redis 数据库的 IP 地址和端口。增加的配置项示例如下。

```
REDIS_HOST = '192.168.199.108'
REDIS_PORT = 6379
```

11.5.2　明确采集目标

myDistributedSpider 项目要采集的目标数据仍然是某培训公司的讲师详情页（地址为 http://www.itcast.cn/channel/teacher.shtml）中的讲师信息，包括讲师的姓名、级别和履历。由于采集目标与第 9 章案例的采集目标一致，所以我们在这里仍然添加分别表示讲师姓名、讲师级别、讲师履历的 3 个属性。

接下来，将 mySpider\items.py 文件中添加属性的代码复制到 myDistributedSpider\items.py 文件中。改后的代码如下。

```
import scrapy
class MydistributedspiderItem(scrapy.Item):
    name = scrapy.Field()       # 表示讲师姓名
    level = scrapy.Field()      # 表示讲师级别
    resume = scrapy.Field()     # 表示讲师履历
```

11.5.3 制作爬虫

Scrapy-Redis 的 scrapy_redis.spiders 模块中定义了两个代表爬虫的类：RedisSpider 类和 RedisCrawlSpider 类。其中，RedisSpider 类是 Spider 的派生类，RedisCrawlSpider 类是 CrawlSpider 类的派生类。这两个类默认已经拥有父类中的成员，此外也定义了自己的属性。下面我们重点来说一下 redis_key 属性和 allowed_domains 属性。

1. redis_key 属性

redis_key 属性用于设置 Redis 数据库从哪里获取初始 URL，作用类似于 start_urls 属性。redis_key 属性的值是一个字符串，字符串的内容一般是爬虫名称和 start_urls，且两者之间以冒号进行分隔。

例如爬虫名称为 itcast，则添加的 start_urls 属性的代码如下。

```
redis_key = 'itcast:start_urls'
```

需要说明的是，运行 Scrapy-Redis 项目后，所有的爬虫不会立即执行抓取操作，而是在原地等待 Master 端发布指令。这是因为所有的爬虫已经没有初始 URL，而是由 Redis 数据库统一分配与调度采集任务，从 Redis 数据库中获取请求。

2. allowed_domains 属性

allowed_domains 属性与之前的 allowed_domains 属性具有相同作用，用于设置爬虫搜索的域名范围。allowed_domains 属性的值有两种设置方式：一种方式是按照 Spider 的原有写法，直接赋值为爬虫搜索的域名范围；另一种方式是动态地获取域名。

动态获取域名的示例代码如下。

```
def __init__(self, *args, **kwargs):
    domain = kwargs.pop('domain', '')
    self.allowed_domains = filter(None, domain.split(','))
    super(当前类名, self).__init__(*args, **kwargs)
```

上述代码中，allowed_domains 属性能自动获取 redis_key 属性指定的域名，并将该域名作为允许搜索的域名范围。

接下来，我们在 myDistributedSpider 项目下创建一个爬虫：爬虫的名称为 itcast，爬虫搜索的域名范围为 itcast.cn，具体命令如下。

```
scrapy genspider itcast "itcast.cn"
```

运行上述命令，可以看到 myDistributedSpider/spiders 目录下增加了 itcast.py 文件。itcast.py 文件中自动生成的内容如下。

```
import scrapy
class ItcastSpider(scrapy.Spider):
    name = 'itcast'
    allowed_domains = ['itcast.cn']
    start_urls = ['http://itcast.cn/']
    def parse(self, response):
        pass
```

在这里，我们需要将 ItcastSpider 的父类修改为 RedisSpider 类，删除 start_urls 属性的代码，增加设置 redis_key 属性的代码，并在 parse()方法中实现解析目标网页数据的功能，改后的代码如下。

```
import scrapy
from myDistributedSpider.items import MydistributedspiderItem
```

```
from scrapy_redis.spiders import RedisSpider
class ItcastSpider(RedisSpider):
    name = 'itcast'                          # 爬虫名称
    allowed_domains = ['itcast.cn']          # 爬虫搜索的域名范围
    redis_key = 'itcast:start_urls'          # 指定 Redis 数据库从哪里获取的初始 URL
    def parse(self, response):
        items = []  # 存储所有讲师的信息
        for each in response.xpath("//div[@class='li_txt']"):
            # 创建 MydistributedspiderItem 类的对象
            item = MydistributedspiderItem ()
            # 使用 XPath 的路径表达式选取节点
            name = each.xpath("h3/text()").extract()
            level = each.xpath("h4/text()").extract()
            resume = each.xpath("p/text()").extract()
            # 将每个讲师的信息封装成 MyspiderItem 类的对象
            item["name"] = name[0]
            item["level"] = level[0]
            item["resume"] = resume[0]
            items.append(item)
        # 直接返回数据，而不交给管道组件
        return items
```

11.5.4 运行爬虫

制作爬虫完成之后，我们就可以采用分布式方式运行网络爬虫程序了。在执行之前，我们需要先确定计算机的分配情况：选择哪台计算机为控制节点的主机，负责给其他计算机提供 URL 分发服务；选择哪台计算机为爬虫节点的主机，负责执行网页的采集任务，并保证爬虫节点可以成功读取控制节点上 Redis 数据库中存放的数据。

这里准备了 3 台计算机，它们的分配情况如下。

- 控制节点：一台装有 Windows 7 操作系统的计算机（IP 地址为 192.168.199.108）。
- 爬虫节点：两台装有 Windows 7 操作系统的计算机。

一切准备就绪之后，接下来介绍运行爬虫的过程，具体内容如下。

（1）在 Master 端的计算机中，打开命令提示符窗口，切换当前路径为 Redis 数据库的安装目录，之后输入如下命令启动 redis-server。

```
redis-server redis.windows.conf
```

（2）将 myDistributedSpider 项目复制到 Slave 端。在 Slave 端的计算机中打开命令提示符窗口，将当前工作路径切换至 myDistributedSpider/spiders 目录下，输入如下命令运行爬虫。

```
scrapy runspider itcast.py
```

运行上述命令，此时 Slave 端的计算机会暂停执行，等待 Master 端发布指令。值得一提的是，多个 Slave 端在运行爬虫时无须区分先后顺序。

（3）在 Master 端的计算机中，再次打开一个命令提示符窗口，输入如下命令启动 redis-cli。

```
redis-cli
```

（4）使用 lpush 命令发布指令到 Slave 端。lpush 命令具有固定的格式，具体格式如下。

```
lpush redis_key 初始 URL
```

在上述格式中，redis_key 是之前爬虫指定的 redis_key 的值。

例如，使用 lpush 命令发布指令采集讲师的信息。具体命令如下。

```
lpush itcast:start_urls http://www.itcast.cn/channel/teacher.shtml
```

运行上述命令，Slave 端的命令提示符窗口中不断地输出提示信息，开始抓取数据。

11.5.5 使用管道存储数据

在 Scrapy-Redis 项目中，同样可以定义多个管道，并让这些管道按照一定的顺序依次处理 Item 数据。下面从定义管道和启用管道两个方面进行介绍。

1. 定义管道

每个管道都是一个独立的 Python 类，并且该类中必须实现 process_item()方法。在这里，我们定义 3 个管道类：ItcastCsvPipeline 类、ItcastRedisPipeline 类和 ItcastMongoPipeline 类。关于这 3 个管道的介绍如下。

（1）ItcastCsvPipeline 类。

ItcastCsvPipeline 类负责将数据保存到 CSV 文件。为方便开发人员读写 CSV 格式的文件，我们在这里结合 scrapy.exporters 模块 CsvItemExporter 类的功能，对 Item 数据进行相应的处理。

ItcastCsvPipeline 类的定义如下。

```
from scrapy.exporters import CsvItemExporter
class ItcastCsvPipeline:
    def open_spider(self, spider):
        # 根据 CSV 文件创建文件对象
        self.file = open("itcast.csv", "wb")
        # 创建 CsvItemExporter 类的对象
        self.csv_exporter = CsvItemExporter(self.file,encoding='utf-8-sig')
        # 标识开始导出文件
        self.csv_exporter.start_exporting()
    def process_item(self, item, spider):
        # 将 Item 数据写入文件中
        self.csv_exporter.export_item(item)
        return item
    def close_spider(self, spider):
        # 标识结束导出文件
        self.csv_exporter.finish_exporting()
        # 关闭文件
        self.file.close()
```

ItcastCsvPipeline 类中实现了 3 个方法：open_spider()方法、process_item()方法和 close_spider 方法。其中，open_spider()方法指定了爬虫运行前执行的操作，即根据 CSV 文件创建 CsvItemExporter 类的对象，并调用 start_exporting()方法标识开始导出文件操作；process_item()方法指定了爬虫对 Item 数据的处理操作，即调用 export_item()方法将 Item 数据导出为 CSV 文件；close_spider()方法指定了爬虫运行后执行的操作，即调用 finish_exporting()方法标识结束导出文件操作，关闭文件对象。

（2）ItcastRedisPipeline 类。

ItcastRedisPipeline 类负责将数据保存到 Redis 数据库，该类的定义如下。

```
import redis
import json
class ItcastRedisPipeline(object):
    def open_spider(self, spider):
        # 建立与 Redis 数据库的连接
        self.redis_cli = redis.Redis(host="192.168.64.99", port=6379)
    def process_item(self, item, spider):
        # 将 Item 数据转换成 JSON 对象
        content = json.dumps(dict(item), ensure_ascii=False)
        # 将 content 插入 Redis 数据库
        self.redis_cli.lpush("ITCAST_List", content)
        return item
```

在 ItcastRedisPipeline 类中实现了两个方法：open_spider()方法和 process_item()方法。其中，open_spider()方法指定了爬虫运行前执行的操作，即建立与 Redis 数据库的连接；process_item()方法指定了爬虫对 Item 数据的处理操作，即先调用 dumps()方法将 Item 数据转换成 JSON 对象 content，再调用 lpush()方法将 content 插入 Redis 数据库，并以列表的形式进行存储。

（3）ItcastMongoPipeline 类。

ItcastMongoPipeline 类负责将数据保存到 MongoDB 数据库。该类的定义如下。

```
import pymongo
class ItcastMongoPipeline(object):
    def open_spider(self, spider):
        # 建立与 MongoDB 数据库的连接
        self.mongo_cli = pymongo.MongoClient(host="127.0.0.1", port=27017)
        # 创建数据库
        self.db = self.mongo_cli["itcast"]
        # 创建集合
        self.sheet = self.db['itcast_item']
    def process_item(self, item, spider):
        self.sheet.insert_one(dict(item))
        return item
```

在 ItcastMongoPipeline 类中同样实现了两个方法：open_spider()方法和 process_item()方法。其中，open_spider()方法指定了爬虫运行前执行的操作，即建立与 MongoDB 数据库的连接；process_item()方法指定了爬虫对 Item 数据的处理操作，即调用 insert_one()方法将 Item 数据插入集合 sheet。

2. 启用管道

定义好管道之后，紧接着需要启动刚刚定义的管道。打开 myDistributedSpider 项目中的 settings.py 文件，将配置项 ITEM_PIPELINES 的值指定为刚刚定义的 3 个管道。改后的配置项如下。

```
ITEM_PIPELINES = {
    'myDistributedSpider.pipelines.ItcastCsvPipeline':200,
    'myDistributedSpider.pipelines.ItcastRedisPipeline':300,
    'myDistributedSpider.pipelines.ItcastMongoPipeline':400,
    'myDistributedSpider.pipelines.RedisPipeline':900
}
```

由于字典中元素的值越小，则对应的管道的优先级越高，所以上述 4 个管道的执行顺序是 ItcastCsvPipeline→ItcastRedisPipeline→ItcastMongoPipeline→RedisPipeline。需要注意的是，如果指定了 scrapy_redis 提供的管道 RedisPipeline，一般建议将该管道对应的值设置得大一些，这样可以保证该管道是最后执行的。

运行程序，Item 数据分别交给前述每个管道进行处理，并保存到 CSV 文件、Redis 数据库和 MongoDB 数据库中。

11.6 实践项目：使用 RedisCrawlSpider 采集畅购商城的华为手表信息

在 10.6 节中，我们通过 CrawlSpider 爬虫采集了畅购商城上的华为手表数据。本节仍然以畅购商城为例，为大家演示如何创建一个分布式网络爬虫项目，并通过 RedisCrawlSpider 爬虫采集畅购商城上的华为手表数据。

【项目目标】

在浏览器中访问畅购商城首页，在该页面的搜索框中输入“华为手表”，单击 “搜索”按钮后进入产品列表页，如图 10-1 所示。

在图 10-1 中，产品列表页以分页的形式显示了搜索到的华为手表商品数据。总页数为 2105，每页都显示 10 条商品数据，每个商品展示的数据包括商品图片、商品价格、商品名称和商品评价数。本项目要求采集前 1000 页的商品数据。

【项目分析】

若希望使用 Scrapy-Redis 开发一个分布式网络爬虫项目，我们可以先创建一个 Scrapy 项目，再在 Scrapy 项目中增加 Scrapy-Redis 的相关配置，并将爬虫类修改为 RedisCrawlSpider 类。

【项目实现】

在对项目进行分析之后，我们编写分布式网络爬虫程序，实现采集畅购商城上的华为手表数据的功能，具体步骤如下。

1. 新建 Scrapy 项目

打开命令提示符窗口，将工作目录切换至 E:\PythonProject 目录，并且输入如下命令创建 Scrapy 项目 changgouDistributedSpider。

```
scrapy startproject changgouDistributedSpider
```

执行上述命令后，可以在 E:\PythonProject 目录中看到创建好的项目 changgou DistributedSpider。在 PyCharm 工具中打开 changgouDistributedSpider 项目，该项目的目录结构如图 11-11 所示。

在 PyCharm 工具中打开 settings.py 文件，在该文件中增加或修改 Scrapy-Redis 相关的配置项，具体内容如下。

```
# （必选）使用 Scrapy-Redis 的去重组件
DUPEFILTER_CLASS = "scrapy_redis.dupefilter.RFPDupeFilter"
```

```
# （必选）使用 Scrapy-Redis 的调度器
SCHEDULER = "scrapy_redis.scheduler.Scheduler"
# （必选）在 Redis 中保持 Scrapy-Redis 用到的各个队列，允许暂停和暂停后恢复
SCHEDULER_PERSIST = True
# （必选）通过配置 RedisPipeline 将 Item 写入 Redis
ITEM_PIPELINES = {
    'scrapy_redis.pipelines.RedisPipeline': 100
}
# （必选）指定 Redis 数据库的连接参数
REDIS_HOST = '127.0.0.1'
REDIS_PORT = 6379
# （可选）设置用户代理
USER_AGENT = 'Mozilla/5.0 (Windows NT 10.0; WOW64)
AppleWebKit/537.36 (KHTML, like Gecko) Chrome/59.0.3071.86 Safari/537.36'
# （可选）禁止读取 Robots 协议
ROBOTSTXT_OBEY = False
```

在上述配置项中，REDIS_HOST 和 REDIS_PORT 设置的 Redis 数据库的主机地址为本机地址，端口为 6379。如果 Redis 数据库并没有安装在本地计算机中，则需要将这两个配置项的值修改为 Redis 数据库所在主机的地址和端口。

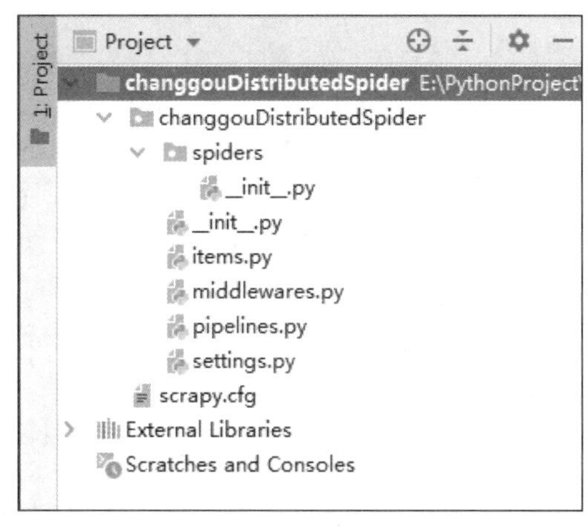

图 11-11　changgouDistributedSpider 项目的目录结构

2. 创建实体

在 PyCharm 中打开 items.py 文件，可以看到该文件中已经自动生成继承自 scrapy.Item 的 ChanggoudistributedspiderItem 类。在 ChanggoudistributedspiderItem 类中，把上述所有的字段名称转换为属性，具体代码如下。

```
import scrapy
class ChanggoudistributedspiderItem(scrapy.Item):
    goods_pic = scrapy.Field()          # 商品图片链接
    goods_price = scrapy.Field()        # 商品价格
    goods_name = scrapy.Field()         # 商品名称
    goods_evaluation = scrapy.Field()   # 商品评价数
```

3. 创建爬虫

打开命令提示符窗口，切换工作目录至 E:\PythonProject\changgouDistributedSpider\

changgouDistributedSpider\spiders 下，输入如下命令创建爬虫文件 changgou_distributed_spider.py，爬取域的范围为 itheima.net。

```
scrapy genspider -t crawl changgou_distributed_spider  itheima.net
```

执行上述命令后，可以看到在指定的目录成功创建文件的提示信息，如图 11-12 所示。

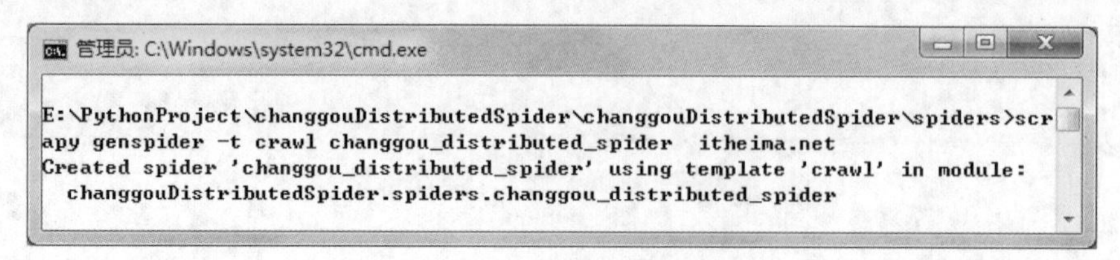

图 11-12　成功创建文件的提示信息

4. 抓取网页数据

在 PyCharm 中打开 changgou_distributed_spider.py 文件，在该文件中默认创建继承自 CrawlSpider 类的 ChanggouDistributedSpiderSpider，负责从畅购商城网页中抓取目标数据。在这里，我们让 ChanggouDistributedSpiderSpider 继承自 RedisCrawlSpider 类。修改后的最终代码如下。

```
import scrapy
from scrapy.linkextractors import LinkExtractor
from scrapy.spiders import Rule
from scrapy_redis.spiders import RedisCrawlSpider
class ChanggouDistributedSpiderSpider(RedisCrawlSpider):
    name = 'changgou_distributed_spider'
    allowed_domains = ['itheima.net']
    start_urls = ['http://itheima.net/']
    rules = (
        Rule(LinkExtractor(allow=r'Items/'), callback='parse_item',
             follow=True),
    )
    def parse_item(self, response):
        item = {}
        return item
```

将上述代码中的 start_urls = ['http://itheima.net/']一行代码作为注释或者删除，在指定 rules 代码的前面增加设置 redis_key 的代码，并确定爬取的规则，具体代码如下。

```
 redis_key = 'changgou_distributed_spider:start_urls'
 rules = (
Rule(LinkExtractor(allow=r'pageNum=1000|pageNum=[1-9]\d{0,2}#glist'),
      callback='parse_item', follow=True),
 )
```

在上述代码编写的爬虫规则中，使用 parse_item()方法作为回调函数。一旦有返回的响应数据，就交给 parse_item()方法处理。

5. 解析网页数据

在这里，我们使用 XPath 的路径表达式解析目标数据。为了确保选取节点的正确性，我们可以先在 Scrapy shell 或 IPython 中进行测试。只要发送一次请求，就能够一直拿到返回的响应，避免频繁发送请求测试的烦琐。

对路径表达式逐个测试后，来到 ChanggouDistributedSpiderSpider 类。在 parse_item()方法

中，首先获取包含所有商品信息的节点列表，再遍历该列表分别获取商品图片链接、商品价格、商品名称和商品评价数，并将这些数据封装到 ChanggoudistributedspiderItem 对象中，具体代码如下。

```
from changgouDistributedSpider.items import ChanggoudistributedspiderItem
class ChanggouDistributedSpiderSpider(RedisCrawlSpider):
    ......

    def parse_item(self, response):
        node_list = response.xpath('//div[@id="glist"]/ul/li/div')
        for node in node_list:
            # 将数据封装到一个 ChanggoudistributedspiderItem 对象
            item = ChanggoudistributedspiderItem()
            # 商品图片链接
            goods_pic = node.xpath('./div[1]/a/img/@src').getall()
            # 商品价格
            goods_price = node.xpath('./div[2]/strong/i/text()').getall()
            # 商品名称
            goods_name = node.xpath('./div[3]/a//text()').getall()
            # 商品评价数
            goods_evaluation =
                            node.xpath('./div[4]/i/span//text()').getall()
            item["goods_pic"] = goods_pic[0]
            item["goods_price"] = goods_price[0]
            item["goods_name"] = ''.join(goods_name).replace(' ', '')
            item["goods_evaluation"] = goods_evaluation[0]
            print(item)
            return item
```

6. 运行爬虫

我们使用两台搭载了 Windows 7 操作系统的计算机进行测试,其中一台计算机作为 Master 端，另一台计算机作为 Slave 端。具体步骤如下。

（1）在 Master 端计算机的命令提示符窗口中，使用如下命令启动 redis-server。

```
redis-server redis.windows.conf
```

（2）打开另一个命令提示符窗口，使用如下命令启动 redis-cli。

```
redis-cli -h 127.0.0.1
```

（3）将 changgouDistributedSpider 项目复制到 Slave 端的计算机上，并确认该项目中 Redis 数据库的 IP 地址已经更改为 Master 端的 IP 地址。

（4）在 Slave 端计算机的命令提示符窗口中使用如下命令启动 changgou_distributed_spider 爬虫。

```
scrapy crawl changgou_distributed_spider
```

此时，Slave 端的所有爬虫都处于等待状态，具体如图 11-13 所示。

（5）将 Slave 端的爬虫程序开启以后，在 Master 端刚启动的 Redis 客户端窗口中使用 lpush 命令发布要抓取的初始 URL，具体命令如下。

```
    redis-cli > lpush changgou_distributed_spider:start_urls http://search-changgou-
java.itheima.net/search/list?keywords=%E5%8D%8E%E4%B8%BA%E6%89%8B%E8%A1%A8&pageNum=1
#glist
```

前述命令执行以后，Slave 端的爬虫程序开始抓取数据。

（6）打开 Redis 桌面管理工具，可以看到 Redis 数据库中存储的采集结果如图 11-14 所示。

图 11-13 Slave 端的所有爬虫都处于等待状态

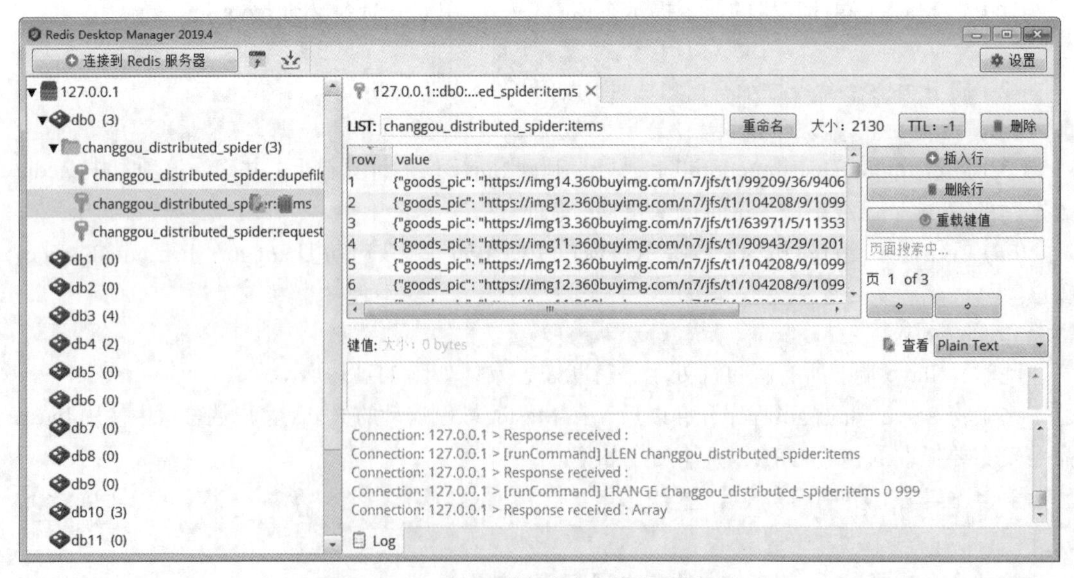

图 11-14 Redis 数据库中存储的采集结果

11.7　本章小结

在本章中，我们主要介绍了 Scrapy-Redis 的相关知识，包括分布式网络爬虫、Scrapy-Redis 架构、Scrapy-Redis 运作流程、Scrapy-Redis 开发准备和 Scrapy-Redis 的基本操作，并结合这些知识点开发了一个采集畅购商城手表信息的项目。通过讲解本章的内容，希望读者掌握 Scrapy-Redis 实现分布式网络爬虫的原理与操作，以便后续在实际开发中高效地采集网页。

11.8　习题

一、填空题

1. 分布式爬虫是指多个爬虫任务可以用多台机器________运行。
2. Scrapy-Redis 中使用________组件实现请求的去重功能。
3. Scrapy-Redis 是基于________的 Scrapy 组件。
4. scrapy_redis.spiders 模块中定义了 RedisSpider 和________两个爬虫类。
5. allowed_domains 属性用于设置爬虫搜索的________。

二、判断题

1. Scrapy-Redis 中使用 Scrapy 原有的 Spider 类表示爬虫。(　　)
2. 如果 Master 端在分配任务时发现某个 Slave 端处于空闲状态，就会分配任务给它。(　　)
3. redis_key 属性用于设置 Redis 数据库从哪里获取初始 URL。(　　)
4. Scrapy-Redis 项目运行后所有的爬虫会立即运行。(　　)
5. 如果不想将 Item 数据保存到 Redis 数据库中，则可以自己编写管道文件处理。(　　)

三、选择题

1. 下列选项中，不属于分布式网络爬虫通信方式的模式是（　　）。
   A. 主从模式　　B. 自治模式　　C. 混合模式　　D. 单机模式
2. 下列选项中，关于 Scrapy 和 Scrapy-Redis 的描述错误的是（　　）。
   A. Scrapy 是一个通用的爬虫框架，不支持分布式网络爬虫
   B. Scrapy-Redis 提供了一些以 Redis 为基础的组件
   C. Scrapy-Redis 只是一些组件，而不是完整的框架
   D. Scrapy-Redis 是一个支持分布式网络爬虫的框架
3. 下列选项中，用于将 Item 数据保存到 Redis 数据库的是（　　）。
   A. DUPEFILTER_CLASS = "scrapy_redis.dupefilter.RFPDupeFilter"
   B. SCHEDULER_PERSIST = True
   C. ITEM_PIPELINES = {'scrapy_redis.pipelines.RedisPipeline': 100}
   D. REDIS_PORT = 6379
4. 下列选项中，属于 Redis 服务端默认端口号的是（　　）。
   A. 6379　　B. 8080　　C. 27017　　D. 3306

5. 下列选项中，关于 redis_key 的写法正确的是（　　）。
   A. redis_key = 'demo: url'　　B. redis_key = 'demo start_urls'
   C. redis_key = 'demo: start_urls'　　D. redis_key = 'demo url'

四、简答题

1. 请简述什么是分布式网络爬虫。
2. 请简述 Scrapy-Redis 的运行流程。

五、程序题

编写程序，将第 10 章编程题的网络爬虫项目改为分布式网络爬虫项目。